उपभोक्ता संरक्षण

उपभोक्ता संरक्षण

अवधेश शर्मा

इशिका पब्लिशिंग हाउस
जयपुर दिल्ली

इशिका पब्लिशिंग हाउस

ए -25, "गणेश सदन", गली न. 4, आदर्श बस्ती,
बी.एल. हाउस के पास, टोंक फाटक,
जयपुर-302018 (राजस्थान) भारत
फोन : 0141-2761280, Mob. 9887532741
Email: ishikapublishinghouse@yahoo.in

दिल्ली कार्यालय : 102, प्रथम मंजिल, 'सत्यम हाउस'
4324/3, अंसारी रोड़, दरियागंज, नई दिल्ली - 110 002
फोन : 011-45652440

ISBN: 9788189471026

टाइपसेटिंग : बी.एस. कम्प्यूटर्स, जयपुर

मुद्रक : थॉमसन प्रेस, नई दिल्ली

भूमिका

उपभोक्ता इस आयोग में अपना वाद दर्ज करता है, जिसके अधिकार क्षेत्र में दुकानदार निवास करता है अथवा मामला उस जिले के आयोग में भी चलाया जा सकता है जहाँ वाद के लिए कारण प्रस्तुत हुआ। यह अधिनियम को मिलावटी खाद्य पदार्थ एवं जीवन के लिए खतरा बनने वाले पदार्थों के विरुद्ध सुरक्षा दिलाने का कार्य करता है। यह अत्यावश्यक है कि इस अधिनियम की जानकारी उपभोक्ता को हो, ताकि वह जागरूक होकर कानून का उपयोग कर सके। इस अधिनियम द्वारा उपभोक्ता को सूचना का अधिकार प्रदान किया गया है। उपभोक्ता को यह जानने का पूरा हक है कि जो सामान उसके द्वारा खरीदा जा रहा है उसकी शुद्धता, उसकी कीमत, उसकी मात्रा, उसका गुण तथा उसकी शक्ति एवं विज्ञापित की गई अन्य विशेषताएँ क्या हैं? यदि इनमें से कोई भी विशेषता विधिक रूप से उपयुक्त न पायी जाए तो उपभोक्ता द्वारा कंपनी से हर्जाना भी वसूल किया जा सकता है। आज का व्यापारिक युग विज्ञापनों का युग है जिसमें निर्माता, उपभोक्ता को किसी भी प्रकार लालायित कर वस्तु विक्रय करना चाहता है।

अक्सर यह देखने में आया है कि विज्ञापनों में वस्तु के गुणों को लेकर भ्रामक जानकारियाँ प्रदान की जाती हैं। यदि वस्तु विज्ञापन में प्रदर्शित विशेषताओं को पूर्ण नहीं करती हैं तो उपभोक्ता को इस बात का पूरा हक है कि वह निर्माता कंपनी के खिलाफ वाद दायर करे। उपभोक्ता कोर्ट क्षतिपूर्ति के अलावा दण्डात्मक क्षतिपूर्ति का आदेश भी अब कर सकता है। उपभोक्ता कोर्ट इतना अधिक शक्तिशाली बनाया गया है कि भ्रामक-विज्ञापनों पर वह रोक लगा सकता है तथा वस्तुओं के ऐसे उत्पादनों को बंद करवा सकता है। यदि वस्तु की डिलेवरी निर्धारित समय पर नहीं की जाए तो उपभोक्ता आयोग अग्रिम रकम पर ब्याज भी प्रदान करवाता है। जब परिवाद कोर्ट में आता है, तो इक्कीस दिनों में उसके दर्ज होने या न होने का निर्णय आवश्यक रूप में करना होता है। मामला दर्ज होने के इक्कीस दिनों पश्चात् कोर्ट द्वारा दूसरे पक्ष को नोटिस दिया जाता है। जब विपक्षी को नोटिस मिलता है तो उसके तीन माह में साधारण मामलों का निपटारा किया जाना होता है। विशेष मामलों का निर्णय पाँच मास में किया जाना चाहिए। मामला दायर करते समय परिवादी का

नाम और उसका स्थायी पता, माल और सेवा के विषय में की गई शिकायत का ब्यौरा आदि के साथ विवाद के विषय में यदि बिल गारण्टी कार्ड हों तो उन्हें भी प्रस्तुत करना चाहिए। परिवाद के क्रम में उपभोक्ता यदि माल बदलवाना चाहता है या ब्याज व हर्जाने के साथ पैसे वापिस लेना चाहता है, तो उसे ऐसा स्पष्ट लिखना चाहिए। उपभोक्ता अदालतों को सिविल अदालतों की तरह निषेधाज्ञा जारी करने की शक्ति दी गई है। उपभोक्ता मंच न्यायिक मजिस्ट्रेट प्रथम वर्ग की तरह सजा भी दे सकता है। व्यापारिक उद्देश्यों से जो सेवाएँ प्राप्त की जाती हैं उनके लिए उपभोक्ता अदालतों में वाद प्रस्तुत नहीं किया जा सकता है। परिवादी को मामला दायर करने के पश्चात् सत्यापन के रूप में यह लिखना चाहिए कि उसने कोई भी बात छिपाई नहीं है। उपभोक्ता रसीद या वारण्टी कार्डधारी नहीं हैं तो उसके द्वारा शपथ पत्र दिया जाएगा। उपभोक्ता अपनी शिकायत रजिस्टर्ड डाक से भी भेज सकता है। अतः जागरूक उपभोक्ता अब इस अधिनियम से अधिकाधिक लाभांवित हो सकता है। यदि उसके अधिकार के साथ खिलवाड़ किया जाए।

लेखक

अनुक्रमणिका

1

उपभोक्ता संरक्षण कानून-1986

भारत सरकार ने उपभोक्ता संरक्षण अधिनियम-1986 को परिवर्तित करते हुए उपभोक्ता संरक्षण संशोधन अधिनियम-2002 को अधिनियमित किया है। जैसा कि नाम से ही विदित होता है कि उपभोक्ता को सुरक्षा प्रदान करने के लिए कानून में संशोधन कर इसे लागू किया गया है। आज का युग उपभोक्ता युग है तथा बाजारवादी संस्कृति में उपभोक्ता को राजा का दर्जा प्राप्त है। अतः उपभोक्ता की सुरक्षा के लिए इस कानून का अत्यधिक महत्व है। अतिरिक्त लाभ कमाने के लिए व्यापारी उपभोक्ता के साथ छल करता है और उसके ऐसे छल का कानूनी उपचार करने में यह अधिनियम बेहद सफल सिद्ध हुआ है। व्यापारी द्वारा खराब माल का बेचा जाना, माल की अधिक कीमत वसूल करना, माल में मिलावट करना, माल कम तोलना, नकली माल देना, वारण्टी कार्ड होने पर भी वस्तु की मरम्मत नहीं करवाना। इस प्रकार के कई अवैधानिक कार्य व्यापारी या दुकानदारों द्वारा किए जाते हैं। इसके अतिरिक्त उपभोक्ता जिन सेवाओं का क्रय करता है, यदि वे सेवाएँ भी पूर्णतः निष्पादित न हों और सेवा में कमी हो तब भी उपभोक्ता प्रस्तुत अधिनियम का लाभ उठा सकता है। लेकिन वस्तुओं एवं सेवाओं से संबंधितों मामले न्यायिक या सिविल न्यायालयों में नहीं लड़े जाते हैं।

उपभोक्ता संरक्षण कानून अधिनियम- 2002 के तहत प्रत्येक जिला स्तर पर उपभोक्ता फोरम स्थापित किए गए हैं, सभी वाद वहीं पर दायर किए जाते हैं। जिला स्तरीय उपभोक्ता मंच बीस लाख रुपयों तक के मामलों की सुनवाई करता है, जबकि राज्य आयोग एक करोड़ रुपयों तक के वादों की विचारणा करता है।

एक करोड़ रुपयों से अधिक के वाद राष्ट्रीय आयोग द्वारा सुने जाते हैं। कोई उपभोक्ता माल या सेवाओं का क्रय करने के पश्चात् यदि कोई कमी पाता है, तो वह उपर्युक्त आयोगों में प्रतिवेदन दर्ज करवा सकता है। इस अधिनियम की एक विशेषता यह भी है कि उपभोक्ता को विधि के जानकार की सहायता लिए बिना ही वाद दायर करवाने का अधिकार है। उपभोक्ता इस आयोग में अपना वाद दर्ज करता है, जिसके अधिकार क्षेत्र में दुकानदार निवास करता है अथवा मामला उस जिले के आयोग में भी चलाया जा सकता है जहाँ वाद के लिए कारण प्रस्तुत हुआ।

यह अधिनियम को मिलावटी खाद्य पदार्थ एवं जीवन के लिए खतरा बनने वाले पदार्थों के विरुद्ध सुरक्षा दिलाने का कार्य करता है। यह अत्यावश्यक है कि इस अधिनियम की जानकारी उपभोक्ता को हो, ताकि वह जागरूक होकर कानून का उपयोग कर सके। इस अधिनियम द्वारा उपभोक्ता को सूचना का अधिकार प्रदान किया गया है। उपभोक्ता को यह जानने का पूरा हक है कि जो सामान उसके द्वारा खरीदा जा रहा है उसकी शुद्धता, उसकी कीमत, उसकी मात्रा, उसका गुण तथा उसकी शक्ति एवं विज्ञापित की गई अन्य विशेषताएँ क्या हैं? यदि इनमें से कोई भी विशेषता विधिक रूप से उपयुक्त न पायी जाए तो उपभोक्ता द्वारा कंपनी से हर्जाना भी वसूल किया जा सकता है। आज का व्यापारिक युग विज्ञापनों का युग है जिसमें निर्माता, उपभोक्ता को किसी भी प्रकार लालायित कर वस्तु विक्रय करना चाहता है। अक्सर यह देखने में आया है कि विज्ञापनों में वस्तु के गुणों को लेकर भ्रामक जानकारियाँ प्रदान की जाती हैं। यदि वस्तु विज्ञापन में प्रदर्शित विशेषताओं को पूर्ण नहीं करती हैं तो उपभोक्ता को इस बात का पूरा हक है कि वह निर्माता कंपनी के खिलाफ वाद दायर करे। उपभोक्ता कोर्ट क्षतिपूर्ति के अलावा दण्डात्मक क्षतिपूर्ति का आदेश भी अब कर सकता है। उपभोक्ता कोर्ट इतना अधिक शक्तिशाली बनाया गया है कि भ्रामक-विज्ञापनों पर वह रोक लगा सकता है तथा वस्तुओं के ऐसे उत्पादनों को बंद करवा सकता है। यदि वस्तु की डिलेवरी निर्धारित समय पर नहीं की जाए तो उपभोक्ता आयोग अग्रिम रकम पर ब्याज भी प्रदान करवाता है। जब परिवाद कोर्ट में आता है, तो इक्कीस दिनों में उसके दर्ज होने या न होने का निर्णय आवश्यक रूप में करना होता है। मामला दर्ज होने के इक्कीस दिनों पश्चात् कोर्ट द्वारा दूसरे पक्ष को नोटिस दिया जाता

है। जब विपक्षी को नोटिस मिलता है तो उसके तीन माह में साधारण मामलों का निपटारा किया जाना होता है। विशेष मामलों का निर्णय पाँच मास में किया जाना चाहिए। मामला दायर करते समय परिवादी का नाम और उसका स्थायी पता, माल और सेवा के विषय में की गई शिकायत का ब्यौरा आदि के साथ विवाद के विषय में यदि बिल गारण्टी कार्ड हों तो उन्हें भी प्रस्तुत करना चाहिए। परिवाद के क्रम में उपभोक्ता यदि माल बदलवाना चाहता है या ब्याज व हर्जाने के साथ पैसे वापिस लेना चाहता है, तो उसे ऐसा स्पष्ट लिखना चाहिए। उपभोक्ता अदालतों को सिविल अदालतों की तरह निषेधाज्ञा जारी करने की शक्ति दी गई है। उपभोक्ता मंच न्यायिक मजिस्ट्रेट प्रथम वर्ग की तरह सजा भी दे सकता है। व्यापारिक उद्देश्यों से जो सेवाएँ प्राप्त की जाती हैं उनके लिए उपभोक्ता अदालतों में वाद प्रस्तुत नहीं किया जा सकता है। परिवादी को मामला दायर करने के पश्चात् सत्यापन के रूप में यह लिखना चाहिए कि उसने कोई भी बात छिपाई नहीं है। उपभोक्ता रसीद या वारण्टी कार्डधारी नहीं हैं तो उसके द्वारा शपथ पत्र दिया जाएगा। उपभोक्ता अपनी शिकायत रजिस्टर्ड डाक से भी भेज सकता है। अतः जागरूक उपभोक्ता अब इस अधिनियम से अधिकाधिक लाभांवित हो सकता है। यदि उसके अधिकार के साथ खिलवाड़ किया जाए।

नकली-अप्रमाणीकृत बाटों-मापों का उपयोग करना कानूनी अपराध

नकली व अप्रमाणीकृत बाटों व मापों का उपयोग कानूनी अपराध है। तौलने एवं मापने के उपकरणों को गलत तोल एवं गलत मापने के लिए बनाना, कपट व धोखा करने के उद्देश्य से ऐसे बाटों व मापों के उपकरण का खरीदना व बेचना भी अपराध है।

धारा 264—तौलने के लिए कम वजन वाले उपकरण या नकली उपकरणों का धोखा देने के उद्देश्य से उपयोग किया जाना। इस अपराध को एक वर्ष के कारावास या जुर्माना या दोनों से दण्डनीय बनाया गया है। यह असंशय एवं जमानतीय अपराध है। इसकी विचारणा कोई मजिस्ट्रेट कर सकता है।

धारा 265—खोटे बाट या माप का कपटपूर्वक प्रयोग। तौलने के लिए बांट का उपकरण कम वजन में होना। मापने के लिए उपकरण का उपयुक्त न होना। इस अपराध के लिए एक वर्ष का कारावास या जुर्माना या दोनों से दण्डित किया जा सकता है। यह असंज्ञेय एवं जमानतीय अपराध है। इसकी विचारणा कोई मजिस्ट्रेट कर सकता है।

धारा 266—माप तौल के लिए खोटे उपकरणों को कब्जे में रखना। यह एक वर्ष के कारावास या जुर्माना या दोनों दण्डनीय अपराध है। यह असंज्ञेय एवं जमानतीय अपराध है। इसका विचारणा कोई मजिस्ट्रेट कर सकता है।

धारा 267—नकली या खोटे बाटों अथवा मापों को कपट करने के उपयोग के लिए बनाना या बेचना जुर्म है। इस जुर्म के लिए एक वर्ष का कारावास या जुर्माना या दोनों से दण्डित किए जाने का प्रावधान है। यह भी संज्ञेय लेकिन अजमानतीय अपराध है। इसकी विचारणा कोई मजिस्ट्रेट कर सकता है।

विक्रेताओं को देनी होगी मात्रा व कीमत की प्रिंट पर्ची—

वैल्यू एडेड टैक्स (वैट) जमा करने वाले थोक एवं फुटकर विक्रेता होंगे प्रभावित।

माप तौल विभाग इस व्यवस्था को मध्य प्रदेश भर में 1 मई, 2008 से लागू करने जा रहा है।

विक्रेताओं को ऐसे इलेक्ट्रानिक काँटे रखना अनिवार्य होगा, जिसमें वजन को प्रिंट करने की सुविधा हो।

राज्य में ऐसे थोक एवं फुटकर विक्रेता जो वैल्यू एडेड टैक्स (वैट) जमा करते हैं, उन्हें नए वर्ष में ग्राहक को सामान खरीदने पर उस वस्तु की मात्रा और कीमत की प्रिंट पर्ची देनी होगी। इसके लिए उन्हें अपने प्रतिष्ठान में ऐसे इलेक्ट्रानिक काँटे रखने होंगे, जिनमें यह सुविधा हो। राज्य का माप तौल विभाग इस व्यवस्था को मध्य प्रदेश भर में 1 मई, 2008 से लागू कर चुका है।

क्यों हो रहा है बदलाव

अब तक ग्राहकों को कम तौल के पैकेट मिलते रहे हैं, जिसकी शिकायतें समय-सयम पर खाद्य मंत्रालय के उपभोक्ता मामले विभाग को मिलती रही हैं। जिनमें वस्तु की मात्रा तो बराबर लिखी रहती है, लेकिन तौल करने में सामान की मात्रा कम निकलती है। इस तरह की शिकायतें नमक, डिटर्जेन्ट, बेसन, मैदा और शक्कर के पैकेट में होती हैं; जिनमें सुई की नोक के बराबर भी छेद होने पर 20 से 25 ग्राम सामान कम हो जाता है। दुकानदार इसी पैकेट को ग्राहक को दे देते हैं। इसमें उसे वस्तु की कीमत तो बराबर देना होती है, परंतु सामान कम तुला हुआ मिलता है।

केंद्र के नियम होंगे सर्वोपरि

माप-तौल विभाग ने स्पष्ट कर दिया है कि उसे भारत सरकार के खाद्य नागरिक आपूर्ति और उपभोक्ता मामले विभाग से निर्देश मिले हैं जिनमें बाट और माप मानक (डिब्बा बन्द वस्तु) नियमों के अनुसार उपभोक्ताओं के हितों को ध्यान में रखकर संशोधित किया है। इसके तहत विभाग ने इन संशोधन का कड़ाई से पालन कराने का निर्णय लिया है।

एक लाख से ज्यादा देते हैं वैट टैक्स

राज्य में साढ़े तीन लाख थोक और फुटकर विक्रेता हैं जो इलेक्ट्रॉनिक काँटे का तौल में इस्तेमाल करते हैं। राजधानी में इनकी संख्या 15 हजार के ऊपर है। नाप-तौल विभाग का शिकंजा इन्हीं दुकानदारों पर रहेगा, जो अपने इलेक्ट्रानिक काँटों में तौल करें, तो उनमें पर्ची निकालकर भी ग्राहक को दे सकें।

उपभोक्ताओं का ख्याल

"उपभोक्ताओं के हितों को ध्यान में रखकर नियमों में संशोधन किया गया है। व्यापारी इन नियमों का पालन करेंगे, तो इसका फायदा ग्राहकों को ही मिलेगा। इसलिए विक्रेता नए संशोधन के अनुसार पैकेज में सुधार कर लें।"

ये संशोधन होंगे लागू

अभी तक व्यापारी वस्तु की 20 ग्राम से 15 किलोग्राम के पैकेज में ही पैकिंग कर सकते थे। नई व्यवस्था के अनुसार इसे बढ़ा दिया गया है अब वे 10 ग्राम से 25 किलोग्राम के पैकेज में पैकिंग कर सकेंगे।

सीमेंट और खाद के मामले में यह दायरा 50 किलोग्राम तक रहेगा।

थोक और फुटकर विक्रेताओं को इलेक्ट्रानिक काँटेवाली मशीन रखनी होगी, जो वजन का प्रिंट भी दे सके।

आइसक्रीम में मात्रा की घोषणा आयतन की बजाए वजन में करनी होगी। अभी तक आइसक्रीम की बिक्री मिलीलीटर और लीटर में होती थी, जो अब ग्राम और किलोग्राम में ही पैक होगी।

□□□

2

सूचना का अधिकार-2005

सूचना के प्रति आम आदमी की पहुँच को सरल एवं सुनिश्चित करने के उद्देश्य एवं संकल्प की पूर्ति के लिए सूचना की स्वतंत्रता अधिनियम-2002 को निरस्त कर इस संबंध में दूसरा अधिनियम सूचना का अधिकार अधिनियम-2005 को संसद द्वारा अधिनियमित किया गया है। इस अधिनियम द्वारा सूचना के प्रति आसान तथा आधिकारिक पहुँच सुनिश्चित की गई है। इसके लिए विधि में परिवर्तन भी किए गए। मान्यता प्राप्त सूचना के अधिकार को कार्यान्वित करने के लिए प्रभावी संरचना की स्थापना का भी अधिनियम में पूर्ण ध्यान रखा गया है। धारा 2 के तहत सूचना से आशय है किसी भी रूप में कोई सामग्री जिसमें अभिलेख, दस्तावेज, ज्ञापन, ई-मेल, राय, सलाह, प्रेस रिलीज, परिपत्र, आदेश, लॉगबुक, संविदाएँ, रिपोर्ट, कागजात, नमूने, मॉडल तथा इलेक्ट्रॉनिक डाटा सम्मिलित हैं। सूचना का अधिकार समानता के आधार पर धारा 3 के अनुसार आम आदमी को प्राप्त होगा।

धारा 4 के अनुसार लोक प्राधिकारियों की नियुक्ति पश्चात् उनके कर्तव्यों के विषय में है। अधिनियम के लागू होने के 120 दिनों पश्चात् लोक प्राधिकारी निम्नलिखित विवरण प्रकाशित करेगा-

(अ) इसके संगठन, कार्यों एवं कर्तव्यों के विवरण।

(ब) अपने अधिकारियों के क.र्तव्य एवं दायित्व।

(स) निर्णय करने वाली प्रक्रिया में जिस क्रिया का अनुसरण किया जाना है, उसमें पर्यवेक्षता और उत्तरदायित्व के चैनल स्थापित करना।

(द) कार्यों के निर्वहन के लिए मानक तय करना। इसी प्रकार संगठन एवं निष्पादन के अनुसार तयशुदा अधिनियमों की जानकारी को प्रकाशित करना।

धारा 6 के अनुसार सूचना प्राप्त करने के लिए तयशुदा फीस के साथ स्वीकृत क्षेत्रीय भाषा हिंदी अथवा अंग्रेजी में आवेदन किया जाएगा। चाही गई सूचना का विवरण आवेदन में स्पष्ट किया जाना चाहिए। जहाँ लिखित आवेदन नहीं किया जा सकता हो वहाँ लोक अधिकारी लिखित सूचना देने के लिए सभी युक्तियुक्त उपाय व सहायता करेगा। आवेदनकर्ता से सूचना प्राप्त करने का कारण नहीं पूछा जाएगा। न ही उससे व्यक्तिगत जानकारी माँगी जाएगी। संपर्क सूत्र की जानकारी अवश्य वांछित होगी ताकि सूचना संप्रेषण के लिए संपर्क किया जा सके। जहाँ सूचना का अंतरण (Transfer) किया जाना हो, वहाँ आवेदक को इसकी जानकारी दी जाएगी। आवेदक का अन्तरण शीघ्र किया जाना प्रस्तावित है। लेकिन किसी भी मामले में आवेदन की प्राप्ति की तिथि से पाँच दिन के पश्चात् अन्तरण नहीं किया जाएगा।

धारा 7 के अनुसार किसी भी मामले के अनुरोध की प्राप्ति के 30 दिनों के अंदर या तो आवेदन शुल्क के भुगतान पर सूचना प्रदान करेगा या निर्दिष्ट कारणों के होने पर सूचना प्रदायगी के अनुरोध को अस्वीकार कर देगा। लेकिन जहाँ सूचना की आवश्यकता व्यक्ति के जीवन या स्वतंत्रता से संबंध रखती हो, वहाँ सूचना को अड़तालीस घण्टों के भीतर प्रदान किया जाना चाहिए। गरीबी रेखा से नीचे आने वाले व्यक्तियों से आवेदन शुल्क नहीं लिया जाता है।

धारा 8 सूचना प्रकट करने से छूट के संबंध में है। ऐसी सूचना जो देश की सत्यनिष्ठा, एकता, सुरक्षा, गौरव, वैज्ञानिक व आर्थिक हितों, विदेशी राज्य से संबंध को प्रतिकूल रूप से प्रभावित करे या जिसमें अपराधों को प्रोत्साहन मिलता हो, वहाँ ऐसी सूचना नहीं दी जा सकती। न्यायालय का अपमान करने वाली सूचना को निषिद्ध किया गया है। ऐसी सूचना जो अपराध के अनुसंधान एवं अभियोजन में बाधा डाले, वह प्रदान नहीं की जा सकती। ऐसी सूचना जो वाणिज्यिक गोपनीयता, व्यापार की गोपनीयता अथवा बौद्धिक संपत्ति से संबंध रखती है तथा उसका प्रकटीकरण प्रतिद्वंद्वी को क्षति पहुँचाए तो ऐसी सूचना को गुप्त ही रखा जाता है एवं ऐसे मामले जो इस

धारा के अधीन निर्दिष्ट छूट के दायरे में आते हैं उनका प्रकटन नहीं किया जाता। व्यक्ति की किसी एकांतता के अधिकार को बेवजह खतरे में डालने वाली सूचना का संप्रेषण भी नहीं किया जाता। जो सूचना संसद या राज्य विधान सभा में निषिद्ध नहीं है उस सूचना से किसी भी व्यक्ति को वंचित नहीं रखा जा सकता।

धारा 9 में उन सूचनाओं के निषेध की व्यवस्था है, जिन्हें सूचना अदायगी की सूची में रखा गया हो, विशेष स्थिति में ही निषेध किया जाता है।

सूचना के कुछ मामले ऐसे होते हैं, जिनमें कुछ बातों का प्रकटीकरण किया जाता है एवं कुछ को सूचना प्रदायगी से निषिद्ध रखा जाता है। ऐसा धारा 10 में प्रावधान है। सूचना आंशिक रूप से प्रदान की जाती है।

धारा 11 द्वारा तृतीय पक्षकार और उसके निवेदन पर विचार किए जाने के संबंध में निर्धारित की गई है।

धारा 12 के अनुसार केंद्रीय सूचना आयोग का गठन किया जाता है तथा केंद्रीय सरकार द्वारा अयोग को शक्ति प्रदान की जाती है।

धारा 15 के अनुसार राज्य सूचना आयोग के गठन की व्यवस्था का प्रावधान किया गया है। जबकि धारा 18 के अनुसार सूचना आयोग को शक्तियाँ प्रदान की गई हैं एवं कार्यों के निष्पादन की व्यवस्था का प्रारूप तय किया गया है। धारा 19 के तहत अपील की प्रस्तावना है और धारा 20 के अधीन शक्तियाँ प्रदान की जा सकती हैं।

धारा 23 के अनुसार उन सूचनाओं का उपयोग न्यायालय के कार्य में नहीं किया जाएगा, यदि उन सूचनाओं का संबंध मानवीय अधिकारों के उल्लंघन से संबंधित है, तो उपधारा 24 के अनुसार सूचना प्रदान की जा सकेगी।

अभिव्यक्ति की स्वतन्त्रता का अधिकार

मानव एक विवेकशील प्राणी है एवं विचार स्वातंत्र्य मानसिक तथा नैतिक उन्नति की सर्वोच्च शर्त है। अतः प्रत्येक व्यक्ति को अपनी इच्छानुसार विचार रखने, भाषण, लेख आदि के माध्यम से इन विचारों को व्यक्त करने की स्वतंत्रता होनी चाहिए। सुकरात ने विचार स्वातंत्र्य त्यागने की अपेक्षा मृत्यु को श्रेयस्कर समझा था और मिल्टन, मिल, वाल्टेयर, लॉस्की आदि सभी विद्वानों ने विचार और अभिव्यक्ति की स्वतंत्रता का महत्व स्वीकार किया है। मिल्टन के मतानुसार–"मुझे अपने अन्तर्मन के जानने की, बोलने की और तर्क की स्वतंत्रता अन्य स्वतंत्रताओं से अधिक प्रिय है।"

हथियार बन सकता है सूचना का अधिकार

भारत अकेला ऐसा देश है जहाँ सूचना की प्राप्ति एक अधिकार है। शेष स्थानों पर यदि ऐसा कानून है, तो भी वह मात्र सूचना की स्वतंत्रता सुनिश्चित कराता है। यही कारण है कि आज तक देश में ऐसा कोई कानून नहीं बना जिसका इतने कम समय में इतना व्यापक असर पड़ा हो। देश के नागरिकों द्वारा सूचना के अधिकार को भ्रष्टाचार के खिलाफ हथियार के रूप में इस्तेमाल करने की जरूरत है। मनमानी, भ्रष्टाचार, अपना काम न करना, दुनिया की सबसे बड़ी समस्या है। इससे निपटने के लिए सूचना का अधिकार सबसे बड़ा हथियार है।

आम आदमी से जुड़ी समस्याओं को सामने लाने में मीडिया अपेक्षाओं पर खरा नहीं उतरा है।

आवेदन पाँच दिन से ज्यादा तक नहीं रोके जा सकते

लोक सूचना अधिकारी आए आवेदन को पाँच दिन से अधिक नहीं रोक सकता। इसके अलावा यदि सूचना पाने का इच्छुक व्यक्ति लिखा-पढ़ा नहीं है, तो लोक सूचना अधिकारी उसे आवेदन लिखवाने के लिए सहायक उपलब्ध कराएगा।

सूचना के अधिकार से आ रहा है सकारात्मक परिवर्तन

सूचना के अधिकार से राजनीतिक, प्रशासनिक हलकों में एक तरह से क्रांति आ रही है। आने वाले समय में इससे सामाजिक स्थितियाँ भी बदलेंगी। सूचना के अधिकार का प्रचार जितना अधिक होगा, उससे सामजिक चेतना भी उतनी ही ज्यादा आएगी। शहरों से लेकर गाँव-देहात तक में सूचना का अधिकार सकारात्मक परिवर्तन ला रहा है। ग्राम पंचायत हो या पासपोर्ट और बीमा से जुड़े मामले, सभी में इसके जरिए सुधार हो रहा है।

लेट लतीफी में कमी

पासपोर्ट बनने के मामले में लेट लतीफी होती थी। अब सूचना के अधिकार के तहत जानकारी माँगने के चलते आवेदनों को विभाग में लटकाए रखने की प्रवृत्ति में भारी कमी आई है। इसके अलावा बीमा पालिसी के पूरा होने के बाद भी उससे जुड़ी रकम पालिसी धारक को पाने में कई दफा काफी वक्त लग जाता था और पीड़ित व्यक्ति को कई चक्कर बीमा एजेंट और ऑफिस में लगाने पड़ते थे, ऐसे प्रकरणों की संख्या अब शून्य हो जाए तो हैरत नहीं होगी।

मदद ली है तो जानकारी भी देनी होगी

ऐसे निजी संस्थान सूचना के अधिकार के तहत जानकारी देने से इंकार नहीं कर सकते जो सरकारी मदद ले रहे हों।

सूचना अधिकार आयोग ने ऐसे निजी संस्थानों की सूची बनाना शुरू कर दी है, जिन्हें केंद्र या राज्य सरकार से मदद प्राप्त है। आयोग ऐसे संस्थानों में लोक सूचना अधिकारी की नियुक्ति करने के लिए कहेगा। अब तक अधिकांश निजी संस्थान स्वयं को सूचना के अधिकार की व्यवस्था से मुक्त बताकर जानकारी देने से इंकार कर देते हैं। राज्य सूचना आयोग में इस तरह की शिकायतों का अंबार लगा हुआ है, जिनमें निजी संस्थानों द्वारा जानकारी न देने की बात कही गई है।

क्या है व्यवस्था

दूसरी ओर सूचना के अधिकार अधिनियम में इस बात का प्रावधान है कि केन्द्र या राज्य सरकार से सालाना 50 हजार रुपए या इससे अधिक की मदद लेने वाले निजी संस्थान अधिनियम के दायरे में आएंगे।

अब क्या

मुख्य सूचना आयुक्त ने केंद्र एवं राज्य सरकार से सरकारी मदद लेने वाले निजी संस्थानों की सूची माँगी है। सूची प्राप्त होने पर इन संस्थानों से लोक सूचना अधिकारी नियुक्त करने को कहा जाएगा। जानकार बताते हैं कि राज्य के 75 फीसदी निजी संस्थान सरकारी मदद से संचालित हैं।

मदद का अर्थ

सरकारी मदद का आशय केवल नकद सहायता लेने से नहीं होगा। इसमें सरकार से भवन अथवा जमीन सहित किसी भी रूप में ली गई ऐसी मदद शामिल रहेगी, जिसमें 50 हजार अथवा इससे अधिक का व्यय हुआ हो।

अब तक क्या है

राज्य सूचना आयोग को नहीं मालूम है कि कौन-कौन से निजी संस्थान उसके दायरे में आते हैं। इनसे जुड़ा कोई मामला आने पर आयोग संस्थान से ही पूछता है कि क्या उसे सरकारी मदद मिल रही है? वहाँ से मिले जवाब की सत्यता परखने का उसके पास कोई जरिया नहीं है।

यह माँग भी हैं

गैर सरकारी संगठन चाहते हैं कि प्रत्येक संस्थान को अधिनियम के तहत लाया जाए। संगठन विकास संवाद तथा संधान ने इसका समर्थन किया है। गौरतलब है कि ऐसे एन.जी.ओ. भी सूचना के अधिकार के तहत आते हैं, जो सरकार से सालाना 50 हजार अथवा इससे ज्यादा पाते हैं, अथवा अपना आधार बजट सरकार से ही लेते हैं।

सूचना आयुक्त : पद की गरिमा

मुख्य सूचना आयुक्त को अधिनियम में सुप्रीम कोर्ट के जज के बराबर का दर्जा प्राप्त है। इसके साथ सूचना आयुक्तों को मुख्य सचिव के बराबर सुविधाएँ मुहैया कराई जानी चाहिए।

सुविधाएँ

– मुख्य सूचना आयुक्त : वेतन भत्ते समेत 71 हजार रुपये मासिक से अधिक (मूल वेतन 30 हजार रुपये)

– सूचना आयुक्त का भत्ते सहित करीब 52 हजार रुपये मासिक (मूल वेतन लगभग 26 हजार रु.)

– बंगला, वाहन, एक वाहन चालक, एक-एक पी.ए. और स्टेनोग्राफर दो-दो चपरासी और दो फोन ऑफिस व आवास के लिए।

'सूचना का अधिकार अच्छे प्रशासन की कुंजी है।'

जनता की सुविधा के लिए है–सूचना का अधिकार

नागरिकों को सार्वजनिक कार्यालयों की कोई भी सूचना प्राप्त करने (विशेष रूप से छूट वाली सूचनाओं को छोड़कर) का अधिकार प्राप्त हो गया है। सार्वजनिक कार्यालयों में केंद्र/राज्य सरकारें स्थानीय निकाय और मुख्य रूप से सरकारी आर्थिक सहायता से चलने वाले गैर सरकारी संगठन (एन.जी.ओ.) भी शामिल हैं। सभी सार्वजनिक कार्यालयों में लोक (जन) सूचना अधिकारी नियुक्त किए गए हैं, जो एक निश्चित समयावधि में चाही गई सूचना माँगने वाले को उपलब्ध करायेंगे।

हमें जिस भी विषय की जानकारी प्राप्त करनी हो, उस विषय से संबंधित सरकारी विभाग के लोक सूचना अधिकारी को एक आवेदन पत्र लिखें। इसके लिए उस लोक सूचना अधिकारी का नाम एवं कार्यालय का पता ज्ञात होना जरूरी है, जो

प्रत्येक कार्यालय में प्रमुख स्थान पर लिखा होता है। इस नए अधिनियम में यह कानून भी है कि कोई भी लोक सूचना अधिकारी आपका आवेदन पत्र लेने से इंकार नहीं कर सकता चाहे वह विषय किसी दूसरे विभाग का ही क्यों न हो। यानि अगर आप शिक्षा से संबंधित जानकारी प्राप्त करने हेतु आवेदन पत्र नगर-निगम के लोक-सूचना अधिकारी को देते हैं तो यह उस लोक-सूचना अधिकारी को आवेदन पत्र पाँच दिन के अंदर भेजें। यह लोक सूचना अधिकारी यहाँ-वहाँ नहीं भेज सकता।

अगर कोई लोक सूचना अधिकारी आपका आवेदन पत्र अस्वीकार करता है तो वह आपको अस्वीकार करने का कारण बताएगा।

इस अधिनियम की कुछ सीमाएँ भी हैं, जैसे-कोई भी सूचना, जिसका खुलासा करने से भारतवर्ष या राज्य की सुरक्षा, वैज्ञानिक या आर्थिक हित पर विपरीत प्रभाव पड़ता हो, नहीं दी जाती।

सूचना जिसका खुलासा करने के लिए न्यायालय ने स्पष्ट मना किया हो, नहीं दी जाएगी।

निजी सूचना जिसके खुलासे से किसी भी प्रकार से जनता का अहित हो, नहीं दी जाएगी।

कोई भी कॉपी-राइट (जिसका कानूनी अधिकार सिर्फ एक के पास हो) नहीं दी जाएगी।

कई प्रदेशों में आवेदन पत्र लिखने का निर्धारित प्रारूप का फार्म होता है। परंतु कोरे कागज पर लिखा गया आवेदन पत्र भी लोक सूचना अधिकारी लेने से इंकार नहीं कर सकता है। यह आवेदन पत्र आप अंग्रेजी या हिंदी या अन्य स्थानीय क्षेत्रीय सरकारी भाषा में लिख सकते हैं। इस पत्र के साथ नाममात्र का शुल्क दस रुपये देना होता है, जो आप नगद या स्टांप के रूप में दे सकते हैं।

आवेदन पत्र लिखते समय आपको जो जानकारी चाहिए उससे संबंधित सीधे एवं सटीक सवाल करने होंगे। उन सवालों को एक सूची के रूप में लिखें। आवेदन पत्र में यह भी बताएँ कि-

क्या आप गरीबी रेखा से नीचे आते हैं? यदि हाँ, तो आपको आवेदन शुल्क नहीं लगेगा, शेष सभी शुल्क लगेंगे। आपके शुल्क भरने का माध्यम (नगद, चैक, नॉन जुडीशियल स्टांप आदि) कैसी जानकारी चाहिए (कार्य की जाँच, सेंपल लेना, दस्तावेजों की जाँच या फोटोकॉपी)

कोई तीसरी पार्टी (तीसरे व्यक्ति) से सम्बन्धित जानकारी (यदि हाँ, तो उसका नाम व पता)

जानकारी प्राप्त करने का तरीका (स्पीड पोस्ट से, ई-मेल से, स्वयं लेना आदि)

कब से कब तक की जानकारी चाहिए।

आवेदन पत्र देने वाले का नाम, पता व हस्ताक्षर।

आवेदन डाक (आवेदन फीस के साथ) द्वारा जवाबी लिफाफे (टिकट लगा) के साथ भी दिया जा सकता है।

आपको जो भी जानकारी दी जा रही है उसका डाक्युमेंट प्रूफ की फोटोकॉपी भी अवश्य माँगें।

आवेदन पत्र में या लोक सूचना अधिकारी को यह बताने की आवश्यकता नहीं है कि आपको जानकारी क्यों चाहिए। यहाँ तक कि आपको नाम व पता के अलावा अन्य कोई जानकारी देने की जरूरत नहीं है। लोक सूचना अधिकारी आपका आवेदन पत्र प्राप्त करने के बाद आपको एक रसीद देगा जिसमें-

- आपकी जानकारी का विषय।
- आवेदन पत्र देने की तिथि।
- किसने प्राप्त की।
- लोक सूचना अधिकारी का नाम।
- फीस कितनी व कैसे जमा की।
- आवेदन पत्र का नंबर (क्रमांक)।
- आवेदक को कब बुलाया है।

यह सभी जानकारी उस रसीद में लिखी होगी। यह बात जानना जरूरी है कि केवल व्यक्ति ही आवेदन कर सकते है, कोई कंपनी या संस्था नहीं, हालाँकि आप कंपनी या संस्था के लेटर-पैड पर अपने नाम से अवश्य जानकारी प्राप्त कर सकते हैं। हर लोक सूचना अधिकारी को आवेदन पत्र का जवाब 30 दिन के अन्दर देना ही होता है।

– अगर तीसरी पार्टी (व्यक्ति) से संबंधित है तो 40 दिन के अन्दर जवाब देना होता है।

– अगर आवेदन पत्र, एक विषय के लोक सूचना अधिकारी से किसी दूसरे विषय के लोक सूचना अधिकारी को भेजनी होती है, तो 35 दिन के अंदर पूरी कार्यवाही करनी होती है।

– यदि कोई भी सूचना/जानकारी जो किसी की जिंदगी या आजादी से संबंधित हो, उन्हें हर हाल में 48 घण्टों में दी जाएगी। छुट्टी वाले दिन भी।

यदि बिना किसी ठोस कारण के लोक सूचना अधिकारी आपको 30 दिन के बाद जानकारी देता है, तो आपको निःशुल्क जानकारी मिलेगी।

आवेदन पत्र के शुल्क के अलावा केंद्रीय सूचना आयोग के अंतर्गत, आवेदक को इन चीजों का अलग से शुल्क देना होगा।

– 2/– प्रति पेज, फोटोकॉपी या प्रिंट निकलवाने के।

– किसी का सेंपल या मॉडल या मैगजीन लेने पर उसकी मूल्य राशि अदा करनी होगी।

– 50/– प्रति सी.डी. राईट करके देने के।

अगर सूचना अधिकारी द्वारा आवेदन अस्वीकार किया गया हो या आपको सही या फिर संतोषजनक जानकारी नहीं दी गई हो, तो आप (जानकारी प्राप्त करने के बाद) 30 दिन के अंदर लोक सूचना अधिकारी के ऊँचे पद पर बैठे अधिकारी के पास फर्स्ट अपील कर सकते हैं। यह अधिकारी भी उसी विभाग का एक हिस्सा होता है।

फर्स्ट अपील का आवेदन पत्र भी काफी हद तक लोक सूचना अधिकारी को दिए गए आवेदन पत्र जैसा ही होता है। इसमें दूसरी चीजों के अलावा–

– अपीलीय अधिकारी का नाम, पद एवं कार्यालय का पता।

– जानकारी देने वाले लोक सूचना अधिकारी का नाम एवं कार्यालय का पता।

– लोक सूचना अधिकारी को दिए गए आवेदन पत्र का क्रमांक।

– रसीद की फोटोकॉपी।

– लोक सूचना अधिकारी द्वारा अस्वीकार पत्र या फिर जवाब (जानकारी पत्र)

– अपीलीय अधिकारी से आपके निवेदन एवं माँगें।

अपीलीय अधिकारी भी आपके आवेदन देने के बाद 30 दिन के अंदर आपको जानकारी प्राप्त कराएगा या फिर लिखित रूप में वजह बताते हुए आपसे और समय माँगेगा।

यदि फर्स्ट-अपीलीय अधिकारी से भी आपको भ्रामक या असंतोषजनक जानकारी मिलती है, तो आप 90 दिन के अंदर केंद्रीय सूचना आयोग या फिर राज्य सूचना आयोग में सेकेण्ड अपील भेज सकते हैं। केंद्रीय सूचना आयोग राष्ट्रीय स्तर पर रहता है और राज्य सूचना आयोग राज्य स्तर पर।

सेकेण्ड अपील भी आवेदन पत्र एवं फर्स्ट अपील की भाँति होती है। इन आयोगों के पास एक जिला न्यायालय जितना अधिकार होता है। केन्द्रीय सूचना आयोग क़ा मुख्यालय दिल्ली और राज्य सूचना आयोग का हेड ऑफिस उनकी राजधानियों में स्थित है।

प्रत्येक आवेदन पत्र या अपील की प्रूफ या फोटोकॉपी अपने पास जरूर रखें लोक सूचना अधिकारी द्वारा भ्रामक जानकारी देने पर या अन्य कोई भी दिक्कत आने पर आयोग को लिखकर सूचित करें। दोषी पाये जाने पर आयोग, लोक सूचना अधिकारी पर प्रतिदिन 250 से लेकर 25,000 तक का जुर्माना लगा सकता है।

3

उपभोक्ता का आशय तथा इतिहास

"जो व्यक्ति माल खरीदता है या सेवा को भाड़े पर प्राप्त करता है माल की कीमत चुकाता है या आंशिक मूल्य देता है या उधार खरीदता है या ऐसा व्यक्ति जो माल खरीदने वाले व्यक्ति की अनुमति प्राप्त कर उसका उपयोग करता है अथवा सेवा या भाड़े की सेवा लेने वाले व्यक्ति की अनुमति से सेवा लेता है, उपभोक्ता कहलाता है।" हम सभी उपभोक्ता हैं। जब हम किसी वस्तु या सेवा का उपयोग करते हैं, तब हम उसके उपभोक्ता बन जाते हैं। विभिन्न सन्दर्भों में उपभोक्ता का अर्थ बदलता है। किसी वस्तु या सेवा को स्वयं के द्वारा उपभोग करने वाला व्यक्ति उपभोक्ता कहलाता है। प्रत्येक व्यक्ति क्षण-प्रतिक्षण उपभोक्ता कहलाता है। जैसे-जैसे मानव का विकास होता चला गया, उसकी आवश्यकताएँ और उसी के अनुरूप उपभोग्य वस्तुएँ और सेवाएँ भी बढ़ती चली गईं। वस्तुओं तथा सेवाओं में अनेक तकनीकी समस्याएँ उत्पन्न हुईं उनके समाधान के लिए अनेक संस्थागत प्रयास हुए।

बदलती बाज़ार व्यवस्था में कुछ व्यक्ति वस्तुओं तथा सेवाओं के उत्पादक और निर्माता बने एवं कुछ इन वस्तुओं और सेवाओं के विक्रेता। इन लोगों के द्वारा मुद्रा के बदले में वस्तुओं सेवाओं का विपणन प्रारम्भ हुआ। अधिक लाभ कमाने की

दृष्टि से कुछ लोगों ने वस्तुओं और सेवाओं के स्तर तथा गुणवत्ता में कमी करना प्रारम्भ की। जिसके कारण उपभोक्ताओं को क्षति पहुँचने लगी व उनके हितों से खिलवाड़ होने लगा। उपभोक्ताओं को इस अवांछित क्षति से बचाने के लिए कानूनी क़दम उठाए गए जिनमें उपभोक्ता की पहचान करने के लिए उसको एक परिभाषा दी गई जिसे कानूनी परिभाषा कहा जा सकता है। इसके अनुसार ग्राहक ही उपभोक्ता है जो मूल्य चुका कर किसी वस्तु अथवा सेवा को क्रय करता है।

वस्तु-विक्रय अधिनियम क्रय-विक्रय को नियंत्रित करने वाला प्राचीन कानून है जो 1930 में प्रभावी हुआ था परन्तु उपभोक्ता की सही परिभाषा कानूनी रूप से सन् 1986 में सुनिश्चित की गई, जब देश में उपभोक्ता संरक्षण कानून पारित हुआ।

उपभोक्ता की मुख्य विशेषताएँ निम्नानुसार हैं-

* उपभोक्ता वह है जो वस्तु अथवा सेवा का उपभोग करता है।
* वस्तुओं और सेवाओं के उद्देश्य के लिए उपभोक्ता का आशय उसी व्यक्ति से लिया जाता है-
    * जो स्वयं के उपभोग या स्वयं के किसी हितग्राही के लिए वस्तुओं अथवा सेवाओं का क्रय करता है।
    * जो स्वः रोज़गार के लिए वस्तुओं अथवा सेवाओं का क्रय करता है।
    * उसने इन वस्तुओं या सेवा के बदले किसी प्रकार का प्रतिफल अदा किया है अथवा अदा करने का वचन दिया है।
    * स्वः रोज़गार को छोड़कर किसी अन्य व्यवसायी उपयोगी के लिए ली गई वस्तुएँ या सेवाएँ लेने वाला व्यक्ति उपभोक्ता नहीं माना जाएगा।

उपभोक्ता संरक्षण की आवश्यकता

आम व्यक्ति उपभोक्ता है। व्यक्ति कोई वस्तु खरीदता है अथवा मूल्य अदाकर उसके बदले में सेवा प्राप्त करता है तो वह वैधानिक दृष्टि से उस वस्तु अथवा सेवा का उपभोक्ता कहलायेगा। बाज़ार से उपभोक्ताओं की सुरक्षा एवं संरक्षण की दृष्टि से पूर्व में अनेक कानून उपलब्ध रहे किन्तु इन कानूनों के माध्यम से न्याय प्राप्त करने की प्रक्रिया अधिक खर्चीली तथा उसके अन्तर्गत निर्णय प्राप्त करने के लिए पर्याप्त

समय लगता था, अतएव उपभोक्ताओं को शीघ्र एवं सस्ता न्याय दिलवाने की दृष्टि से एक क्रान्तिकारी कानून की महती आवश्यकता थी। इस उद्देश्य की सम्पूर्ति के लिए उपभोक्ता संरक्षण कानून 1986 अस्तित्व में आया। उपभोक्ता संरक्षण कानून वैधानिक क्रान्ति का परिचायक है। इस कानून के अन्तर्गत शोषित उपभोक्ता को न्याय प्रदान कराने की दृष्टि से त्रिस्तरीय कानून द्वारा न्याय प्रदान कराने की व्यवस्था है। ज़िला, राज्य तथा राष्ट्रीय स्तर पर उपभोक्ता अदालतें गठित की गई हैं। उपभोक्ता संरक्षण कानून में न्यायिक व्यवस्था के साथ ही उपभोक्ताओं को छह अधिकार भी प्रदान किये गये हैं। इनमें उपभोक्ता शिक्षा का अधिकार एक मौलिक अधिकार है। उपभोक्ता शिक्षा से तात्पर्य यह है कि उपभोक्ताओं को उत्पादन या माल की गुणवत्ता, मूल्य तथा उसके उपयोग के परिणाम के बारे में निरन्तर एवं नवीनतम जानकारी प्राप्त होती रहे। जानकारी के अभाव में कल्याणकारी नीतियों एवं कार्यक्रमों का समाज को समुचित लाभ नहीं होता। अतएव उपभोक्ता अधिकारों के सम्बन्ध में सूचित एवं शिक्षित करने के उद्देश्य से सरकार द्वारा समय-समय पर प्रचार-प्रसार की अनेक योजनाएँ चलाई जाती हैं।

प्राचीनकाल में मनुष्य की आवश्यकताएँ सीमित थीं उसे केवल भोजन और रहने के लिए आश्रय की खोज करनी होती थी परन्तु सामाजिक विकास के साथ-साथ मनुष्य ने उत्पादन और संग्रहण भी प्रारम्भ कर दिया। नवीन-नवीन खाद्य पदार्थ खोजे गए तथा बनाएँ जाने लगे। मनुष्यों के मध्य होने वाले वस्तुओं के आदान-प्रदान के लिए पहले वस्तु-विनिमय (बार्टर प्रणाली) तथा शनैः-शनैः मुद्रा का विकास होने लगा। तब आवश्यकता उत्पन्न हुई मुद्रा के समतुल्य वस्तुओं को नापने और तोलने की अर्थात् तब वस्तुओं के मूल्य निर्धारण का कार्य किया गया तथा नाप-तोल की नई प्रणालियाँ खोजी गई।

जब तक संसाधनों की कमी नहीं थी और मनुष्यों में धन संग्रहण के प्रति अधिक लगाव नहीं था, ये प्रणालियाँ अपने प्रारम्भिक रूप में चलती रहीं परन्तु जब मनुष्यों में अधिक धन संग्रह करने की प्रवृत्ति बढ़ने लगी और उसकी इच्छा अधिक संसाधन जुटाने की ओर बढ़ी, तो नाप-तोल के लिए बने मानकों तथा निश्चित मूल्य पर निश्चित सामग्री देने वाली इकाइयों में मनुष्य ने छेड़छाड़ करनी शुरू कर दी तथा इस प्रकार प्रारम्भ हुआ ग्राहकों का शोषण।

विज्ञान एवं तकनीकी विकास की बदौलत औद्योगिकीकरण का युग प्रारम्भ हुआ जिसमें कुछ उत्पादकों ने बहुत से लोगों के लिए उत्पादकों के निर्माण का कार्य प्रारम्भ कर दिया। इस कारण निर्माता और उपभोक्ता जो पहले एक दूसरे से परिचित हुआ करते थे, का व्यक्तिगत सम्बन्ध टूट गया। ऐसी स्थिति में गुणवत्ता से जुड़े मानकों

की आवश्यकता का अनुभव होने लगा। अपने ग्राहकों तथा उपभोक्ताओं की संख्या बढ़ाने की दृष्टि से विभिन्न उद्योगों में प्रतिस्पर्द्धा प्रारम्भ हुई। अधिक लाभ कमाने के प्रयासों में उत्पादकों तथा निर्माताओं ने उपभोक्ताओं को भ्रमित कर उनके शोषण की प्रक्रिया तीव्र कर दी। अतः उस पर नियंत्रण करने के लिए प्रभावशाली कदम उठाना अत्यन्त आवश्यक हो गया।

उपभोक्ता संरक्षण की आवश्यकता के प्रमुख कारण

उपभोक्ता संरक्षण की आवश्यकता के प्रमुख कारण निम्न हैं–

* विकास के फलस्वरूप ऐसी वस्तुओं का बाज़ार में आना जिन्हें देख-परख कर उपभोक्ता उनकी गुणवत्ता का पता नहीं लगा सके।
* निर्माताओं तथा विक्रेताओं द्वारा उपभोक्ताओं को भ्रमित करना।
* वस्तु सही गुणवत्ता की न होने के कारण उपभोक्ताओं की जान-माल को खतरा होना।
* उपभोक्ताओं की आवश्यकताओं के बढ़ जाने की वजह से बिना जाँच-पड़ताल किए बड़ी मात्रा में वस्तुओं की खरीददारी।
* उपभोक्ता शिक्षा प्रसार से आम उपभोक्ता की समझ बढ़ जाना।
* वस्तुओं के मूल्य में वृद्धि के कारण उपभोक्ताओं में सही मात्रा और गुणवत्ता की वस्तुएँ प्राप्त करने की इच्छा।
* बाज़ार में अनुचित व्यापारिक प्रथाओं के उत्पन्न हो जाने के कारण।
* विज्ञापनों से प्रभावित हो उपभोक्ताओं द्वारा अनावश्यक वस्तुओं की खरीद की प्रवृत्ति।

चतुर व्यवसायियों द्वारा विशेष रूप से ग्रामीण तथा अशिक्षित उपभोक्ताओं को कम गुणवत्ता की वस्तुएँ देकर ठगी करने और अधिक कमाई के लालच में मिलावटी सामान बेचने का धन्धा भी ज़ोर पकड़ने लग गया है। इसी कारण जहाँ उपभोक्ताओं को पूरा मूल्य देकर भी घटिया और मिलावटी वस्तुएँ मिलने लगीं, वहीं इन घटिया और मिलावटी वस्तुओं के उपभोग से उपभोक्ताओं को जान तथा माल की क्षति उठानी पड़ती है। इन कारणों से उपभोक्ताओं के लिए बाज़ार की स्थिति अत्यन्त विस्फोटक बन गई है। कम तोल, घटिया और मिलावटी माल, ज्यादा क़ीमत कालाबाज़ारी जैसी घटनाएँ उपभोक्ताओं के जीवन में रोज़मर्रा का उपक्रम बन गया है। अनुचित व्यापारिक

व्यवहार, कम मात्रा, गुणवत्ता व श्रेणी में फेरबदल हर तरफ़ नज़र आने लगा है। इनसे उपभोक्ताओं को बचाने के लिए उपभोक्ता संरक्षण की आवश्यकता अनुभ व की गई।

उपभोक्ताओं को संरक्षण देने के प्रयासों ने शनैः-शनैः उपभोक्ता आन्दोलन को आकार प्रदान किया।

उपभोक्ता आन्दोलन : उद्भव एवं विकास

संसार में उपभोक्ता संरक्षरण के इतिहास की जब चर्चा की जाती है तो लगभग सभी आधुनिक उपभोक्ता संरक्षण कर्मी उपभोक्ता आन्दोलन को यूरोपीय तथा अमेरिकन देशों की उपज मानते हैं परन्तु लेखक सहित कतिपय विचारकों का अभिमत है कि प्राचीन भारत में उपभोक्ता संरक्षण जैसे प्रावधान मौजूद थे। अथर्ववेद में भी एक श्लोक मिलता है जो उपभोक्ता वस्तुओं को श्रेष्ठ बनाए रखने पर बल देता है। इसी प्रकार आचार्य चाणक्य के ग्रन्थ 'अर्थशास्त्र' में व्यापारियों के लिए लाभ की सीमाएँ बताई गई हैं एवं लेन-देन और क्रय-विक्रय की व्यवस्था स्पष्ट की गई है कि जिससे किसी को भी हानि न उठानी पड़े। इसी प्रकार मनुस्मृति व अन्य प्राचीन नीति शास्त्रों में भी उपभोक्ताओं को संरक्षण दिए जाने सम्बन्धी प्रावधान उपलब्ध हैं जहाँ तोल का प्रमाण तथा अन्त आदि के नाप तथा तराजू आदि के परीक्षण पर विशेष ध्यान केन्द्रित करने का उल्लेख है।

प्रारम्भिक तौर पर मध्य युग के प्रावधानों को उपभोक्ता हित में अधिक महत्त्वपूर्ण समझा जाता है जब अनेक देशों में मिलावट करने वाले व्यापारियों के हाथ और पैर काट देने के प्रावधान मौजूद थे। यूनान में खाद्य पदार्थों में मिलावट रोकने के प्रावधान बने तथा प्राचीन मिस्त्र में मांस के व्यापार में होने वाली मिलावट को रोकने के लिए खाद्य निरीक्षक भी नियुक्त किए गये थे।

भारत से बाहर के देशों में उपभोक्ता आन्दोलन की शुरूआत मानने वाले विचारकों के अनुसार दुनिया का पहला उपभोक्ता कानून सन् 1784 में मैसाचूसैट्स में बना और सन् 1790 में नाप तोल मानकों के लिए कानून बने। सन् 1852 में ब्रिटेन में मर्केडाइज़ मार्क्स एक्ट पारित हुआ एवं सन् 1878 में पहली बार रेट्स एण्ड मैजरमिंट्स एक्ट बना। विश्व में खरीद-बिक्री को गुड्स एक्ट के नाम से जाना जाता है, सन् 1893 में बना।

इन्हीं विचारकों के मतानुसार उपभोक्ता आन्दोलन का प्रारम्भ ब्रिटेन और पश्चिमी यूरोपीय देशों से हुआ। जब उपभोक्ताओं ने मिलकर आपसी सहकारिता के माध्यम से क्रय केन्द्रों की स्थापना की जिसका मुख्य ध्येय उपभोक्ताओं को संरक्षण

प्रदान करना था। उपभोक्ता आन्दोलन का प्रारम्भिक उदय 19वीं शताब्दी के मध्य माना जाता है। कुछ लोगों के मतानुसार पहला उपभोक्ता संगठन सन् 1891 में न्यूयॉर्क में बना परन्तु अन्य विचारकों का मत है कि इन संगठनों का उदय सन् 1930 के पश्चात् हुआ।

माना जाता है कि सन् 1936 में अमेरिका में पहला उपभोक्ता संगठन 'कंज्यूमर यूनियन' बना जिसने उपभोक्ताओं को जागरूक करने के उद्देश्य से ''कंज्यूमर रिपोर्ट्स'' का प्रकाशन प्रारम्भ हुआ। सन् 1947 में डेनमार्क डेनिश हाऊस बाइब्स कंज्यूमर्स काउंसिल, सन् 1953 में हॉलैण्ड में नीदरलैण्ड कंज्यूमर्स यूनियन का गठन हुआ। सन् 1956 में एसोसिएशन फॉर कंज्यूमर्स रिसर्च की स्थापना हुई, जिसमें सन् 1957 में अपनी पत्रिका व्हिच (WHICH) का प्रकाशन प्रारम्भ हुआ। वर्ष 1959 में ऑस्ट्रेलिया के शहर सिडनी में, न्यूजीलैण्ड और बेल्जियम में भी उपभोक्ता संगठनों की स्थापना हुई। उपभोक्ता को गति सन् 1960 में मिली जब ब्रिटेन, अमेरिका, नीदरलैण्ड, ऑस्ट्रेलिया, फ्रांस, स्वीडन, न्यूजीलैण्ड, आइसलैण्ड, आस्ट्रिया, डेनमार्क एवं नार्वे के विभिन्न उपभोक्ता समूह हेग में एकत्रित हुए तथा इन्होंने मिलकर अन्तरराष्ट्रीय संगठन इन्टरनेशनल ऑर्गेनाइज़ेशन ऑफ़ कंज्यूमर यूनियन (IOCU) की स्थापना की जिसने आगे चलकर पूरी दुनिया में उपभोक्ता संरक्षण के प्रयासों को गति प्रदान की।

15 मार्च सन् 1962 को अमेरिका काँग्रेस को भेजे गये अपने ऐतिहासिक सन्देश में अमेरिका के तत्कालीन राष्ट्रपति जॉन एफ कैनेडी ने उपभोक्ताओं के चार मूल अधिकारों की घोषणा की जिसमें सुरक्षा का अधिकार, सूचना पाने का अधिकार, चयन करने का अधिकार तथा सुनवाई का अधिकार सम्मिलित था जो बाद में उपभोक्ता अधिकारों की अवधारणा के प्रेरणा स्रोत बने।

संयुक्त राष्ट्र संघ की साधारण सभा ने 9 अप्रैल सन् 1985 को अपने प्रस्ताव संख्या 39/248 के द्वारा उपभोक्ता संरक्षण से सम्बन्धित-मार्ग-निर्देशन स्वीकार किये तथा संयुक्त राष्ट्र में सदस्य-राष्ट्रों से अपने-अपने देश में उपभोक्ता संरक्षण से सम्बन्धित कानून बनाने का अनुरोध किया। उपभोक्ता संरक्षण को अन्तरराष्ट्रीय स्तर पर महत्त्व प्रदान करने की यह सबसे बड़ी घटना थी।

भारत में उपभोक्ता संरक्षण आन्दोलन का इतिहास

भारतवर्ष में उपभोक्ता संरक्षण का इतिहास वैदिककाल से ही प्रारम्भ हो चुका था और एक समय पूरे विश्व में भारतीय उपभोक्ता सर्वाधिक सुरक्षित था परन्तु सैकड़ों वर्षों की परतंत्रता के कारण वह सर्वाधिक शोषित उपभोक्ता की श्रेणी में परिवर्तित

हो गया। भारत में उपभोक्ता आन्दोलन का प्रारम्भ सहकारिता के माध्यम से बीसवीं शताब्दी के प्रारम्भ से ही हो गया था, परन्तु अपने वर्तमान स्वरूप में उपभोक्ता आन्दोलन ने गति वर्ष 1960 के पश्चात् ही पकड़ी। यद्यपि श्रीमान् राजगोपालाचार्य ने सन् 1950 में चेन्नई में 'कंज्यूमर प्रोटेक्शन काउंसिल' की स्थापना की। सन् 1966 में मुम्बई में गृहणियों द्वारा स्थापित 'कंज्यूमर्स गाइडेंस सोसाइटी ऑफ़ इण्डिया' पहले प्रभावी उपभोक्ता संगठन के रूप में सामने आया। यह संगठन शनैः-शनैः खाद्य-पदार्थों की गुणवत्ता के सम्बन्ध में लोगों को जागरूक करने लगा तथा इसने उपभोक्ताओं के शिकायत के निपटारे के काम भी हाथ में लिए। इसने उपभोक्ताओं को सूचना देने के लिए एक पत्रिका 'कीमत' का प्रकाशन भी प्रारम्भ किया। प्रारम्भ में जिन उपभोक्ता संगठनों के योगदान को महत्त्वपूर्ण माना जा सकता है उसमें 1970 में गठित कर्नाटक कंज्यूमर्स सर्विस सोसायटी सन् 1973 में स्थापित हुई। विशाखा उपभोक्ता काउंसिल सन् 1975 में बनी अखिल भारतीय ग्राहक पंचायत और सन् 1979 में बनी मुम्बई ग्राहक पंचायत शामिल है। भारतवर्ष में उपभोक्ता के महत्त्व को समझने एवं बाज़ार में ग्राहक की प्रतिष्ठा स्थापित करने में महात्मा गाँधी का महत्त्वपूर्ण योगदान रहा है। गाँधी जी ने कहा था "व्यापारियों के लिये ग्राहक एक विशिष्ट आगन्तुक है। वह हम पर निर्भर नहीं वरन् हम उस पर निर्भर हैं। हमारे कार्य में व्यवधान उपस्थित करने की बजाय वह हमारा लक्ष्य है। उसकी सेवा करके हम उस पर उपकार नहीं कर रहे, बल्कि सेवा का अवसर देकर वह हमारा भला कर रहा है।" उपभोक्ता आन्दोलन को सन् 1978 में अहमदाबाद में बनी उपभोक्ता शिक्षा और शोध केन्द्र ने नवीन गति दी। इसकी स्थापना मनुभाई शाह ने की थी जिन्हें आज देश के अग्रणी उपभोक्ता आन्दोलनकारियों में से एक माना जाता है। इसने विभिन्न तरीकों से उपभोक्ता जागरूकता कार्यक्रम को गति दी तथा एक कंज्यूमर्स पत्रिका आन्दोलन गति पकड़ने लगा। इस दौरान देश भर में विभिन्न हिस्सों में अनेक उपभोक्ता संगठन अस्तित्व में आए। सन् 1986 में भारतवर्ष में उपभोक्ता संरक्षण अधिनियम पारित हुआ और इसके पश्चात् देश में उपभोक्ता संगठनों की संख्या तेज़ी से बढ़ी। आज देश में उपभोक्ता आन्दोलन अपनी मजबूत पहचान बना चुका है। कई हज़ार उपभोक्ता संगठन काम कर रहे हैं तथा इन संगठनों में बेहतर समन्वय के लिए प्रान्तीय और राष्ट्रीय स्तर पर उपभोक्ता संगठनों के अनेक महासंघ एवं समन्वय समितियाँ कार्य कर रही हैं।

4

उपभोक्ता संरक्षण : आवश्यकता एवं महत्त्व

यदि उपभोक्ता के हितों एवं अधिकारों का हनन होता है और उपभोक्ता के विरुद्ध अपराध होना निश्चित हो जाता है तो उपभोक्ता संरक्षण अधिनियम के अन्तर्गत उपचारात्मक व्यवस्था के रूप में उपभोक्ता अदालतें अथवा उपभोक्ता विवाद प्रतितोष अभिकरण की स्थापना की गई है।

आज वास्तव में यदि उपभोक्ताओं के शोषण को रोका जाता है तो इसके लिए अधिक प्रभावी और स्थायी प्रयास किए जाने की आवश्यकता है। आज के इस दौर में उपभोक्ता का शोषण तभी रुक सकता है जबकि उपभोक्ता संरक्षण के प्रयासों को अधिक विशेषज्ञ युक्त और व्यावसायिक सोच से सम्पन्न बनाया जाए।

उपभोक्ता संरक्षण आज की महती आवश्यकता न केवल एक उपभोक्ता के नाते अधिकारों के संरक्षण के लिए अपितु व्यवसाय को ग्राहक हितैषी बनाते हुए उसके विकास के लिए और विभिन्न कानूनों की प्रभावी अनुपालन के माध्यम से उसके प्रभावी

संरक्षण के लिए उपभोक्ता संरक्षण बन गया है समाज का मौलिक हथियार। विकास तथा शारीरिक अभिवृद्धि के लिए भोजन की अतीव आवश्यकता होती है। देश के विभिन्न क्षेत्रों के अनुसार खान-पान की आदतों में भिन्नता पाई जाती है। जैसा भोजन किया जाता है उससे देश के लोगों की स्वास्थ्य की स्थिति का पता चलता है। यह सत्य है कि राष्ट्र की शक्ति उसके लोगों के स्वास्थ्य पर निर्भर है इससे उच्चतम क्षमता की प्राप्ति के लिए कुल राष्ट्रीय विकास के प्रयासों का पता चलता है।

पोषण से स्वास्थ्य की स्थिति निर्धारित होती है स्वास्थ्य के लिए सन्तुलित आहार का सेवन खान-पान के सिद्धान्तों का पालन तथा सफ़ाई और स्वच्छता परमावश्यक है। अक्षमता, दुर्बलता तथा रोगों से लड़ने की हमारी शक्ति भोजन के प्रमुख तत्त्वों प्रोटीन, वसा, शर्करा, विटामिन एवं खनिजों पर आधारित है। इन पोषक तत्त्वों का अंशतः या अपूर्णतः खाद्य पदार्थों से निकाल लेने या उसमें मिलावट कर देने से हमारे स्वास्थ्य पर प्रतिकूल प्रभाव पड़ता है। अतः खाद्य उपमिश्रण निवारण अधिनियम, 1954 के अधीन खाद्यों में मिलावट एक दण्डनीय अपराध है। इस अधिनियम के विभिन्न प्रावधान शुद्ध और सम्पूर्ण आहार तो प्रदान करते ही हैं इसके साथ ही झूठ अतिशयोक्ति और धोखाधड़ी द्वारा ठगे जाने से भी बचाते हैं यह अधिनियम सही व्यापार रीतियों के विषय में ईमानदारी से व्यापार करने का मार्गदर्शन भी कराता है। खाद्य पदार्थों में मिलावट से किसी प्रकार का कोई लाभ नहीं होता उस व्यक्ति का भी नहीं जो केवल आर्थिक लाभ के लिए इसे करता है। आप मिलावट की रोकथाम कर सकते हैं। केवल कानून काफ़ी नहीं है। मिलावट की बुराई तभी रोकी जा सकती है जब आप सरकार के साथ सहयोग करे। सावधानी से खरीददारी करके आप मिलावट से बच सकते हैं। को-ऑपरेटिव स्टोर/सुपर बाज़ार या अच्छे फुटकर विक्रेताओं से ही सामान खरीदे, आई.एस.आई., एगमार्क वाली डिब्बाबन्द चीज़ें ही खरीदे खाद्य पदार्थों में जब भी आपको किसी खराबी का सन्देह उसके स्वाद या देखने में हो तो स्थानीय (स्वास्थ्य) अधिकारी को इसकी तुरन्त सूचना दे।

उपभोक्ता संरक्षण की आवश्यकता

हमारे शरीर और मन को तन्दुरुस्त रखने के लिए खाद्य पदार्थ ईंधन की तरह काम करते हैं। अप्रामाणिक और मिलावटी खाद्य पदार्थों से व्यक्ति की शारीरिक और मानसिक क्षमता पर बहुत बुरा असर पड़ता है जो किसी भी राष्ट्र के लिए भारी क्षति है। मिलावट के ढूँढ़े जा रहे नये-नये तरीकों के कारण यह अत्यावश्यक हो जाता है कि हम जो कुछ भी उपयोग कर रहे हैं, वह शुद्ध और पौष्टिक हो। आम आदमी उपभोग की जा रही वस्तु की शुद्धता तथा गुणवत्ता से ज़्यादा परिचित नहीं होता।

उसके पास खाद्य पदार्थों की गुणवत्ता को परखने के लिए ज़रूरी साधन भी नहीं होते। केवल बाहर से देखकर मिलावट की ठीक-ठीक परख नहीं की जा सकती-खासकर तब, जब मिलावट बहुत सावधानीपूर्वक की गई हो। उपभोक्ताओं के जागरूक होने से ही मिलावटी और घटिया खाद्य पदार्थों की समस्या का समाधान हो सकता है।

स्वाभाविक है कि हम अपनी विभिन्न आवश्यकताओं को पूरा करने के लिए विभिन्न प्रकार की वस्तुओं तथा सेवाओं को क्रय करते रहते हैं। दूसरी ओर आजकल व्यापक रूप से नक़ली एवं मिलावटी वस्तुओं से बाज़ार भरे पड़े हैं। उस पर उत्पादकों और निर्माताओं द्वारा भ्रामक विज्ञापन, क़ीमतों का मोल-तोल, खरीद के साथ उपहारों, इनामों और प्रतियोगिताओं के झूठे चक्कर में फँसकर आए दिन ग्राहक लुटता रहता है। इसके अतिरिक्त वस्तुओं के निर्माण में सुरक्षा मानकों का पालन न किया जाना, बड़े-बड़े होर्डिंग के द्वारा ग्राहकों को ललचाकर अपने जाल में फँसाना व्यापारियों की एक आम प्रवृत्ति बन गई थी।

घटते-संसाधनों और बढ़ती आबादी ने विश्व में न केवल उपयोगी वस्तुओं की कमी कर दी है अपितु इसने पर्यावरण से भी खतरनाक छेड़छाड़ की है और मानव सभ्यता के समक्ष गम्भीर संकट खड़ा कर दिया है। इस स्थिति ने मानव मात्र को स्वार्थी बना दिया है और लोग, संस्थाएँ एवं राष्ट्र अपनी सामर्थ्यानुसार न केवल उपभोग्य वस्तुओं का संग्रह करने लगे हैं बल्कि उन वस्तुओं की ज़रूरतमन्त तक पहुँचाने के लिए उन्होंने इसे शोषण का एक शस्त्र बना दिया है।

समय के साथ-साथ मानव सभ्यता के विकास के इस दौर से जहाँ दास प्रथा, उपनिवेश एवं सामन्तवाद इतिहास में जाने जाते रहे हैं वहीं जमाखोरी, बहुराष्ट्रीय व्यापारिक, एकाधिकार अनुसूचित व्यापारिक व्यवहार मुनाफ़ा वसूली और जानमाल को नुक़सान पहुँचाने वाली व्यवस्थाओं से हमारी संस्कृति आवृत्त होती जा रही है। उन सेवाओं ने जिन्हें मानव ने अपनी सुविधाओं के लिए विकसित किया किन्तु उन्होंने उल्टे उपभोक्ताओं के लिए अनेक असुविधाओं को जन्म दिया परिणामस्वरूप इस बात की आवश्यकता अनुभव की जाने लगी कि ऐसी तमाम सेवाओं और वस्तुओं को शोषण या ठगी का हथियार बनाने से रोकने के लिए प्रभावी व्यवस्था की जाये।

उत्तरोत्तर काल में सभ्यता के विकास के साथ उपभोक्ता संरक्षण के शासकीय प्रयासों में गति आने लगी। आज से लगभग दो हज़ार वर्ष पूर्व आदिकालीन राष्ट्र निर्माता आचार्य चाणक्य ने संभवतः विश्व में प्रथम बार उपभोक्ता संरक्षण कार्यों को संवैधानिक रूप प्रदान किया। अपने ग्रंथ 'अर्थशास्त्र' में चाणक्य ने कण्टक-शोधन शीर्षक से इस हेतु विस्तृत उल्लेख किया है। गत शताब्दी में पाश्चात्य देशों ने भी उपभोक्ता

संरक्षण की दिशा में कार्य प्रारम्भ किया तथा उपभोक्ता संरक्षण उपभोक्तावाद के साथ नये सिरे से भारत में पहुँचा।

सन् 1986 में भारत सरकार ने उपभोक्ता संरक्षण की दिशा में ठोस क़दम उठाते हुए उपभोक्ता संरक्षण कानून बनाया लेकिन पाश्चात्यीकरण की प्रतिच्छाया में उपजे उपभोक्ता संगठनों की कमज़ोर पहल नाकारा प्रशासन और सरकार की इच्छा शक्ति की कमी के चलते देश के उन करोड़ों ग़रीब, मजदूर और किसान उपभोक्ताओं को 18 वर्ष पश्चात् भी कानून का कोई लाभ नहीं पहुँचा जो शोषण के सबसे अधिक शिकार थे। यह कानून अभिजात वर्ग तक सीमित होकर रह गया वर्तमान में उपभोक्ता संरक्षण कानून में महत्त्वपूर्ण संशोधन भारतीय संसद द्वारा पारित कर दिए गये हैं।

इस स्थिति को बदलने के लिए आम उपभोक्ता को उसके अधिकारों की जानकारी पहुँचाने के लिए एक मजबूत पहल है। निश्चय ही उपभोक्ता संरक्षण ही इसका लक्ष्य है लेकिन आम उपभोक्ता के अलावा उद्योगों, व्यापारियों, चिकित्सकों, व्यावसायियों व अन्य उत्पादकों के लिए महत्त्वपूर्ण है न केवल वे अपने व्यवसाय के अतिरिक्त सर्वत्र उपभोक्ता है अपितु इसलिए भी उपभोक्ताओं की सन्तुष्टि रखकर ही वे अपने व्यवसाय में वृद्धि कर सकते हैं और कानूनों की जानकारी रहते बेकार के अदालती प्रपंचों से भी बच सकते हैं। उपभोक्ताओं में जागृति, जनचेतना उत्पन्न करने की दिशा में उपभोक्ता संरक्षण की महत्त्वपूर्ण आवश्यकता है।

उपभोक्ता संरक्षण का महत्त्व

वर्तमान में उपभोक्ता शोषण का शिकार होता जा रहा है। वर्तमान में झूठे एवं आकर्षक विज्ञापन दिखाकर झूठे आकर्षण दिखाएँ जाते हैं वस्तु की अधिक कीमत लेना, सेवाओं से सन्तुष्ट नहीं कर पाना विशिष्ट मानक गुण व संरचना किस्म प्रतिमान के अनुसार वस्तु एवं सेवा नहीं होना वस्तुओं के गारण्टी वारण्टी में खराब होना व वस्तुयें निर्धारित मानक स्तर की नहीं होने से उपभोक्ता के साथ धोखा होता है और उसे आर्थिक क्षति होती है।

वर्तमान युग उपभोक्ता का युग है एवं उपभोक्ता कानून में महत्त्वपूर्ण विवाद आने लगे हैं जिसमें विभिन्न सेवाओं में कमी, तथा लापरवाही और उससे होने वाले नुक़सान की क्षतिपूर्ति के लिए उपभोक्ता संरक्षण कानून बेहद लाभकारी सिद्ध हुआ है। उपभोक्ता संरक्षण कानून में अब पर्याप्त व्यापक आधार हो गया है तथा विभिन्न राज्य आयोगों, द्वारा यह अभिनिर्धारित कर दिया गया है कि उपभोक्ता विवाद के अन्तर्गत कौन-कौन से मामले संरक्षणीय व पोषणीय होते हैं तथा कौन-कौन से मामले उपभोक्ता

संरक्षण कानून के दायरे में आते हैं एवं कौन-कौन से मामले उपभोक्ता संरक्षण कानून के दायरे में नहीं आते हैं। ऐसी स्थिति में उपभोक्ता न्यायालय के समक्ष उपभोक्ता को स्वयं को जागरूक रहकर ही अपना परिवाद प्रस्तुत करना चाहिए एवं परिवाद में उन्हीं तथ्यों का समावेश होना चाहिए जिससे कि सेवाओं में कमी एवं लापरवाही के कारण क्षतिपूर्ति पाने का वह अधिकारी सिद्ध हो सके।

वर्तमान युग में हम समाचार पत्रों या अन्य माध्यमों से सुनते व देखते हैं कि आज प्रत्येक सामान चाहे वह कपड़े हो, होज़री आईटम हो, घरेलू सामान हो आदि सभी की सेल लगने लगी हैं और उसमें विज्ञापनों में एक ही कम्पनी का माल होने सम्बन्धी लुभावने व आकर्षक वायदे किये जाते हैं लेकिन वास्तव में सेल के स्थान पर जाने पर उपभोक्ता को जानकारी होती है कि वहाँ पर एक ही कम्पनी के सामान के अतिरिक्त अन्य कम्पनियों के भी सामान होते हैं और वहाँ पर उस सामान की कोई गारण्टी नहीं दी जाती है और ना ही बिल ही दिया जाता है जो अनफेयर ट्रेड प्रेक्टिस है। सेल से लिये गये सामान आदि की कोई शिकायत सेल समाप्त होने पर निरीह उपभोक्ता क्या करे इस सम्बन्ध में अत्यधिक परेशानी है। सेल के लिए विज्ञापनों में अत्यन्त सस्ते सामान का हवाला तो दिया जाता है लेकिन सेल में जाने पर जानकारी होती है कि वास्तव में सस्ता सामान अत्यन्त ही घटिया होता है एवं कपड़े आदि ऐसे होते हैं जो किसी काम में नहीं लाये जा सकते हैं। सेल के कपड़ों का रंग, साइज़, सिलाई, आदि की कोई गारण्टी नहीं दी जाती है एवं सेल समाप्त होने पर खराबी की जानकारी होने पर उपभोक्ता ठगा सा रह जाता है तथा कई बार सेल में देखने में आता है कि वहाँ पर एक ही कम्पनी के आईटम की सेल का विज्ञापन देने पर भी सेल में अन्य कई कम्पनियों के भी आईटम रखे जाते हैं जबकि उपभोक्ता नामी व विज्ञापन में दिए गये कम्पनी के नाम के अनुसार ही सेल में जाता है और वहाँ पर वह आईटम भी उसी कम्पनी के नाम के अनुसार क्रय करता है लेकिन बाद में जब वह आईटम लेकर आता है तो जानकारी होती है कि वह आईटम विज्ञापन में दी गई कम्पनी के नाम के नहीं हैं, जो सेल वालों की सेवाओं में कमी एवं अनफेयर ट्रेंट प्रेक्टिस है। आज कल रेडिमेड कपड़ों की सेल अत्यधिक दिन लगती रहती है लेकिन ऐसे कपड़ों की सिलाई व रंग कलर की कोई गारण्टी नहीं होती है। इसी प्रकार साड़ियों की सेल में भी उपभोक्ता ठगा सा रह जाता है कि साड़ियाँ कई बार निर्धारित नाप की नहीं होती और छोटी होती है। सेल के आईटम पर किसी प्रकार की कोई गारण्टी की व्यवस्था नहीं है जबकि सेल में भी कम्पनी को गारण्टी देनी चाहिए कई बार कपड़े आदि खराब निकल जाते हैं और उपभोक्ता को नुकसान का

सामना करना पड़ता है। इससे उपभोक्ताओं की सुरक्षा व उनके हितों को ध्यान में रखना चाहिए। उपभोक्ताओं को भी अत्यन्त सावधानी से सेल में आईटम क्रय करने चाहिए जिससे कि उन्हें किसी प्रकार से नुक़सान का सामना नहीं करना पड़े। कई बार उपभोक्ता सेल में आईटम सस्ते होने पर पर्याप्त मात्रा में खरीददारी कर लेते हैं। लेकिन आईटम खराब निकल जाते हैं और कई बार सेल एक दो दिन की होने पर समाप्त हो जाने से उत्पादन द्वारा लिया गया आईटम व्यर्थ हो जाता है और उसे आर्थिक नुक़सान का सामना करना पड़ता है। सेल वालों को चाहिए कि वे सेल में किन-किन कम्पनियों के आईटम विक्रय कर रहे हैं और उनकी एक लिस्ट मय आईटम-प्राईज़ के साथ सेल के बाहर ही लगानी चाहिए और गारण्टी का भी उल्लेख किया जाना चाहिए और बिल दिया जाना चाहिए जिसमें आईटम की कम्पनी का उल्लेख किया जाना चाहिए तथा इसके साथ कम्पनी का नाम व पता स्पष्ट रूप से होना चाहिए यह उपभोक्ता को भी देखना चाहिए कि वह जिस कम्पनी का आईटम ले रहा है वह सही भी है अथवा नहीं। उसका बिल आवश्यक रूप से लेना चाहिए व कम्पनी का नाम व पते की भी जानकारी करनी चाहिए व स्थानीय डीलर या एजेण्ट का भी पता रखना चाहिए जिससे कि सेल समाप्त होने पर आईटम खराब निकलने पर उसके बारे में शिकायत की जा सके या चेंज करवाया जा सके। सेल में आईटम क्रय करने पर उपभोक्ता को पूर्णरूपेण जागरूक, सचेत रहने की आवश्यकता है।

उपभोक्ता के अधिकार एवं उत्तरदायित्व

स्वाभाविक है कि हम अपनी विभिन्न आवश्यकताओं को पूरा करने के लिए विभिन्न प्रकार की वस्तुओं और सेवाओं को क्रय करते रहते हैं। दूसरी ओर आजकल व्यापक रूप से नक़ली और मिलावटी वस्तुओं से बाज़ार भरे पड़े हैं। उस पर उत्पादकों और निर्माताओं द्वारा भ्रामक विज्ञापन, कीमतों का मोलतोल, खरीद के साथ उपहारों, इनामों और प्रतियोगिताओं के झूठे चक्कर में फँसकर आए दिन ग्राहक लुटता रहता है इसके अतिरिक्त वस्तुओं के निर्माण में सुरक्षा मानकों का पालन न किया जाना बड़े-बड़े होर्डिंग्स के द्वारा ग्राहकों को ललचाकर अपने जाल में फँसाना व्यापारियों की एक आम प्रवृत्ति बन गई है परन्तु आज उपभोक्ता पूर्व की भाँति उतना असमर्थ और असुरक्षित भी नहीं है। ऐसे कानून बन चुके हैं जो एक ओर उपभोक्ता को अधिकार प्रदान करते हैं और दूसरी ओर उत्पादकों और निर्माताओं पर उत्तरदायित्व भी लगाते हैं। उपभोक्ता के इन अधिकारों के पीछे आज कानूनी अनुमति और विधिपरक शक्ति भी मौजूद है परन्तु इन अधिकारों की जानकारी अधिकांश व्यक्तियों को नहीं है अर्थात् आम आदमी इससे परिचित नहीं है।

वास्तव में उपभोक्ता को यह अधिकार उपभोक्ता संरक्षण अधिनियम द्वारा प्राप्त हुए हैं जो अधिकार हमें नीति शास्त्र अथवा नैतिक रूप से प्राप्त हुए हैं जिन्हें स्वयं व्यापार जगत् ने बलपूर्वक स्वीकारा है। इन अधिकारों की पृष्ठभूमि में कोई कानूनी बाध्यता नहीं है परन्तु नैतिक आधार पर सभी इन्हें मानने को बाध्य हैं।

उपभोक्ता के हितों को संरक्षण प्रदान करने का कानूनी भाषा में 'अधिकार' का यह भी अर्थ होता है कि विधि के अनुसार उत्पाद-निर्माताओं तथा विक्रेताओं पर कुछ कर्त्तव्य निर्धारित किए गए हैं अतः इन कर्त्तव्यों का पालन न करने की स्थिति में उनके विरुद्ध कानूनी कार्यवाही की जा सकती है और उन्हें दण्डित भी किया जा सकता है।

उपभोक्ता अधिकारों वाली सोच का जन्म आधुनिक समय में हुआ है सबसे पहले सन् 1920 के दशक में इस आन्दोलन का प्रारम्भ संयुक्त राज्य अमेरिका में हुआ जहाँ से यह अन्य देशों में फैल गया। अमेरिकी राष्ट्रपति जॉन एफ. कैनेडी ने मानव अधिकारों के तहत उपभोक्ता अधिकारों का बिल सन् 1961 में अमेरिकी संसद में प्रस्तुत किया। उन्होंने उपभोक्ताओं के निम्न चार अधिकारों की पहचान की थी-

* सुरक्षा का अधिकार
* चुनने का अधिकार
* सुनवाई का अधिकार
* सूचना प्राप्त करने का अधिकार।

उपभोक्ता संरक्षण अधिनियम उपभोक्ताओं के छह अधिकारों का उल्लेख करता है-

* सुरक्षा का अधिकार
* सूचना का अधिकार
* चयन का अधिकार
* सुनवाई का अधिकार
* क्षतिपूर्ति का अधिकार
* उपभोक्ता शिक्षा का अधिकार।

सुरक्षा का अधिकार

उपभोक्ता के अधिकारों में सबसे महत्त्वपूर्ण है सुरक्षा का अधिकार। इसका सीधा सम्बन्ध बाज़ार से क्रय की जाने वाली वस्तुओं तथा सेवाओं से जुड़ा हुआ है क्योंकि खरीदी गई वस्तु या उपभोक्ता द्वारा प्राप्त की गई सेवा उसके जीवन और सम्पत्ति के लिए ख़तरनाक सिद्ध को सकती है या हो जाती है।

खरीदी गई वस्तु या प्राप्त की गई सेवा सुरक्षा के मानकों को पूरा करती है अथवा नहीं। उपभोक्ता के सुरक्षा अधिकार का उल्लंघन कैसे होता है, मान लीजिए आप किराये पर टैक्सी, ऑटोरिक्शा, अथवा किसी बस द्वारा यात्रा करते हैं। वाहन चालक अपने वाहन को सड़क पर लाने से पहले उसके यांत्रिक कलपुर्जों की समुचित जाँच नहीं करता और यदि इस लापरवाही के कारण रास्ते में ब्रेक फेल हो जाने की वजह से दुर्घटना हो जाती है तो यात्रियों को लगी चोट उनके सुरक्षा के अधिकार का उल्लंघन है अतः घायल व्यक्ति दुर्घटना में हुए अपने नुक़सान का मुआवजा प्राप्त करने का कानूनन अधिकार रखता है यह सब उपभोक्ता के सुरक्षा अधिकार के अन्तर्गत आता है।

इसी प्रकार बिजली से चलने वाली प्रेस उपकरण की खराबी के कारण यदि करण्ट मार देती है या झटका लगा देती है तो यह भी उपभोक्ता के सुरक्षा अधिकार का उल्लंघन है। इसी प्रकार डॉक्टर की लापरवाही के कारण यदि मरीज को ऑपरेशन के दौरान क्षति पहुँचती है या वाहन चालक लापरवाही से वाहन चलाता है जिससे यात्रियों को जान-माल का कोई नुक़सान होता है तो भी यह उपभोक्ता को प्राप्त सुरक्षा के अधिकार का उल्लंघन है।

सुरक्षा का अधिकार वस्तु क्रय करते समय अथवा सेवा प्राप्त करते समय तक ही सीमित नहीं होता बल्कि लम्बे समय तक इस्तेमाल करते रहने तक भी चलता है। अतः वस्तु या सेवा क्रय करते समय सुरक्षा की दृष्टि से उपभोक्ताओं को अपनी ओर से शर्तें भी रखनी चाहिए परन्तु यदि उपभोक्ता को वस्तु या सेवा की कोई गारण्टी नहीं भी मिलती है तो इसका अर्थ यह कदापि नहीं है कि उपभोक्ता के पास सुरक्षा का अधिकार नहीं है।

यह अधिकार अत्यन्त महत्त्वपूर्ण अधिकार है क्योंकि यह अधिकार हमारे जीवन तथा शरीर के खतरों तथा नुक़सान के विरुद्ध हमें संरक्षण प्रदान करता है। इस अधिकार द्वारा हानि होने की स्थिति में समुचित क्षतिपूर्ति अथवा हर्जाना प्राप्त किया जा सकता है।

सूचना पाने का अधिकार

उपभोक्ताओं के लिए सूचना पाने का अधिकार भी बहुत महत्त्व पूर्ण है। इस अधिकार का अर्थ है कि उत्पादक तथा विक्रेता उपभोक्ताओं को सूचित करे कि अमुक वस्तु की गुणवत्ता, समर्थता, शुद्धता, स्तर तथा श्रेणी व मूल्य क्या है। इस बात को दूसरे शब्दों में इस प्रकार कह सकते हैं उपभोक्ता को यह अधिकार है कि वह किसी वस्तु को क्रय करने से पूर्व अथवा उसका चयन करने से पहले उस उत्पाद अथवा सेवा के सम्बन्ध में सम्पूर्ण जानकारी प्राप्त कर सकता है। अतः उत्पादक, निर्माता या विक्रेता का यह दायित्व है कि वह उत्पादित एवं बेची जाने वाली वस्तु के बारे में उपभोक्ता को पूर्ण जानकारी उपलब्ध कराये।

इस प्रकार यह जानकारी दवा खरीदते समय अधिक्र महत्त्वपूर्ण है एक ही दवा को अलग-अलग कई कम्पनियाँ अलग-अलग ब्राण्डों और नामों से उत्पादित और विक्रय करती हैं और अक्सर उनके मूल्यों में भी काफी अन्तर होता है। जानकारी या सूचना के अभाव में आप महँगी कम्पनी की दवा भी क्रय कर सकते हैं।

औषधियों के सेवन करने के उपरान्त उसके प्रभावों की स्पष्ट जानकारी भी उपभोक्ताओं को होनी चाहिए ताकि औषधि का सेवन करने पर उसके स्वास्थ्य पर कोई विपरीत प्रभाव न पड़े। औषधि का काम रोगी को लाभ पहुँचाना है न कि हानि। यह अधिकार उपभोक्ता को समझदार और चौकन्ना बनाता है वहीं पर ऊँचे दबाव के साथ जो माल को बेचने की तकनीक अपनाई जाती है, उससे उपभोक्ता व्यापारी के जाल में फँसने से बच जाता है।

चयन का अधिकार

किसी भी वस्तु को खरीदने से पहले, उसके सही चुनाव या चुनने का अधिकार का महत्त्व तब अधिक होता है जब बहुत सारी वस्तुएँ विभिन्न मूल्यों पर अधिकता के साथ उपलब्ध हों। अतः गुणवत्ता और मूल्य के आधार पर ग्राहक को स्वयं की तसल्ली करके वस्तु को क्रय करना चाहिए।

सैद्धान्तिक रूप से कोई विक्रेता किसी उपभोक्ता को खास ब्राण्ड की वस्तु खरीदने के लिए दबाव नहीं डाला जा सकता। यदि किसी वस्तु का उत्पादन किसी एक ही उत्पादक द्वारा उत्पादित किया जाता है तो ऐसी स्थिति में हम उस वस्तु को एकाधिकार उत्पादित वस्तु के नाम से जानते हैं। इस अधिकार के अनुसार उत्पादक को तसल्लीबख्श तथा उपयुक्त सेवा के साथ वस्तु को उचित मूल्य पर ही बाज़ार में उपलब्ध कराना चाहिए। इस अधिकार में यह भी शामिल है कि वस्तु मूल रूप में हो

और उसकी उचित सेवा की गारण्टी भी हो। यह अधिकार उसी स्थिति में प्रभावी होता है, जहाँ बाज़ार में विभिन्न ब्राण्डों की बहुत सारी वस्तुएँ प्रतिस्पर्द्धा के आधार पर उपलब्ध हों। सामान्यत: देखने में आता है कि उपलब्ध ब्राण्ड के उत्पाद उपलब्ध होते हुए भी विक्रेता (दुकानदार) ग्राहक को एक खास ब्राण्ड का ही उत्पाद दिखाता है जिसे विक्रय करने पर उसे अधिक लाभ मिलता है। ग्राहक सोचता है कि शायद दूसरी ब्राण्ड बाज़ार में उपलब्ध ही नहीं होंगी और इस प्रकार दुकानदार की बेईमानी के कारण ग्राहक को मजबूरी में वही खरीदना पड़ता है जिसे दुकानदार बेचना चाहता है। अत: ग्राहक को चाहिए कि क्रय करने से पूर्व वह सभी ब्राण्ड के उपलब्ध उत्पादों को देख-परख कर ही चयन करे तथा सेवा शर्तों की पूरी जाँच व समझ कर ही खरीदे ताकि उसे उचित मूल्य पर अच्छी वस्तुएँ ही प्राप्त हों।

सुनवाई का अधिकार

इस अधिकार का अर्थ है कि उपभोक्ता की शिकायत सुनी जाए। उपभोक्ता को चाहिए कि वे उपयुक्त मंचों के साथ अपने आप को जोड़े जो उपभोक्ता के हितों को ध्यान में रखकर बनाए गए हैं और उनसे सम्पर्क स्थापित करके उचित निर्णय प्राप्त करें। भारत सरकार ने उपभोक्ता संरक्षण अधिनियम के अन्तर्गत ज़िला, राज्य और राष्ट्रीय स्तर पर उपभोक्ता मंचों की स्थापना की है जो उपभोक्ता की शिकायतों को सुनते हैं तथा उन पर शिकायतों का निर्णय लेकर उनको निपटाते हैं।

क्षतिपूर्ति का अधिकार

यह एक आवश्यक व महत्त्वपूर्ण अधिकार है। इसका अर्थ है अनिश्चित व्यापार व्यवहार अथवा उपभोक्ता के शोषण के विरुद्ध शिकायत का निवारण तथा उसका समाधान करना। ग़लत और घटिया माल तथा खराब सेवा के लिए उपभोक्ता को यह अधिकार है कि वह इस प्रकार से हुए नुकसान का हर्जाना प्राप्त करे। उसकी समुचित क्षतिपूर्ति को भी इस अधिकार में शामिल किया गया है। विक्रेता और उपभोक्ता के बीच दोनों को स्वीकार्य शर्तों पर शिकायत का निवारण करते हुए समझौता कराया जाता है। विभिन्न उपभोक्ता संरक्षण कानूनों के अन्तर्गत विभिन्न न्यायालयों में उपभोक्ता अपनी शिकायतें दायर कर सकता है।

कई बार ऐसा भी होता है कि बहुत थोड़े मूल्य की वस्तु होने के कारण उपभोक्ता शिकायत कर स्वयं को झमेले में नहीं डालना चाहते। उपभोक्ता को ऐसा नहीं करना चाहिए क्योंकि छोटी शिकायत भी समाज पर एक बड़ा प्रभाव छोड़ती है। उपभोक्ता को सदैव ही जागरूक एवं चौकन्ना रहना चाहिए और आवश्यकता पड़ने

पर कानूनी सहायता लेनी चाहिए। समाधान खोजते समय उपभोक्ता को उपभोक्ता संगठनों का सहयोग भी प्राप्त करना चाहिए।

उपभोक्ता शिक्षा का अधिकार

इस अधिकार का अर्थ है वस्तुओं के मूल्य, उनकी उपयोगिता, कोटि, सेवा तथा उसके उचित मूल्य की जानकारी तथा उपभोक्ता अधिकारों का ज्ञान प्राप्त करने की सुविधा। उचित जानकारी के अभाव में विशेषकर ग्रामीण उपभोक्ता अपना शोषण करवाने के लिए ज़िम्मेदार हैं उन्हें अपने अधिकारों की जानकारी प्राप्त कर उनको लागू करवाने के लिए सामने आना चाहिए।

अतः सरकार का कर्त्तव्य है कि उपभोक्ताओं को उनके अधिकारों की समुचित जानकारी दे तथा उन्हें जागरूक बनाए। इस तरह के सरकारी उपाय उपभोक्ता को धोखाधड़ी, ट्रेडमार्कों, झूठे लेबलों, भ्रामक विज्ञापनों व प्रचार एवं अन्य चालों से बचने के लिए उसे स्वयं सबल संरक्षित और शिक्षित बना सकते हैं।

हम स्वयं भी उपभोक्ता मुद्दों और अधिकारों की जानकारी प्राप्त करके शिक्षित हो सकते हैं और अपनी वैध शिकायतों के निवारण के लिए खड़े हो सकते हैं तथा व्यापारियों को अनुचित व्यवहार न करने देने के लिए मजबूर कर सकते हैं। इस प्रकार उपभोक्ता शिक्षा एक सशक्त माध्यम है जो हमें उपभोक्ता अधिकारों के प्रयोग में सहायता देता है। इसलिए हमें इस महत्त्वपूर्ण अधिकार को प्राप्त करने के लिए ज़ोर देना चाहिए।

उपभोक्ता के उत्तरदायित्व

उपभोक्ता आज अत्यधिक उपभोग करने तथा पर्यावरण को नष्ट करने का दोषी है। इसलिए उस पर भारी दबाव इस बात का है कि वह अपने उत्तरदायित्वों के प्रति आस्थावान बने, उन्हें जाने और उसी तरह से अपना व्यवहार करे। अतः आवश्यकता इस बात की है कि हम उपभोक्ता के उत्तरदायित्वों को स्पष्ट रूप से परिभाषित करे।

उपभोक्तावाद पश्चिमी जीवन शैली की देन है जो आधुनिक युग में हमारे सामने उभरकर आई। इसे फैलाने में मीडिया और संचार के साधनों ने अहम् भूमिका निभाई है। उपभोक्तावाद ने राष्ट्रों को विकसित तो कम किया है परन्तु कपटपूर्ण तरीके से नष्ट अधिक किया है। इन सब बातों को ध्यान में रखते हुए उपभोक्ता उत्तरदायित्व की अवधारणा को भारतीय उपभोक्ता को शीघ्र जानकारी देना अत्यधिक आवश्यक हो गया है। इसलिए इस दिशा में ध्यान देने से भारत में बाज़ार व्यवस्था की प्रगति

एवं पर्यावरण को ध्यान में रखने से इसके बहुत ही लाभकारी व हितकारी प्रभाव सामने आएँगे।

क्या एक उपभोक्ता को सस्ते और आसानी से उपलब्ध होने वाले उत्पादों को खरीदना चाहिए या फिर उसे उचित व्यापार व्यवहार और जन स्वास्थ्य के प्रति जागरूक रहते हुए उत्पाद और वस्तुओं की खरीद फरोख्त करनी चाहिए।

एक ज़िम्मेदार उपभोक्ता वह व्यक्ति होता है जो अपने विवेक और पूरी जानकारी के साथ किसी वस्तु को चुनने के अधिकार के साथ किसी वस्तु को चुनने के अधिकार का प्रयोग करता है तथा दूसरे उपभोक्ताओं के प्रति उत्तरदायित्व को निभाते हुए उनके लिए जवाबदेही को समझता है और साथ ही अपनी खरीददारी के निर्णय लेने में पर्यावरण को ध्यान में रखता है।

जब हम एक उपभोक्ता का अध्ययन एक नागरिक के रूप में करते हैं तो उसके अध्ययन का क्षेत्र व्यापक हो जाता है। उस समय उसका श्रेय बाज़ार से घर और घर से बाज़ार की सीमाओं में बँधा नहीं रहता तथा इस बात का भी कोई महत्त्व नहीं रहता कि वह अपने प्रयोग के लिए क्या वस्तु खरीद कर लाता है बल्कि यह बात विशेष महत्त्व रखती है कि वह व्यक्ति अपनी वस्तुएँ खरीदते समय समाज और पर्यावरण का कितना ध्यान रखता है तथा नागरिक के रूप में समाज और पर्यावरण को क्या दे पाता है। उदाहरण के रूप में एक व्यक्ति बाज़ार से वस्तुओं को खरीदते समय उपभोक्ता अधिकारों के प्रति चौकन्ना तो है परन्तु जब वह वस्तुओं का प्रयोग करता है, उस समय शेष बचे कूड़े-कचरे को ठिकाने लगाने अथवा उपयुक्त स्थान पर डालने की बजाए लापरवाही करता है और इस ओर केवल आंशिक ध्यान देता है। इस प्रकार जब कोई व्यक्ति कार का प्रयोग करता है तब हम यह समझते हैं कि वह अपनी कार से प्रदूषण को कम रखने के दायित्व को निभायेगा।

कुछ ऐसे क्षेत्र हैं जिनमें एक उपभोक्ता दूसरे उपभोक्ताओं के हित साधन के लिए अपनी ज़िम्मेदारी निभा सकता है। उपभोक्ता को चाहिए कि वह हमेशा वस्तु खरीदते समय उसका भार नाप-तौल की जाँच करें तथा उस वस्तु पर लिखी गई उत्पादन की तारीख तथा उस पर अंकित मूल्य एवं लेबल पर लिखे गए तथ्यों की भी पूरी सतर्कता के साथ जाँच परख कर ले। वस्तु की गुणवत्ता परख के लिए यह देख लेना बहुत आवश्यक है कि उस पर गुणवत्ता का मानक किस संस्था का लगा है जैसे कि आई.एस.आई. एगमार्क, इकोमार्क आदि आवश्यक रूप से छपा होना चाहिए और उस वस्तु की गारण्टी या वारण्टी लेबल पर ही अंकित होना चाहिए। इन सब बातों की जाँच कर लेना उपभोक्ता का परम कर्त्तव्य बनता है। इलेक्ट्रॉनिक वस्तुओं की

ख़रीद के समय पर्यावरणीय मुद्दों को विशेष रूप से ध्यान में रखा जाना चाहिए क्या उन पर इलेक्ट्रॉनिक वस्तुओं का कम से कम प्रयोग किया जाना चाहिए जो प्रदूषण फैलाती हो। उदाहरण स्वरूप कहा जा सकता है कि वातानुकूलित करने वाली मशीनों और रैफ्रिजरेटरों का इस्तेमाल करना प्रदूषण को फैलाता है। घर में कम से कम रसायन वाली वस्तुओं का प्रयोग किया जाना चाहिए। ये सब मुद्दे एक अच्छे उपभोक्ता के रूप में नागरिक के कर्त्तव्य हैं जिनका पालन करना अत्यन्त आवश्यक है।

उपभोक्ता संरक्षण तथा विभिन्न कानून

उपभोक्ता को संरक्षण प्रदान करने की दृष्टि से व्यापक और महत्त्वपूर्ण कानून उपभोक्ता संरक्षण अधिनियम है जो सन् 1986 में पारित किया गया था परन्तु समय-समय पर अन्य कानून भी बने हैं जो उपभोक्ताओं को संरक्षण प्रदान करते हैं। इन कानूनों में उपभोक्ता संरक्षण अधिनियम प्रमुख है।

उपभोक्ता संरक्षण अधिनियम

भारत में उपभोक्ता आन्दोलन को बल प्रदान करने का कार्य उपभोक्ता संरक्षण अधिनियम सन् 1986 ने किया है जो उपभोक्ता हित में एक महत्त्वपूर्ण दस्तावेज़ है। इस अधिनियम का सूत्रपात्र होने से पूर्व अन्य देशों के उपभोक्ता अधिनियमों का अध्ययन भी पूर्ण सूक्ष्म रूप से किया गया। इसके अतिरिक्त अनेक उपभोक्ताओं व्यापारियों तथा उद्योगों के प्रतिनिधियों से परामर्श किया गया है। वर्ष 1986 में इस अधिनियम के बन जाने के 18 वर्ष के अन्तराल में इसमें कई संशोधन किए गए और अधिनियम का विस्तार भी हुआ जिसका उद्देश्य उपभोक्ताओं को और अधिक राहत दिलाना रहा।

इस अधिनियम और अन्य दूसरे अधिनियमों में मुख्य रूप से यह अन्तर है कि जहाँ अन्य कानून दण्डात्मक प्रकृति के हैं वहीं उपभोक्ता संरक्षण अधिनियम उपभोक्ताओं को राहत देने वाला और उन्हें हानि पहुँचाने की स्थिति में क्षतिपूर्ति दिलाने वाला है। यदि किसी उपभोक्ता द्वारा क्रय की गई वस्तु खराब निकले अथवा वह निम्नकोटि की हो तो उपभोक्ता उस वस्तु को वापस लौटाने का अधिकारी है तथा उसे बदल कर देने का कर्त्तव्य व्यापारी का है। यदि उपभोक्ता असन्तुष्ट है तो वह वस्तु को लौटाकर उसके लिए दिए गए मूल्य को ही वापस माँग सकता है।

इस अधिनियम में यह प्रावधान भी रखा गया है कि यदि उपभोक्ता को खराब वस्तु के कारण कोई हानि हुई है तो उसकी क्षतिपूर्ति का भी प्रावधान रखा गया है। इस अधिनियम में ऐसे प्रावधान भी रखे गए हैं कि उपभोक्ता की शिकायत का तुरन्त समाधान हो सके। इस अधिनियम में दी गई प्रक्रिया भी इतनी सरल रखी गई है कि

जिससे उपभोक्ता को कोई कठिनाई अनुभव न हो।

इस अधिनियम में उपभोक्ता को कुछ अधिकार भी दिए गए हैं इस अधिनियम की मुख्य विशेषताएँ निम्न प्रकार हैं–

* यह अधिनियम सभी प्रकार की वस्तुओं और सेवाओं पर लागू होता है बशर्ते कि केन्द्र सरकार ने किसी वस्तु अथवा सेवा को अपने आदेशों द्वारा छूट दे रखी है।
* यह अधिनियम निजी, सार्वजनिक और सहकारी सभी क्षेत्रों पर समान रूप से लागू होता है।
* इस अधिनियम में दिए गए प्रावधान उपभोक्ता को क्षतिपूर्ति दिलाने के सम्बन्ध में हैं।

उपभोक्ता संरक्षण अधिनियम उपभोक्ताओं को दिए गए छह अधिकारों का वर्णन करता है परन्तु समय-समय पर बने अन्य अधिनियम और कानून उपभोक्ताओं को कई अन्य अधिकार भी देता है जैसे कि टेलीफ़ोन विभाग की यह ड्यटी बनती है कि वह टेलीफ़ोन उपभोग करने वाले को अच्छी सेवा प्रदान करे। इसी प्रकार माप-तोल-अधिनियम के अनुसार हमें पूरे माप-तोल की वस्तुएँ प्राप्त करने का अधिकार है।

उपभोक्ता संरक्षण अधिनियम सन् 1986 के अतिरिक्त निम्न कानून भी उपभोक्ता को कई प्रकार के अधिकार प्रदान करते हैं–

* एकाधिकार एवं अनुचित व्यापारिक व्यवहार निरोधक कानून
* वस्तु विक्रय अधिनियम
* खाद्य पदार्थ अपमिश्रण निवारण अधिनियम
* आवश्यक वस्तु अधिनियम
* औषध एवं प्रसाधन सामग्री अधिनियम
* औषध एवं चमत्कारिक उपचार अधिनियम
* बाट एवं माप मानक अधिनियम
* भारतीय मानक ब्यूरो अधिनियम

* कृषि उपज (श्रेणीकरण एवं चिह्नांकित) अधिनियम
* व्यापार एवं पाठ्यवस्तु चिह्न (ट्रेड मार्क) अधिनियम
* पर्यावरण संरक्षण कानून
* उद्योग विकास एवं नियंत्रण अधिनियम
* भारतीय दण्ड संहिता
* शिशु दुग्ध अनुकल्प, फीडिंग बॉटल एवं शिशु खाद्य कानून
* वाहन अधिनियम
* भारतीय संविदा अधिनियम
* भारतीय विद्युत अधिनियम
* बीमा अधिनियम
* मोटरयान अधिनियम
* भारतीय डाकघर अधिनियम
* रेल अधिनियम
* बैंककारी एवं लोकवित्तीय संस्था अधिनियम
* चिटफण्ड अधिनियम
* नागरिक सुरक्षा अधिनियम
* आवश्यक सेवा अधिनियम।

उपभोक्ता संरक्षण (संशोधन) विधेयक 2002

(उपभोक्ता संरक्षण अधिनियम, 1986)

भारत गणराज्य के तिरपनवें वर्ष में संसद द्वारा निम्नलिखित रूप में यह अधिनियम है–

1. (1) यह अधिनियम का संक्षिप्त नाम उपभोक्ता संरक्षण (संशोधन) अधिनियम 2002 है।

(2) यह उस तारीख को प्रवृत्त होगा जो केन्द्रीय सरकार राजपत्र में अधिसूचना द्वारा, नियत करें।

2. उपभोक्ता संरक्षण अधिनियम, 1986 की (जिसे इसमें इसके पश्चात् मूल अधिनियम कहा गया है)

5 धारा 2 की उपधारा (1) में–

(क) खण्ड (ख) में उपखण्ड (iv) के पश्चात् निम्नलिखित उपखण्ड अन्तः स्थापित किया जाएगा,

अर्थात्

"(v) उपभोक्ता की मृत्यु की दशा में उसका विधिक वारिस या प्रतिनिधि"

(ख) खण्ड (ग) में–

(i) उपखण्ड (i) में "किसी व्यापारी" शब्दों के स्थान पर "किसी व्यापारी या सेवा प्रदाता शब्द रखे जाएँगे।"

(i) उपखण्ड (iv) और उपखण्ड (v) के स्थान पर निम्नलिखित उपखण्ड रखे जाएँगे,

अर्थात्

(iv) यथास्थिति, किसी व्यापारी या सेवा प्रदाता ने परिवाद वर्णित माल या सेवाओं के लिए ऐसी कीमत से अधिक कीमत ली है जो

(क) तत्समय प्रवृत्त किसी विधि द्वारा या उसके अधीन नियत की गई है;

(ख) ऐसे माल या ऐसे माल को अन्तर्विष्ट करने वाले पैकेज पर सम्प्रदर्शित की गई है।

(ग) तत्समय प्रवृत्त किसी विधि द्वारा या उसके अधीन उसके द्वारा प्रदर्शित कीमत सूची पर संप्रदर्शित की गई है,

(घ) पक्षकारी के बीच करार पाई गई है,

(v) ऐसा माल जो

(अ) ऐसे मालों की सुरक्षा से सम्बन्धित किसी मानक की, जिसकी तत्समय प्रवृत्त किसी विधि द्वारा या उसके अधीन अनुपालन करने की अपेक्षा है उल्लंघन में।

(आ) यदि व्यापारी सम्यक् तत्परता से यह जान सकता है कि इस प्रकार प्रस्तावित माल जनता के लिए असुरक्षित है।

उपभोग किए जाने पर या जनता को विक्रय के लिए प्रस्तावित किए जाने पर जीवन और सुरक्षा के लिए परिसंकटमय होगा।

(vi) ऐसी सेवाएँ जो उनके उपयोग लिए जाने पर जनता के जीवन और सुरक्षा के लिए परिसंकटमय है या जिनका परिसंकटमय होना सम्भाव्य है, सेवा प्रदाता द्वारा प्रस्तावित की जा रही है जिसे उक्त व्यक्ति सम्यक् तत्परता से जान सकता हो कि वह जीवन और सुरक्षा के लिए हानिकारक है,

(ग) खण्ड (घ) में

(i) उपखण्ड (ii) के अन्त में निम्नलिखित शब्द अन्तः स्थापित किए जाएँगे, अर्थात्

''किन्तु इसके अन्तर्गत ऐसा व्यक्ति नहीं आता है जो किसी वाणिज्यिक प्रयोजनों के लिए ऐसी सेवाएँ प्राप्त करता है''।

(ii) स्पष्टीकरण के स्थान पर निम्नलिखित स्पष्टीकरण रखा जाएगा, अर्थात्

स्पष्टीकरण–इस खण्ड के प्रयोजनों के लिए ''वाणिज्यिक प्रयोजनों'' के अन्तर्गत किसी व्यक्ति द्वारा ऐसे माल का उपयोग नहीं है जिसका उसने स्वःनियोजन द्वारा अपनी जीविका उपार्जन के प्रयोजनों के लिए अनन्य रूप से क्रय किया है और सेवाएँ प्राप्त की हैं।''

(घ) खण्ड (ञ) के स्थान पर निम्नलिखित खण्ड रखा जाएगा अर्थात्

(अ) ''विनिर्माता से ऐसा व्यक्ति अभिप्रेत है जो

(i) किसी माल या उसके भाग को बनाता है या उसका विनिर्माण करता है, या

(ii) किसी माल को बनाता नहीं है या उसका विनिर्माण नहीं करता है किन्तु अन्य व्यक्ति द्वारा बनाए गए या विनिर्मित उसके भागों का संयोजन करता है, या

(iii) किसी अन्य विनिर्माता द्वारा बनाए गए या विनिर्मित किसी माल पर अपना स्वयं का चिह्न लगाता है या लगवाता है,

(ङ) खण्ड (ढढ) के स्थान पर निम्नलिखित खण्ड रखा जाएगा अर्थात्

(ढद) ''विनियम'' से इस अभिनियम के अधीन राष्ट्रीय आयोग द्वारा बनाए गए विनियम अभिप्रेत हैं।

(ढ ढ ढ) ''अवरोध व्यापारिक व्यवहार'' से ऐसा व्यापारिक व्यवहार अभिप्रेत है जो माल या सेवाओं से सम्बन्धित बाज़ार में कीमत में या उनके परिदान की स्थितियों में या प्रदायों के प्रवाह में इस रीति में घट-बढ़ करने वाली है जिससे उपभोक्ता पर अनुचित कीमतें या निर्बंधन अधिरोपित हो सके और इसके अन्तर्गत-

(क) किसी व्यापारी द्वारा ऐसे माल के प्रदाय में या सेवाओं का उपबन्ध करने में करार पाई गई अवधि के परे विलम्ब जिससे कीमत में बढ़ोत्तरी होने की सम्भावना हो,

(ख) ऐसा कोई व्यापारिक व्यवहार जिसमें किसी उपभोक्ता से, यथा स्थिति किसी अन्य माल या सेवा का क्रय करने उसे भाड़े पर लेने या उसका उपभोग करने के लिए पुरोभाव्य शर्त के रूप में अपेक्षा की गई है, भी आता है।

(च) खण्ड (ण) में ''प्रयोगकर्त्ता को उपलब्ध कराई जाती है और इसके अन्तर्गत'' शब्दों के स्थान पर ''प्रयोगकर्त्ताओं को उपलब्ध कराई जाती हैं किन्तु जो निम्नलिखित तक सीमित न रहते हुए इसके अन्तर्गत'' शब्द रखे जाएँगे।

(छ) खण्ड (ण) के पश्चात निम्नलिखित खण्ड अन्तः स्थापित किया जाएगा, अर्थात्

''(ण ण) ''नकली माल या सेवाएँ'' से ऐसे माल या सेवाएँ अभिप्रेत हैं जिनके असली होने का दावा किया गया है किन्तु जो वास्तव में ऐसी नहीं है।

(ज) खण्ड (द) में,

(i) उपखण्ड (3) के पश्चात् निम्नलिखित उपखण्ड अन्तः स्थापित किया जाएगा अर्थात्-

''(3 क) दान, इनाम या अन्य वस्तुएँ ऑफ़र करने वाली किसी स्कीम के सहभागियों से उसके बन्द हो जाने पर स्कीम के अन्तिम परिणामों के बारे में जानकारी को रोकना।''

स्पष्टीकरण-इस खण्ड के प्रयोजनों के लिए स्कीम के सहभागियों को वहाँ स्कीम के अंतिम परिणामों की जानकारी हो जाना समझा जाएगा जहाँ ऐसे परिणाम

उचित समय के भीतर उसी समाचार पत्र में प्रमुख रूप से प्रकाशित कर दिया जाता है जिसमें स्कीम मूल रूप से विज्ञापित की गई थी।

(ii) उपखण्ड (5) के पश्चात् निम्नलिखित उपखण्ड अन्तः स्थापित किया जाएगा अर्थात्

"(6) नकली माल का विनिर्माण करना या विक्रय के लिए ऐसे माल का ऑफ़र करना या सेवाओं का उपलब्ध करने प्रवंचक व्यवहार अपनाना।"

3. मूल अधिनियम की धारा 4 की उपधारा (1) में "गठन कर सकेगी" शब्दों के स्थान पर "गठन करेगी" शब्द रखे जाएँगे।

4. मूल अधिनियम की धारा 7 में

(क) उपधारा (1) में, "गठन कर सकेगी" शब्दों के स्थान पर "गठन करेगी" शब्द रखे जाएँगे।

(ख) खण्ड (ख) के पश्चात् निम्नलिखित खण्ड अन्तः स्थापित किया जाएगा अर्थात्

"(ग) दस के अनधिक उतने अन्य सरकारी या गैर सरकारी सदस्य जितने केन्द्रीय सरकार द्वारा नाम निर्दिष्ट किए जाए।"

5. मूल अधिनियम की धारा 8 के पश्चात् निम्नलिखित धाराएँ अन्तःस्थापित की जाएँगी अर्थात्

"8क (1) राज्य सरकार प्रत्येक ज़िले के लिए अधिसूचना द्वारा ऐसी तारीख को ऐसी 10 अधिसूचना में विनिर्दिष्ट की जाए एक परिषद् की स्थापना करेगी जिसका नाम ज़िला उपभोक्ता संरक्षण परिषद् होगा।

(2) ज़िला उपभोक्ता संरक्षण परिषद् (जिसे इसमें इसके पश्चात् ज़िला परिषद कहा गया है) निम्नलिखित सदस्यों से मिलकर बनेगी अर्थात्

(क) ज़िले का कलेक्टर (चाहे उसका जो भी नाम हो) उसका अध्यक्ष होगा और

(ख) ऐसे हितों का प्रतिनिधित्व करने वाले उतनी संख्या में अन्य शासकीय और गैर शासकीय सदस्य जो राज्य सरकार द्वारा निहित किए जाएँ।

(3) ज़िला परिषद् की बैठक तब होगी जब आवश्यक हो किन्तु प्रतिवर्ष कम से कम दो बैठकें होंगी।

(4) ज़िला परिषद की बैठक, ज़िले के भीतर ऐसे समय और स्थानों पर होगी जो अध्यक्ष ठीक समझे और अपने कार्यभार के संचालन के सम्बन्ध में ऐसी प्रक्रिया का पालन करेगी जो राज्य सरकार द्वारा निहित की जाए।''

8 ख प्रत्येक ज़िला परिषद की बैठकें ज़िले के भीतर ऐसे समय और स्थानों पर होगी जो अध्यक्ष ठीक समझे और अपने कार्यभार के संचालन के सम्बन्ध में ऐसी प्रक्रिया का पालन करेगी जो राज्य सरकार द्वारा निहित की जाए।

6. मूल अधिनियम की धारा 10 में

(क) उपधारा (1) में खण्ड (ख) के स्थान पर निम्नलिखित खण्ड रखा जाएगा अर्थात्

''(ख) दो ऐसे अन्य सदस्य, जिसमें एक स्त्री होगी, जिनके पास निम्नलिखित अर्हताएँ होंगी अर्थात्

(i) कम से कम पैतीस वर्ष आयु के होंगे,

(ii) किसी मान्यता प्राप्त विश्वविद्यालय से बैचलर की डिग्री हो।

(iii) योग्यता, निष्ठावान और प्रतिष्ठा वाले ऐसे व्यक्ति होंगे जिन्हें अर्थशास्त्र विधि, वाणिज्य लेखा-कर्म, उद्योग, लोक कार्यकलाप या प्रशासन से सम्बन्धित समस्याओं का पर्याप्त ज्ञान हो और कम से कम दस वर्ष का अनुभव हो, परन्तु कोई व्यक्ति सदस्य के रूप में नियुक्ति के लिए निरहित होगा यदि वह

(क) ऐसी किसी अपराध के लिए सिद्ध दोष ठहराया गया है और कारावास में दण्ड दिष्ट किया गया है। जिसमें सरकार की राय में नैतिक अधमता अन्तर्वलित है या

(ख) अनुमोचित दिवालिया है या

(ग) विकृत चित्त का है और सक्षम न्यायालय द्वारा ऐसा घोषित कर दिया गया है या

(घ) सरकार या सरकार के स्वामित्वाधीन या नियंत्रणाधीन किसी निगमित निकाय में सेवा से हटा दिया गया है या पदच्युत कर दिया गया है या

(ङ) राज्य सरकार की राज्य में ऐसा वित्तीय हित रखता है जिसके कारण सदस्य के रूप में उसके द्वारा अपने कृत्यों के निर्वहन पर प्रतिकूल प्रभाव पड़ने की सम्भावना है या

(च) ऐसी कोई अन्य निरर्हता है जो राज्य सरकार द्वारा विहित की जाए।''

(ख) उपधारा (1 क) में निम्नलिखित परन्तु अन्त में जोड़ा जाएगा अर्थात्

''परन्तु जहाँ राज्य आयोग का अध्यक्ष अनुपस्थिति या अन्य कारण से चयन समिति के अध्यक्ष के रूप में कार्य करने में असमर्थ हो वहाँ राज्य सरकार अध्यक्ष के रूप में कार्य करने के लिए उस उच्च-न्यायालय के पीठासीन न्यायाधीश को नाम निर्दिष्ट करने के लिए मामले को उच्च-न्यायालय के मुख्य न्यायमूर्ति को निर्दिष्ट कर सकेगा।''

(ग) उपधारा (2) के स्थान पर निम्नलिखित उपधारा रखी जाएगी अर्थात्

''(2) ज़िलापीठ का प्रत्येक सदस्य पाँच वर्ष की अवधि के लिए या पैसठ वर्ष की आयु तक जो भी पूर्वतर हो पद धारण करेगा :

परन्तु कोई सदस्य अन्य पाँच वर्ष की अवधि के लिए या पैसठ वर्ष की आयु तक, जो भी पूर्वत्तर हो पुनः नियुक्ति के लिए पात्र होगा परन्तु यह शर्त के अधीन कि वह उपधारा (1) के खण्ड (ख) में वर्णित नियुक्ति के लिए अर्हताओं और अन्य शर्तों की पूर्ति करता है और ऐसी पुनः नियुक्ति भी चयन समिति के आधार पर की जाएगी।

परन्तु यह और कि सदस्य राज्य सरकार को सम्बोधित अपने हस्ताक्षर सहित लेख द्वारा अपना पद त्याग सकेगा और ऐसा त्यागपत्र स्वीकार कर दिए जाने पर उसका पद रिक्त हो जाएगा और वह ऐसे सदस्य के प्रवर्ग के सम्बन्ध में उपधारा (1) में वर्णित कोई अर्हता रखने वाले व्यक्ति की नियुक्ति द्वारा जो ऐसे व्यक्ति के स्थान में उपधारा (1 क) के उपबन्धों के अधीन नियुक्त किए जाने के लिए अपेक्षित है भरी जा सकेगी;

परन्तु यह भी कि उपभोक्ता संरक्षण (संशोधन) अधिनियम 2001 के प्रारम्भ में पहले अध्यक्ष के रूप में या सदस्य के रूप में नियुक्त कोई व्यक्ति अपनी पदावधि को पूरा होने पर, यथास्थिति, अध्यक्ष के रूप में या सदस्य के रूप में ऐसा पद धारण करता रहेगा''।

(घ) उपधारा (3) में निम्नलिखित परन्तु अन्तः स्थापित किया जाएगा अर्थात्

"परन्तु यह कि पूर्णकालिक आधार पर सदस्य की नियुक्ति, राज्य सरकार द्वारा राज्य अधिकारी की सिफारिश पर ऐसे कारकों पर विचार करते हुए जो विहित किए जाएँ जिसमें ज़िलापीठ में कार्य की मात्रा भी है की जाएगी।"

7. मूल अधिनियम की धारा 11 की उपधारा (1) में "पाँच लाख रुपये से अधिक नहीं है" शब्दों के स्थान पर "बीस लाख रुपये से अधिक नहीं है" शब्द रखे जाएंगे।

8. मूल अधिनियम की धारा 12 के स्थान पर निम्नलिखित धारा रखी जाएगी, अर्थात्

"12 (1) विक्रीत या परिदत्त या विक्रय या परिदान किए जाने के लिए करार किए गए किसी माल अथवा उपलब्ध कराई गई अथवा उपलब्ध कराई जाने के लिए करार की गई किसी सेवा के सम्बन्ध में कोई परिवाद निम्नलिखित द्वारा ज़िलापीठ को किया जा सकेगा–

(क) वह उपभोक्ता जिसको ऐसा माल विक्रीत या परिदत्त किया जाता है या जिससे विक्रय या परिदान किए जाने के लिए करार किया जाता है अथवा जिसको ऐसी सेवाएँ उपलब्ध कराई जाती हैं या जिससे ऐसी सेवाएँ उपलब्ध करवाएँ जाने के लिए करार किया जाता है;

(ख) कोई मान्यता प्राप्त उपभोक्ता संगम चाहे वह उपभोक्ता, जिसको उस माल का विक्रय या परिदान किया जाता है या जिससे विक्रय या परिदान किए जाने का करार किया जाता है अथवा जिसको ऐसी सेवाएँ उपलब्ध कराई जाती हैं या जिससे ऐसी सेवाएँ उपलब्ध कराए जाने के लिए करार किया जाता है, ऐसे संगम का सदस्य हो या नहीं।

(ग) जहाँ एक ही हित रखने वाले बहुत से उपभोक्ता है इस प्रकार हितबद्ध सभी उपभोगकर्त्ताओं की ओर या उनके फायदे के लिए ज़िलापीठ की अनुज्ञान से एक या अधिक उपभोक्ता

(घ) केन्द्रीय या राज्य सरकार।"

(2) उपधारा (1) के अधीन फाइल किए गए प्रत्येक परिवाद के साथ फ़ीस की ऐसी रकम होगी और ऐसी रीति में संदेय होगी जो विहित की जाए।

(3) उपधारा (1) के अधीन किए गए परिवाद की प्राप्ति पर ज़िलापीठ, आदेश द्वारा परिवाद पर कार्यवाही करना अनुज्ञाता कर सकेगा या उसे अस्वीकार कर

सकेगा :

परन्तु इस उपधारा के अधीन कोई परिवाद तब तक अस्वीकार नहीं किया जाएगा जब तक कि परिवादी को सुनवाई का अवसर न दे दिया गया हो :

परन्तु यह और कि साधारणतः परिवाद की ग्राह्यता परिवाद की प्राक्ष की तारीख से इक्कीस दिन के भीतर विनिश्चित की जायेगी।

(4) जहाँ परिवाद पर धारा (3) के अधीन कार्यवाही किया जाना अनुज्ञात किया गया है, वहाँ ज़िलापीठ इस अधिनियम के अधीन उपबन्धित रीति में परिवाद पर कार्य कर सकेगा :

परन्तु जहाँ न्यायपीठ द्वारा परिवाद ग्रहण कर लिया गया है वहाँ यह किसी अन्य न्यायालय अथवा अधिकरण या तत्समय प्रवृत्त किसी अन्य विधि द्वारा स्थापित या उसके अधीन किसी प्राधिकरण को अन्तरित नहीं किया जाएगा।

स्पष्टीकरण—इस धारा के प्रयोजन के लिए मान्यता प्राप्त उपभोक्ता संगम से कम्पनी अधिनियम 1956 या तत्समय प्रवृत्त किसी अन्य विधि के अधीन रजिस्ट्रीकृत स्वैच्छिक उपभोक्ता का संगम अभिप्रेत है।

9. मूल अधिनियम की धारा 13 में

(क) पार्श्व शीर्ष में "परिवादों के प्रारम्भ में होने पर प्रक्रिया" शब्द रखे जाएँगे।

(ख) उपधारा (1) में–

(i) प्रारम्भिक भाग में "किसी परिवाद की प्राप्ति पर" शब्द के स्थान पर "किसी परिवाद के ग्रहण करने पर प्रक्रिया" शब्द रखे जाएँगे।

(ii) खण्ड (क) के स्थानपर निम्नलिखित खण्ड रखा जाएगा अर्थात्–

(क) ग्रहण किए परिवाद की एक प्रति उसके ग्रहण करने की तारीख से इक्कीस दिन के भीतर परिवाद में वर्णित विरोधी पक्षकार को यह निर्देश देते हुए निर्देशित करेगा कि वह तीस दिन की अवधि या पन्द्रह से अनधिक ऐसी बढ़ाई गई अवधि के भीतर, जो ज़िलापीठ द्वारा मंजूर की जाए, मामले के बारे में अपना कथन दे"

(ख) उपधारा (2) में

(i) प्रारम्भिक भाग में "साक्ष्य के आधार पर" शब्दों के स्थान पर "एक पक्षीय-साक्ष्य के आधार पर" शब्द रखे जाएँगे।

(ii) खण्ड (ख) के पश्चात् निम्नलिखित खण्ड अन्तः स्थापित किया जाएगा, अर्थात्

(ग) जहाँ परिवादी ज़िलापीठ के समक्ष सुनवाई की तारीख को उपसंजात होने में असफल रहता है वहाँ ज़िलापीठ या तो व्यक्तिक्रम के कारण परिवाद को खारिज कर सकेगा या उसका विनिश्चय गुणागुण के आधार पर कर सकेगा।"

(घ) उपधारा (3) के पश्चात् निम्नलिखित उपधाराएँ अन्तः स्थापित की जाएँगी अर्थात्

"(3क) प्रत्येक परिवाद यथा संभव शीघ्रता से सुना जाएगा और जहाँ परिवाद में वाणिज्याओं के विश्लेषण या परीक्षण की अपेक्षा नहीं है, वहाँ विरोधी पक्ष द्वारा सूचना प्राप्ति की तारीख से तीन मास की अवधि के भीतर और यदि उसमें वाणिज्याओं के विश्लेषण या परीक्षण की अपेक्षा है तो पाँच मास के भीतर परिवाद का विनिश्चय करने का प्रयास किया जायेगा :

परन्तु ज़िलापीठ द्वारा साधारण तब तक कोई स्थागन मन्जूर नहीं किया जाएगा जब तक कि पर्याप्त कारण दर्शित नहीं किया गया है और स्थगन मन्जूर करने के कारणों का पीठ द्वारा लिखित रूप से अभिलेख नहीं किया गया है :

परन्तु यह और कि ज़िलापीठ स्थगन के कारण खर्चे के लिए ऐसे आदेश करेगा जो इस अधिनियम के अधीन बनाए गए विनियमों में उपबन्धित किया जाए,

(3ख) जहाँ ज़िलापीठ के समक्ष किसी कार्यवाही को लम्बित रहने के दौरान, उसे यह आवश्यक प्रतीत होता है, वहाँ वह मामले के तथ्यों और परिस्थितियों यह अन्तरिम आदेश पारित कर सकेगा जो न्याय संगत और उचित हो।

(ङ) उपधारा (6) के पश्चात् निम्नलिखित उपधारा अन्तः स्थापित की जाएगी :

अर्थात्

"(7) ऐसे परिवादी की मृत्यु की दशा में जो एक उपभोक्ता है या ऐसा विरोध पक्षकार है जिसके विरुद्ध परिवाद फाइल किया गया है सिविल प्रक्रिया संहिता 1908 की पहली अनुसूची के आदेश 22 के उपबन्ध इस आन्तरण के अधीन रहते

हुए लागू होंगें कि उसमें वादी और प्रतिवादी के प्रति निर्देशों का यह अर्थ लगाया जाएगा कि मानों ये यथास्थिति, परिवादी या विरोधी पक्षकार के प्रति निर्देश हो।"

10. मूल अधिनियम की धारा 14 में–

(1) उपधारा (1) में

(क) खण्ड (घ) में निम्नलिखित परन्तु क अन्तःस्थापित किया जायेगा अर्थात्–

"परन्तु ज़िलापीठ को ऐसी परिस्थितियों में, जिन्हें वह उचित समझता है दाण्डिक नुक़सानी मन्जूर करने की शक्ति होगी।"

(ख) खण्ड (ङ) में "प्रश्नगत सेवाओं या त्रुटियों या कमियों को दूर करना" शब्दों के स्थान पर "प्रश्नागत माल की त्रुटियों या सेवाओं की कमियों को दूर करना" शब्द रखे जाएँगे,

(ग) खण्ड (ज) के पश्चात् निम्नलिखित खण्ड अन्तःस्थापित किए जाएंगे अर्थात्

"(ज क) परिसंकटमय माल के विनिर्माण को बन्द करना और परिसंकटमय प्रकृति की सेवाओं के लिए प्रस्थापना न करना,

(ज ख) ऐसी रकम का संदाय करना जो उसके द्वारा अवधारित की जाए यदि उसकी यह राय है कि हानि या क्षति उपभोक्ताओं की ऐसी बड़ी संख्या द्वारा वहन की गई है जिनकी सुगमता से पहचान नहीं की जा सकती :

परन्तु यह और कि इस प्रकार अभिप्राप्त की गई रकम ऐसे व्यक्ति के पक्ष में जमा की जाएगी और ऐसी रीति में उपयोग की जाएगी, जो विहित की जाए,

(ज ख) ऐसी रकम का संदाय करना जो उसके द्वारा अवधारित की जाए यदि उसकी यह राय कि हानि या क्षति उपभोक्ताओं को ऐसी बड़ी संख्या द्वारा वहन की गई है जिनकी सुगमता से पहचान नहीं की जा सकती :

परन्तु यह और कि इस प्रकार अभिप्राप्त की गई रकम ऐसे व्यक्ति के पक्ष में जमा की जाएगी और ऐसी रीति में उपयोग की जाएगी, जो विहित की जाए,

(ज ग) विरोधी पक्षकार के खर्चे पर जो ऐसा भ्रामक विज्ञापन जारी करने के लिए उत्तरदायी है भ्रामक विज्ञापन के प्रभाव को निष्प्रभावी करने के लिए संशोधनकारी विज्ञापन जारी करना"

(ii) उपधारा (2) में परन्तुक के स्थान पर निम्नलिखित परन्तुक रखा जाएगा अर्थात्

परन्तु जहाँ किसी कारण से वह सदस्य किसी कार्यवाही का संचालन उसके पूर्ण होने तक करने में असमर्थ है, वहाँ, अध्यक्ष और अन्य सदस्य कार्यवाही का संचालन उस स्तर से करेंगे जहाँ से वह पूर्व सदस्य द्वारा अन्त में सुनी गई थी।''

11. मूल अधिनियम की धारा 15 में पहले परन्तुक के पश्चात् निम्नलिखित परन्तुक अन्तःस्थापित किया जाएगा अर्थात्

परन्तु यह और कि किसी व्यक्ति द्वारा जिससे ज़िलापीठ के किसी आदेश के निबन्धानुसार कोई रकम संदेय करना अपेक्षित है की गई अपील राज्य आयोग द्वारा तब तक ग्रहण नहीं की जाएगी जब तक की अपीलार्थी ने विहित रीति में उस राशि का पचास प्रतिशत या पच्चीस हज़ार रुपये, इनमें से जो भी कम हो, जमा नहीं करा दिया है।''

12 मूल अधिनियम की धारा 16 में

(क) उपधारा (1) में, खण्ड (ख) और उसके परन्तुक के स्थान पर निम्नलिखित खण्ड अन्तः स्थापित किया जाएगा अर्थात्

''(ख) दो से न्यून और सदस्य की ऐसी संख्या से अनधिक जो विहित की जाए तथा उनमें से एक महिला होगी, जो निम्नलिखित अर्हताएँ रखेंगे।

(i) आयु पैतीस वर्ष से कम नहीं होगी,

(ii) किसी मान्यता प्राप्त विश्वविद्यालय से स्नातक डिग्रीधारी होंगे और

(iii) ऐसे व्यक्ति होंगे जो योग्य, सत्यनिष्ठा और प्रतिष्ठा वाले हों और जिन्हें अर्थशास्त्र विधि, वाणिज्य लेखा कर्म, लोक कार्य या प्रशासन से सम्बन्धित समस्याओं के सम्बन्ध में कार्यवाही करने का पर्याप्त ज्ञान और कम से कम दस वर्ष का अनुभव हों, परन्तु सदस्यों में से पचास प्रतिशत से अधिक न्यायिक पृष्ठभूमि वाले व्यक्ति नहीं होंगे।

स्पष्टीकरण—इस खण्ड के प्रयोजन के लिए ''न्यायिक पृष्ठभूमि वाले व्यक्ति'' से ऐसे व्यक्ति अभिप्रेत है जो ज़िला स्तर के न्यायालयों या किसी अधिकरण में समतुल्य स्तर पर पीठासीन अधिकारियों के रूप में कम से कम दस वर्षों की अवधि का अनुभव और ज्ञान रखते हैं :

परन्तु यह और कि कोई व्यक्ति सदस्य के रूप में नियुक्ति के लिए निरर्हित होगा यदि वह,

(क) सिद्ध दोष ठहराया गया है और किसी ऐसे अपराध के लिए कारावास से दण्डित किया गया है जिसमें राज्य सरकार की राय में नैतिक अन्तलिप्त है या

(ख) अनुमोचित दिवालिया है या

(ग) विकृत चित्त का है और किसी सक्षम न्यायालय द्वारा ऐसा घोषित किया गया है, या

(घ) सरकार या सरकार के स्वामित्वाधीन या नियंत्रणाधीन किसी निगमित निकाय की सेवा से हटाया गया है या पदच्युत किया गया है, या

(ङ) राज्य सरकार की राय में ऐसे वित्तीय या अन्य हित रखता है जिनसे उसके सदस्य के रूप में अपने कृत्यों के निर्वहन पर प्रतिकूल प्रभाव पड़ने की सम्भावना है, या

(च) ऐसी अन्य निरर्हता रखता है जो राज्य सरकार द्वारा विहित की जाए।"

(ख) उपधारा (1) के पश्चात् निम्नलिखित उपधाराएँ अन्तःस्थापित की जाएगी।

अर्थात्

"(क) उपधारा (1) के अधीन प्रत्येक नियुक्ति राज्य सरकार द्वारा निम्नलिखित सदस्यों से मिलकर बनने वाली चयन समिति की सिफारिश पर की जाएगी–

(i) राज्य आयोग का अध्यक्ष।

(ii) राज्य के विधि विभाग का सचिव

(iii) राज्य में उपभोक्ता कार्यों से सम्बन्धित विभाग का भार साधक सचिव

परन्तु जहाँ आयोग का अध्यक्ष, अनुपस्थिति किसी अन्य कारण से, चयन समिति के अध्यक्ष के रूप में कार्य करने में असमर्थ हैं, वहाँ राज्य सरकार उच्चन्यायालय के मुख्य न्यायाधीश को इस मामले की, उस उच्चन्यायालय के किसी आसीन न्यायाधीश को अध्यक्ष के रूप में नाम निर्देशित करने के लिए निर्देशित कर सकेगी।

(1ख) (i) राज्य आयोग की अधिकारिता, शक्तियाँ और प्राधिकार उसकी न्यायपीठों द्वारा प्रयोग किए जा सकेंगे।

(ii) किसी न्यायपीठ का गठन, अध्यक्ष द्वारा एक या अधिक सदस्यों से जैसा अध्यक्ष ठीक समझे, किया जा सकेगा।

(iii) यदि न्यायपीठ के सदस्यों की राय में किसी मुद्दे पर कोई भिन्नता है तो, यदि बहुमत है उन मुद्दों का विनिश्चय बहुमत की राय के अनुसार किया जाएगा किन्तु यदि सदस्य बराबर संख्या में बँटे हुए हैं तो उस मुद्दे या मुद्दे का कथन करेंगे जिन पर उनकी राय भिन्न है और अध्यक्ष का उन्हें निर्देशित करेंगे जो या तो स्वयं उस मुद्दे या मुद्दों पर एक सुनवाई करेगा या मामले को ऐसे मुद्दे या मुद्दों पर एक या अधिक सदस्यों द्वारा सुनवाई के लिए निर्देशित करेगा और ऐसे मुद्दे या मुद्दों का विनिश्चय उन सदस्यों को बहुमत की राय के अनुसार किया जाएगा जिन्होंने मामले की सुनवाई की है और जिनमें वे सदस्य भी सम्मिलित है जिन्होंने उसकी प्रथम बार सुनवाई की थी।''

(ग) उपधारा (2) में निम्नलिखित परन्तुक अन्तःस्थापित किया जाएगा अर्थात्

परन्तु पूर्णकालिक आधार पर किसी सदस्य की नियुक्ति राज्य सरकार द्वारा राज्य आयोग के अध्यक्ष की सिफारिश पर, ऐसी बातों पर विचार करके जो विहित हो जाएँ जिसके अन्तर्गत राज्य आयोग का कार्यभार भी है, की जाएगी।

(घ) उपधारा (3) और (4) के स्थान पर निम्नलिखित उपधाराएँ रखी जाएगी, अर्थात्

''(अ) राज्य आयोग का प्रत्येक सदस्य प्रारम्भिक रूप से पाँच वर्ष की अवधि तक या सड़सठ वर्ष की आयु तक इनमें से जो भी पहले हो धारण करेगा, परन्तु सदस्य पाँच वर्ष की एक ओर अवधि के लिए या सड़सठ वर्ष की आयु तक इनमें से जो भी पहले हों, इस शर्त के अधीन रहते हुए पुनर्नियुक्ति के लिए पात्र होगा कि वह उपधारा (1) के खण्ड (ख) में उल्लिखित नियुक्ति के लिए अर्हताओं और अन्य शर्तों को पूरा करता है और ऐसी पुनर्नियुक्ति चयन समिति की सिफारिशों के आधार पर की गई है ?

परन्तु यह और कि कोई व्यक्ति जो राज्य आयोग के अध्यक्ष के रूप में नियुक्त किया गया है इस धारा की उपधारा (1) के खण्ड (क) में उपबन्धित रीति में पुनर्नियुक्ति के लिए भी पात्र होगा।

परन्तु यह और भी कोई सदस्य राज्य सरकार को सम्बोधित लिखित में अपने हस्ताक्षर करके अपने पद से त्याग पत्र दे सकेगा और ऐसा त्यागपत्र स्वीकार हो जाने पर उसका पद रिक्त हो जाएगा और ऐसे व्यक्ति की नियुक्ति द्वारा भरा जा सकेगा जो उपधारा (1) में उल्लिखित अर्हताओं में से कोई अर्हता रखता है जिसे सदस्य के प्रवर्ग के सम्बन्ध में उस व्यक्ति के स्थान पर जिसने त्याग पत्र दिया है उपधारा (1क) के उपबन्धों के अधीन नियुक्त किया जाना अपेक्षित है।

(4) उपधारा (3) में अन्तर्विष्ट किसी बात के होते हुए भी कोई व्यक्ति जो उपभोक्ता संरक्षण (संशोधन) अधिनियम 2001 के आरम्भ से पूर्व अध्यक्ष या सदस्य के रूप में नियुक्त हुआ है यथा स्थिति, अध्यक्ष या सदस्य के रूप में अपनी अवधि पूरी होने तक पद धारण करता रहेगा।

13 मूल अधिनियम की धारा 17 को उपधारा (1) के रूप में पुनर्संख्यांकित किया जाएगा और इस प्रकार पुनर्संख्यांकित उपधारा (1) में :

(क) खण्ड (क) के उपखण्ड में पाँच लाख रुपये से अधिक है किन्तु बीस लाख से अधिक नहीं है" शब्दों के स्थान पर "बीस लाख रुपये से अधिक है किन्तु एक करोड़ रुपये से अधिक नहीं" शब्द रखे जाएँगे।

(ख) इस प्रकार पुनर्संख्यांकित उपधारा (1) के पश्चात् निम्नलिखित उपधारा अन्तःस्थापित कि जाएगी अर्थात्

"(2) कोई परिवाद ऐसे राज्य आयोग के पास संस्थिगत किया जाएगा जिसकी अधिकारिता की सीमा के भीतर

(क) विरोध पक्षकार या जहाँ से अधिक हो वहाँ प्रत्येक विरोधी पक्षकार परिवार के संस्थापन के समय, वास्तव में और स्वेच्छा निवास करता हो या कारभार करता हो या उसका शाखा कार्यालय हो या व्यक्ति रूप में अभिलाभ के लिए कार्य करता हो या

(ख) जहाँ एक से अधिक हो वहाँ प्रत्येक विरोधी पक्षकार परिवाद के संस्थापन के समय, वास्तव में और स्वेच्छा निवास करता हो या कारबार करता हो या उसका शाखा कार्यालय हो या व्यक्तिगत रूप से अभिलाभ के लिए कार्य करता हो, परन्तु ऐसे मामले में या तो राज्य आयोग द्वारा अनुज्ञा दी गई हो या विरोधी पक्षकार जो यथास्थिति, निवास न करते हों, या कारभार न करते हो या उनका शाखा कार्यालय न हों या वे व्यक्तिगत रूप से अभिलाभ के लिए कार्य न करते हो, ऐसे संस्थापन के लिए उपमत हो जाए या

(ग) वाह हेतुक पूर्णतः या मागंतः उद्‌भूत होता है।

14. मूल अधिनियम की धारा 17 के पश्चात् निम्नलिखित उपधाराएँ अन्तःस्थापित की जाएँगी अर्थात्

17क परिवादी के आवेदन पर स्वतः प्रेरणा से राज्य आयोग, कार्यवाहियों के किसी भी प्रक्रम पर ज़िला मंच के समक्ष लम्बिल किसी परिवाद को राज्य के भीतर किसी अन्य ज़िला मंच को अन्तरित कर सकेगा यदि न्याय के हित में ऐसा अपेक्षित हो।

17 ख राज्य आयोग साधारणतः राज्य की राजधानी में कृत्य करेगा किन्तु वह ऐसे अन्य स्थानों पर भी अपने कृत्यों का निष्पादन कर सकेगी जो राज्य सरकार, राज्य आयोग के परामर्श से, समय-समय पर राजपत्र में अधिसूचित करे।''

15. मूल अधिनियम की धारा 18 क का लोप किया जायेगा।

16 मूल अधिनियम की धारा 19 में पहले परन्तुक के पश्चात् निम्नलिखित परन्तु अन्तः स्थापित किया जाएगा, अर्थात् परन्तु यह और किसी ऐसे किसी व्यक्ति की कोई अपील, जिसके द्वारा राज्य आयोग के किसी आदेश के अनुसार किसी रकम का संदाय अपेक्षित हो, राष्ट्रीय आयोग द्वारा तब तक ग्रहण नहीं की जाएगी जब तक कि अपीलार्थी ने विहित रीति से उस रकम का पचास प्रतिशत या पैतीस हजार रुपये जो भी हो जमा न करा दिया हो।''

17. मूल अधिनियम की धारा 19 के पश्चात् निम्नलिखित धारा अन्तःस्थापित की जाएगी अर्थात्

19. क राज्य आयोग या राष्ट्रीय आयोग के समक्ष फाइल की गई प्रत्येक अपील यथासम्भव शीघ्र सुनी जाएगी और यह प्रयास किया जाएगा कि अपील का अन्तिम निपटान उसके ग्रहण किए जाने की तारीख से नब्बे दिन की अवधि के भीतर किया जाए : परन्तु यथा स्थिति, राज्य आयोग द्वारा राष्ट्रीय आयोग द्वारा साधारणतः कोई स्थगन तब तक नहीं अनुदत्त किया जाएगा जब तक कि पर्याप्त हेतु दर्शित न किया जाए और स्थगन के अनुदान के लिए कारणों को ऐसे आयोग द्वारा लेखबद्ध नहीं किया जाए :

परन्तु यह और यथास्थिति, राज्य आयोग या राष्ट्रीय आयोग स्थगन द्वारा कारित व्यय के सम्बन्ध में ऐसे आदेश करेगा जो इस अधिनियम के अधीन बनाए गए विनियमों में उपबन्धित हो।''

18. मूल अधिनियम की धारा 20 में

(क) उपधारा (1) में खण्ड (ख) और उसके परन्तुक के स्थान पर निम्नलिखित खण्ड अन्तःस्थापित किया जाएगा अर्थात्

"(ख) चार से अनधिक और सदस्यों की विहित की जाने वाली संख्या से अधिक नहीं उसमें से एक ऐसी महिला होगी जो निम्नलिखित अर्हताए रखती हो अर्थात्

(i) पैंतीस वर्ष से न्यून आयु की हो

(ii) किसी मान्यता प्राप्त विश्वविद्यालय से स्नातक की उपाधि रखती हो।

(iii) ऐसे व्यक्ति जो योग्यता, सत्यनिष्ठा और प्रतिष्ठा वाले हों और जिनको अर्थशास्त्र विधि, वाणिज्य, लेखा कार्य, उद्योग, लोककार्य या प्रशासन का पर्याप्त ज्ञान से अनुभव हो : परन्तु सदस्यों के पचास प्रतिशत से अधिक न्यायिक पृष्ठभूमि वाले व्यक्ति नहीं होंगे।

स्पष्टीकरण–इस खण्ड के प्रयोजनार्थ "न्यायिक पृष्ठभूमि वाले व्यक्ति जिन्हें स्तर न्यायालय या किसी समतुल्य स्तर के अधिकरण में पीठासीन अधिकारी के रूप में कम से कम दस वर्ष का ज्ञान और अनुभव हो, परन्तु यह और कि यह व्यक्ति नियुक्ति के लिए निरर्हित होगा यदि वह–

(क) ऐसे किसी अपराध के लिए जिसमें केन्द्रीय सरकार की राय में नैतिक अद्यमता अन्तर्वनित हो, सिद्ध दोष ठहराया गया हो और कारगार के लिए दण्डित किया गया हो, या

(ख) अनुमोचित दिवालिया हो या

(ग) विकृत चित्त और सक्षम न्यायालय द्वारा इस प्रकार घोषित किया गया हो, या की सेवा हो हटाया गया हो या पदच्युत किया गया हो या

(ङ) केन्द्रीय सरकार की राय में उनका ऐसा वित्तीय या अन्य हित हो जिसके सदस्य के रूप में उसके कृत्यों के निर्वहन पर प्रतिकूल प्रभाव पड़ने की सम्भावना हो या

(च) केन्द्रीय सरकार द्वारा विहित की जाने वाली कोई अन्य निरर्हता रखता हो :

परन्तु इस खण्ड के अधीन भी प्रत्येक नियुक्ति केन्द्रीय सरकार द्वारा चयन समिति की सिफारिश पर की जाएगी, निम्नलिखित से मिलकर बनेगी अर्थात्

(क) एक ऐसा व्यक्ति जो उच्चतम न्यायालय का न्यायाधीश है जिसे भारत के मुख्य न्यायाधीश द्वारा निर्देशित किया जाएगा।

(ख) भारत सरकार के विधिकार्य विभाग का सचिव।

(ग) भारत सरकार में उपभोक्ता कार्यकलापों के बारे में कार्यवाही करने वाले विभाग का सचिव।

(ख) उपधारा (1) के पश्चात् निम्नलिखित उपधारा अत: स्थापित की जाएगी अर्थात्

"(क) राष्ट्रीय आयोग की अधिकारिता, शक्तियों और प्राधिकार का प्रयोग उसके न्यायपीठों द्वारा किया जा सकता है।

(ii) अध्यक्ष द्वारा एक न्यायपीठ गठित की जा सकती है जिसमें एक या अधिक उतने सदस्य हो जिसे अध्यक्ष द्वारा ठीक समझे जाए।

(iii) यदि न्यायपीठ के सदस्यों की राय में किसी पर कई भिन्नता है तो यदि बहुत मत है, उन मुद्दों का विनिश्चय बहुमत की राय के अनुसार किया जाएगा, किन्तु मुद्दे या मुद्दों पर सुनवाई करेगा या मामले को ऐसे मुद्दे या मुद्दों पर एक या अधिक सदस्यों द्वारा सुनवाई के लिए निर्देशित करेगा और ऐसे मुद्दे या मुद्दों का विनिश्चय उन सदस्यों के बहुमत की राय के अनुसार किया जायेगा जिन्होंने मामले की सुनवाई की है और जिनमें वे सदस्य भी सम्मिलित हैं जिन्होंने उनकी प्रथम बार सुनवाई की थी।"

(ग) उपधारा (3) और उपधारा (4) के स्थान पर निम्नलिखित उपधाराएँ अन्त:स्थापित की जाएगी अर्थात्

"(3) राष्ट्रीय आयोग का प्रत्येक सदस्य पाँच वर्ष की अवधि के लिए सत्तर वर्ष की आयु तक उसमें से जो भी पहले हो, पद धारण करेगा–

परन्तु कोई सदस्य पाँच वर्ष की अन्य अवधि के लिए या सत्तर वर्ष की आयु तक, इनमें से जो भी पहले हो, पुनर्नियुक्ति का पात्र होगा किन्तु यह इस शर्त के अधीन रहते हुए होगा कि वह उपधारा (1) के खण्ड (ख) में वर्णित अर्हताएँ और नियुक्ति की अन्य शर्तें पूरी करता हो और ऐसी पुनर्नियुक्ति चयन समिति की सिफारिश के आधार पर की गई है :

परन्तु यह और कि राष्ट्रीय आयोग के अध्यक्ष के रूप में नियुक्त व्यक्ति इस धारा की उपधारा (1) के खण्ड (क) में उपबन्धित रीति में पुनर्नियुक्ति के लिए भी पात्र होगा–

परन्तु यह भी कि कोई सदस्य केन्द्रीय सरकार को सम्बोधित अपने हस्तलिखित त्यागपत्र द्वारा पदत्याग कर सकेगा और ऐसे त्यागपत्र की स्वीकृति पर उसका पद रिक्त हो जाएगा और त्यागपत्र देने वाले व्यक्ति के स्थान पर ऐसे व्यक्ति की नियुक्ति द्वारा भरा जाएगा तो उपधारा (1क) के उपबंधों के अधीन नियुक्त किए जाने के लिए अपेक्षित सदस्य के प्रवर्ग के सम्बन्ध में उपधारा (1) में उल्लिखित अर्हताएँ रखता हो।

(4) उपधारा (3) में किसी बात के होते भी उपभोक्ता संरक्षण (संशोधन) अधिनियम 2001 के प्रारम्भ से पूर्व अध्यक्ष या किसी सदस्य के रूप में नियुक्ति व्यक्ति यथास्थिति अध्यक्ष या सदस्य के रूप में ऐसा पद अपनी पदावधि के पूरा होने पर धारण करता रहेगा।''

19. मूल अधिनियम की धारा 21 में, खण्ड (क) के उपखण्ड में बीस लाख रुपये शब्दों के स्थान पर ''एक करोड़ रुपये'' रखे जाएँगे।

20. मूल अधिनियम की धारा 22 के स्थान पर निम्नलिखित धाराएँ रखी जाएँगी अर्थात् 22 (1) ज़िला मंच द्वारा परिवादों के निपटारे के लिए धारा 12, 13 और 14 तथा उनके अधीन बनाए गए नियमों के उपबन्ध, आयोग द्वारा आवश्यक समझे गए उपान्तरणों सहित राष्ट्रीय आयोग द्वारा विवादों के निपटान का लागू होंगे।

(2) उपधारा (1) में अन्तर्विष्ट उपबन्धों पर प्रतिकूल प्रभाव डाले बिना राष्ट्रीय आयोग को, अपने द्वारा किए गए किसी आदेश का अभिलेख में देखते ही प्रत्यक्ष त्रुटि हो, पुनरीक्षण करने की शक्ति होती।

22 क जहाँ राष्ट्रीय आयोग द्वारा यथास्थिति विरोधी पक्षकार या किसी परिवादी के विरुद्ध एक पक्षीय आदेश पारित किया जाता है वहाँ व्यथित पक्षकार आयोग को न्याय के हित में उक्त आदेश को अपास्त करने के लिए आवेदन कर सकेगा।

22 ख राष्ट्रीय आयोग परिवादी के आवेदन पर या स्व प्रेरणा से कार्यवाहियों के किसी भी प्रक्रम पर न्याय के हित में राज्य के ज़िलापीठ के समक्ष लम्बित किसी परिवादी को किसी अन्य राज्य के ज़िलापीठ को या एक राज्य आयोग से दूसरे राज्य आयोग को अन्तरित कर सकेगा।

22 ग राष्ट्रीय आयोग साधारणतः नई दिल्ली में कार्य करेगा और ऐसे अन्य स्थानों में अपकृत्यों का निष्पादन करेगा जो केन्द्रीय सरकार द्वारा राष्ट्रीय आयोग के परामर्श से समय-समय पर राजपत्र में अधिसूचित किए जाएँ।

22 घ जहाँ यथास्थिति ज़िलापीठ, राज्य आयोग या राष्ट्रीय आयोग के अध्यक्ष का पद रिक्त हो या ऐसा पद धारण करने वाला कोई व्यक्ति, अनुपस्थिति के कारण या अन्यथा अपने पद के कर्त्तव्यों का निष्पादन करने में असमर्थ हो, वहाँ यथास्थिति ज़िलापीठ राज्य आयोग या राष्ट्रीय आयोग के ज्येष्ठतम सदस्य द्वारा उनका निष्पादन किया जाएगा :

परन्तु जहाँ कोई उच्च न्यायालय का सेवा निवृत्त न्यायाधीश, राष्ट्रीय आयोग का सदस्य हो, वहाँ वह सदस्य जहाँ ऐसे सदस्यों की संख्या एक से अधिक हो वहाँ ऐसे सदस्यों में ज्येष्ठतम व्यक्ति, आयोग के अध्यक्ष की अनुपस्थिति में राष्ट्रीय आयोग की अध्यक्षता करेगा।''

21. मूल अधिनियम की धारा 23 में पहले परन्तु क के पश्चात् निम्नलिखित परन्तु अतः स्थापित किया जाएगा अर्थात्

''परन्तु यह और कि ऐसे व्यक्ति की जिससे राष्ट्रीय आयोग के किसी आदेश के अनुसार किसी रकम का संदाय अपेक्षित हो, कोई अपील उच्चतम न्यायालय द्वारा तब तक ग्रहण नहीं की जाएगी जब तक उस व्यक्ति ने विहित रीति से उस रकम का पचास प्रतिशत या पचास हज़ार रुपये जो भी कम हो, जमा न करवा दिया हो।''

22. मूल अधिनियम की धारा 25 के स्थान पर निम्नलिखित धारा रखी जाएगी अर्थात्

''25 (1) जहाँ इस अधिनियम के अधीन किए गए अन्तरित आदेश का अनुपालन नहीं किया जाता है, वहाँ यथास्थिति, ज़िलापीठ या राज्य आयोग या राष्ट्रीय आयोग ऐसे आदेश का अनुपालन न करने वाले व्यक्ति की सम्पत्ति कुर्क करने का आदेश कर सकेगा।

(2) उपधारा (1) के अधीन की गई कोई कुर्की तीन मास से अधिक के लिए प्रवृत्त नहीं रहेगी जिसकी समाप्ति पर यदि अनुपालन जारी रहता है तो कुर्क की गई सम्पत्ति का विक्रय किया जा सकेगा और उसके आगम से ज़िलापीठ या राज्य आयोग अथवा राष्ट्रीय आयोग ऐसी नुकसानी जो वह ठीक समझे परिवादी को प्रदान कर सकेगा और अव्यथित का यदि कोई हो, उसके हकदार पक्ष का संदाय करेगा।

(3) जहाँ कोई रकम यथास्थिति ज़िलापीठ राज्य आयोग या राष्ट्रीय आयोग द्वारा किए गए किसी आदेश के अधीन किसी व्यक्ति से शोध्य है वहाँ उस रकम का हक़दार व्यक्ति यथास्थिति, ज़िलापीठ, राज्य आयोग या राष्ट्रीय आयोग को आवेदन कर सकेगा और ऐसे ज़िलापीठ या राज्य आयोग या राष्ट्रीय आयोग उस ज़िला के कलेक्टर को (चाहे किसी भी नाम से पुकारा जाए) उक्त रकम के लिए एक प्रमाणपत्र जारी कर सकेगा और वह कलेक्टर भू-राजस्व की बकाया के तौर पर उसी रीति से उस रकम को वसूल करने के लिए कार्यवाही करेगा।"

23. मूल अधिनियम की धारा 27 में-

(क) परन्तुक का लोप किया जाएगा,

(ख) परन्तुक का इस प्रकार लोप किए जाने के पश्चात् विद्यमान धारा 27 की उपधारा (1) के रूप में पुनः संख्यांकित किया जाएगा और इस प्रकार पुनः संख्यांकित उपधारा (1) के पश्चात् निम्नलिखित उपधाराएँ अन्तःस्थापित की जाएँगी अर्थात्

"(2) भारतीय दण्ड प्रक्रिया संहिता 1973 में अन्तर्दिष्ट किसी बात के होने पर भी यथास्थिति, ज़िलापीठ या राज्य आयोग या राष्ट्रीय आयोग को इस अधिनियम के अधीन अपराधों के विचारण के लिए प्रथम वर्ग के न्यायिक मजिस्ट्रेट की शक्ति होगी और शक्तियों के इस प्रकार प्रदत्त किए जाने पर यथास्थिति ज़िलापीठ या राज्य आयोग या राष्ट्रीय आयोग जिसकी शक्तियाँ इस प्रकार प्रदत्त की जाती है वह भारतीय दण्ड प्रक्रिया संहिता, 1973 के प्रयोजन के लिए प्रथम वर्ग का न्यायिक मजिस्ट्रेट समझा जाएगा।

(3) इस अधिनियम के अधीन सभी अपराधों के सम्बन्ध में, यथा स्थिति, ज़िलापीठ या राज्य आयोग का राष्ट्रीय आयोग द्वारा संक्षेपतः विचार किया जा सकेगा।"

24. मूल अधिनियम की धारा 28 के पश्चात् निम्नलिखित धारा अन्तःस्थापित की जाएगी अर्थात्

" 28क (1) तागील किए जाने के लिए इस अधिनियम द्वारा अपेक्षित सभी सूचनाएँ इसमें इसके पश्चात् उपधारा (2) में वर्णित रीति से तामील की जाएगी।

(2) सूचनाओं की तामील विरोधी पक्षकार जिसके विरुद्ध परिवाद किया जाता है या परिवादी को सम्बोधित रसीदी रजिस्ट्री डाक द्वारा उसकी प्रति स्पीड पोस्ट या ऐसी कूरियर सेवा द्वारा या दस्तावेज़ों के परिक्षण के किसी अन्य साधन (जिसके

अन्तर्गत फैक्स संदेश भी है) द्वारा जो यथास्थिति, ज़िलापीठ राज्य आयोग या राष्ट्रीय आयोग द्वारा अनुमोदित हो, परिदान करके या भेजकर की जायेगी।

(3) जब विरोधी पक्षकार या उसके अभिकर्त्ता द्वारा या परिवादी द्वारा हस्ताक्षरित होना तात्पर्यिक किसी भी अभिस्वीकृति या किसी अन्य रसीद यथास्थिति ज़िलापीठ राज्य आयोग या राष्ट्रीय आयोग द्वारा प्राप्त की जाती है या ऐसी डाक वस्तु जिसमें सूचना अन्तर्विष्ट हो, किसी डाक कर्मचारी द्वारा या कूरियर सेवा द्वारा प्राधिकृत किसी व्यक्ति द्वारा किया गया परिवादी ने सूचना से युक्त डाक वस्तु को या उपधारा (2) में विनिर्दिष्ट किसी अन्य साधन द्वारा जब उसे सूचना दी गई या भेजी गई तो अभिग्रहण करने से इन्कार कर दिया ऐसी ज़िलापीठ राज्य आयोग या राष्ट्रीय आयोग यह घोषणा करेगा कि विरोधी पक्षकार या परिवादी पर सूचना की सम्यक रूप से तामील हो गई है।

परन्तु जहाँ सूचना रसीदी रजिस्ट्री डाक द्वारा समुचित रूप से सम्बोधित, पूर्व संदत्त और सम्यक रूप से भेजी गई थी वहाँ इस उपधारा में निर्विष्ट घोषणा इस तथ्य के होते हुए भी की जाएगी कि अभिस्वीकृति खो गई है या इधर-उधर हो गई है। या किसी अन्य कारण से यथास्थिति ज़िलापीठ, राज्य आयोग या राष्ट्रीय आयोग द्वारा सूचना के जारी करने की तारीख से तीस दिन के भीतर प्राप्त नहीं की गई है।

(4) विरोधी पक्षकार या परिवादी पर तामील की जाने वाली अपेक्षित सभी सूचनाएँ पर्याप्त रूप से तामील की गई समझी जाएगी। यदि विरोधी पक्षकार की दशा में उस स्थान पर सम्बोधित की जाती हैं जहाँ कारोबार या व्यवसाय किया जाता है और परिवादी की दशा में उस स्थान पर सम्बोधित की जाती है जहाँ ऐसा व्यक्ति वास्तविक रूप से तथा स्वेच्छा या निवास कर रहा हो।

25. मूल अधिनियम की धारा 29 में उपधारा (2) के पश्चात् निम्नलिखित उपधाराएँ अन्तः स्थापित की जाएगी अर्थात्

"(3) यदि उपभोक्ता संरक्षण (संशोधन) अधिनियम 2001 के उपबन्धों को प्रभावी करने में कोई कठिनाई उत्पन्न होती है तो केन्द्रीय सरकार कठिनाई को दूर करने के प्रयोजन के लिए आदेश द्वारा ऐसी कोई बात कर सकेगी जो ऐसे उपबन्धों से असंगत न हो :

परन्तु ऐसा आदेश उपभोक्ता संरक्षण (संशोधन) अधिनियम 2001 के प्रारम्भ से दो वर्ष की अवधि की समाप्ति के पश्चात् नहीं किया जाएगा।

(4) उपधारा (3) के अधीन बनाया गया प्रत्येक आदेश संसद के प्रत्येक सदन के समक्ष रखा जाएगा।

26. मूल अधिनियम की धारा 30 के स्थान पर निम्नलिखित धारा रखी जाएगी, अर्थात्

30 (1) केन्द्रीय सरकार इस अधिनियम की धारा 2 की उपधारा (1) के खण्ड (क) धारा 4 की उपधारा (2) के खण्ड (ख) धारा 5 की उपधारा (2) धारा 12 की उपधारा (2) की धारा 13 की उपधारा (4) का खण्ड (vi) धारा 14 की उपधारा (1) का खण्ड (ज ख) धारा 19, धारा की उपधारा (1) का खण्ड (ख) और उपधारा (2) धारा 22 और धारा 23 में अन्तर्विष्ट उपबन्धों को कार्यान्वित करने के लिए अधिसूचना द्वारा नियम बना सकेगी।

(2) राज्य सरकार इस अधिनियम की धारा 7 की उपधारा (2) के खण्ड (ख) और उपधारा (4) धारा 8 की उपधारा (2) के खण्ड (ख) और उपधारा (4) धारा 10 की उपधारा (1) के खण्ड (ख) और उपधारा (3) धारा 13 की उपधारा (1) के खण्ड (ग) धारा 14 की उपधारा (1) के खण्ड (ज ख) और उपधारा (3) धारा 15 और धारा 16 की उपधारा (2) में अन्त:र्विष्टों उपबन्धों को कार्यान्वित करने के लिए अधिसूचना द्वारा, नियम बना सकेगी।''

27. मूल अधिनियम की धारा 30 के पश्चात् निम्नलिखित धारा अन्त:स्थापित की जाएगी अर्थात्

''30 क (1) राष्ट्रीय आयोग केन्द्रीय सरकार के पूर्व अनुमोदन से अधिसूचना द्वारा ऐसे विषयों के लिए जिनके लिए इस अधिनियम के उपबन्धों को कार्यान्वित करने के प्रयोजन के लिए उपबन्ध करना आवश्यक या समीचीन है उपबन्ध करने के लिए ऐसे विनिमय बना सकेगा जो इस अधिनियम से असंगत न हो।

(2) विशिष्टत: और पूर्वगामी शक्ति की व्यापकता पर प्रतिकूल प्रभाव डाले बिना ऐसे विनियम यथास्थिति, ज़िलापीठ राज्य आयोग या राष्ट्रीय आयोग के समक्ष किसी कार्यवाही के स्थगन की खर्चे के लिए उपबन्धता कर सकेंगे जिसे किसी पक्षकार को संदाय करने के आदेश दिया जाए।''

28. मूल अधिनियम की धारा 31 के स्थान पर निम्नलिखित धारा रखी जाएगी अर्थात्

31 (1) इस अधिनियम के अधीन बनाया गया प्रत्येक नियम और विनियम बनाए जाने के पश्चात् यथाशीघ्र संसद के प्रत्येक सदन के समक्ष जब वह सत्र में तीस दिन की अवधि के लिए रखा जाएगा। यह अवधि एक सत्र में अथवा दो या अधिक आनुक्रमिक सत्रों में पूरा हो सकेगी। यदि उक्त सत्र के या पूर्वोक्त आनुक्रमिक सत्रों के ठीक बाद के सत्र के अवसान के पूर्व दो सदन उस नियम या विनियम में कोई परिवर्तन करने के लिए सहमत हो जाए तो तत्पश्चात् वह ऐसे परिवर्तित रूप में ही प्रभावी होगा। यदि उक्त अवसान के पूर्व दोनों सदन सहमत हो जाए कि वह नियम या विनियम नहीं बनाया जाना चाहिए तो तत्पश्चात् वह निष्प्रभाव हो जाएगा किन्तु नियम या विनियम के ऐसे परिवर्तित या निष्प्रभाव होने से उसके अधीन पहले की गई किसी बात की विधि मान्यता पर प्रतिकूल प्रभाव नहीं पड़ेगा।

(2) राज्य सरकार द्वारा बनाया गया प्रत्येक नियम बनाए जाने के पश्चात् यथाशीघ्र राज्य विधान मण्डल के समक्ष रखा जाएगा।"

उपभोक्ता संरक्षण से लाभ

समाज का प्रत्येक व्यक्ति उपभोक्ता है। आधुनिक समय में उपभोक्ताओं पर बाज़ारी शक्तियों का व्यापक प्रभाव एवं दबाव है। बाज़ार के पास संगठन और सम्पत्ति का बल है अतः उपभोक्ता को शिक्षित, सूचित तथा संगठित किया जाना नितान्त आवश्यक है।

उपभोक्ता आधुनिक परिस्थितियों में उपभोक्ता संरक्षण कानून जो समय का सर्वाधिक क्रान्तिकारी कानून है। सरल प्रक्रिया से शीघ्र एवं सस्ता न्याय प्राप्त कर स्वस्थ समाज की स्थापना कर सकेगा। अतः उपभोक्ता को जागरूक होना आवश्यक है उपभोक्ता आन्दोलन की सफलता उपभोक्ताओं की जागरूकता के स्तर पर निर्भर करती है।

शिकायत कौन दर्ज करा सकता है ?

* उपभोक्ता
* कोई भी पंजीकृत स्वैच्छिक उपभोक्ता संगठन
* केन्द्रीय सरकार
* राज्य सरकार/संघ राज्य क्षेत्र प्रशासन
* अनेक उपभोक्ताओं की ओर से, जिनका समान हित है या अधिक उपभोक्ता (वर्ग कार्यवाही सम्बन्धी शिकायतें)

शिकायत कहाँ दर्ज कराएँ ?

ज़िला मंच—यदि वस्तु या सेवा का मूल्य तथा हर्जाने के लिए चाही गई रकम बीस लाख रुपये तक है तो प्रत्येक ज़िले में स्थापित ज़िला मंच में।

राज्य आयोग—यदि वस्तु या सेवा का मूल्य तथा हर्जाने के लिए चाही गई रकम बीस लाख से अधिक किन्तु एक करोड़ रुपये तक है तो राज्य में स्थापित राज्य आयोग में।

राष्ट्रीय आयोग—यदि वस्तु या सेवा का मूल्य तथा हर्जाने के लिए चाही गई रकम एक करोड़ रुपये से अधिक है तो दिल्ली में स्थापित राष्ट्रीय आयोग में।

शिकायत में क्या विवरण हो ?

* शिकायतकर्त्ता का नाम एवं उसका पूरा पता
* जिसके विरुद्ध शिकायत है उसका नाम एवं उसका पूरा पता
* वस्तु और सेवा का विवरण जिसके बारे में शिकायत है
* शिकायत/कमी/दोष का सारांश
* शिकायत सम्बन्धी दस्तावेज जैसे बिल आदि संलग्न करे
* शिकायतकर्त्ता अथवा उसके प्रतिनिधि के हस्ताक्षर।

शिकायत डाक द्वारा अथवा स्वयं शिकायत कर्त्ता अथवा उसके किसी अधिकृत प्रतिनिधि द्वारा प्रस्तुत की जा सकती है।

राहत कहाँ मिलती है ?

उपभोक्ता अदालतें निम्नलिखित राहतों का आदेश दे सकती है–

* वस्तुओं की खामियों को दूर करना
* वस्तुओं का बदलना
* भुगतान की गई वस्तु की वापसी
* जो हानि या क्षति हुई उसके लिए क्षतिपूर्ति।
* सेवाओं में त्रुटियों अथवा कमियों को दूर करना।

* अनुचित व्यापार पद्धतियों/अवरोधक व्यापार पद्धतियों को समाप्त करना तथा निर्देश देना जिससे उनकी पुनरावृत्ति न हो
* बिक्री के लिए प्रस्तुत खतरनाक वस्तुओं की वापसी का फैसला देना
* अस्थायी निषेधाज्ञा प्राप्त की जा सकती है।

अपील कहाँ होती है ?

* ज़िला मंच के निर्णय के विरुद्ध राज्य आयोग में
* राज्य आयोग के निर्णय के विरुद्ध राष्ट्रीय आयोग में
* राष्ट्रीय आयोग के निर्णय के विरुद्ध उच्चतम न्यायालय में

ज़िला मंच में राज्य आयोग में अपील से पूर्व निर्णय में आदेशित राशि की आधी या 25,000 रुपये राज्य आयोग से राष्ट्रीय आयोग में अपील के लिए आदेशित राशि की आधी राशि या 35,000 रुपये व राष्ट्रीय आयोग से उच्चतम न्यायालय में अपील करने पर आदेशित राशि की आधी अथवा 50,000 रुपये जो भी राशि कम हो, जमा करानी आवश्यक होगी।

उपभोक्ता के अधिकार

* सुरक्षा का अधिकार
* सूचना का अधिकार
* चयन का अधिकार
* सुनवाई का अधिकार
* क्षतिपूर्ति प्राप्त करने का अधिकार
* उपभोक्ता शिक्षा का अधिकार।

उपभोक्ता के कर्त्तव्य

* माल का कैश मीमो (रसीद) अवश्य प्राप्त करे
* वस्तुओं को खरीदते समय पैकिट पर लिखे विवरण को ध्यान से पढ़े

□□□

5

उपभोक्ता संगठन-एक परिचय

आज का उपभोक्ता अनेक प्रकार की समस्याओं से घिरा हुआ है तथा अकेले वह इन सब पर पार नहीं पा सकता। ऐसे संगठित होकर प्रयास करना ही श्रेयस्कर होता है क्योंकि एकता में ही शक्ति है।

संगठन का प्रारम्भ कुछ उत्साही लोगों द्वारा ही सम्भव होता है जब कोई वर्तमान दशा से दु:खी या क्रुद्ध होता है तो वही व्यक्ति समाज में परिवर्तन की पहल करता है। अपने मित्रों व पड़ोसियों से बातचीत कर समान रुचि रखने वालों को साथ लेकर समस्या के समाधान के लिए उचित योजना बनाता है। ऐसे व्यक्तियों की सभा आयोजित कर समान समस्याओं या बिन्दुओं पर गहराई से चिन्तन किया जाता है और सम्भावित उपायों को खोजा जाता है।

यदि समान रुचि रखने वाले व्यक्ति मिलकर प्रयास करते हैं तो सभी उपभोक्ताओं की समस्याओं का हल प्रभावी ढंग से सम्भव हो जाता है। एक बार जब यह समूह अपने उद्देश्यों और गतिविधियों की रूपरेखा तैयार कर लेता है और आर्थिक सहयोग भी प्राप्त कर लेता है तो समझ लेना चाहिए कि संगठन का प्रारम्भ हो गया।

संगठन को एक वैधानिक स्वरूप प्रदान करने के लिए और कार्यविधि को उचित ढंग से संचालित करने हेतु औपचारिक रूप से अध्यक्ष, उपाध्यक्ष, सचिव और कोषाध्यक्ष आदि का चुनाव कर लेना चाहिए तथा संगठन की समय-समय पर बैठकें आयोजित कर नये मुद्दों और समस्याओं की पहचान करना प्रारम्भ कर देना चाहिए। संगठन को पूर्ण वैधानिक जामा पहनाने के लिए संगठन का संविधान बना लेना चाहिए और संगठन का पंजीकरण भी करवा लेना चाहिए।

उपभोक्ता संरक्षण के क्षेत्र में उपभोक्ताओं के हितों के रक्षार्थ कई गैर सरकारी संगठन भी हैं जो अपने-अपने क्षेत्र के उपभोक्ताओं को शिक्षित एवं जागरूक करने में अहम् भूमिका निभा रहे हैं तथा उपभोक्ताओं का शोषण हो जाने की स्थिति में उन्हें अपने स्तर पर तथा उपभोक्ता न्यायालयों द्वारा क्षतिपूर्ति प्रदान करवाने में पूर्ण सहयोग कर रहे हैं।

भारत में उपभोक्ता आन्दोलन का प्रारम्भ बीसवीं शताब्दी के प्रारम्भ में वर्षों से हुआ। उपभोक्ताओं का प्रथम सामूहिक ट्रस्ट सन् 1915 में बना था जिसका नाम ''पैंसनर्स एण्ड ट्रैफिक रिलीफ एसोसिएशन'' रखा गया। यह शुरूआत मुम्बई में हुई थी। मुम्बई में ही एक दूसरे संगठन ''वीमैन ग्रेजुएट यूनियन'' की स्थापना भी सन् 1915 में हुई थी सन् 1940 के दशक के पश्चात् के वर्षों में मद्रास में ट्रिपलीकेन अरबन कॉ-आपरेटिव स्टोर की स्थापना हुई। सहकारिता के आधार पर खुलने वाला यह भारत का प्रथम स्टोर था। सन् 1956 में देहली में ''इण्डियन एसोसिएशन ऑफ कंज्यूमर्स'' अर्थात् भारतीय उपभोक्ता संघ का गठन हुआ था। उपभोक्ता के हितों की दृष्टि से बनने वाला यह अखिल भारतीय संगठन था। इस संगठन को सरकार का समर्थन भी प्राप्त था परन्तु सन् 1966 में मुम्बई की नौ गृहणियों द्वारा स्थापित ''कंज्यूमर गाइडेंस सोसायटी ऑफ़ इण्डिया'' ही वह पहला संगठन था जो अपना प्रभाव छोड़ने में सफल हुआ।

इस संगठन ने दैनिक जीवन में उपयोग में आने वाले खाद्य पदार्थों की गुणवत्ता के सन्दर्भ में रिपोर्टिंग और उपभोक्ताओं की शिकायतों का निपटारा करने के कार्य को हाथ में लिया। इस संगठन की अलग-अलग स्थानों पर आठ शाखाएँ हैं जो प्रचार, प्रदर्शन एवं शिक्षा देने के कार्यक्रमों को भी चलाती है। उपभोक्ताओं के सूचित करने के उद्देश्य से यह 'क़ीमत' नाम से एक अंग्रेज़ी भाषा में पत्रिका का प्रकाशन भी करते हैं। एक अन्य संगठन जिसने देशव्यापी जागरूकता का कार्य किया है वह है ''कर्नाटक कंज्यूमर्स सर्विस सोसायटी'' ने इसकी स्थापना सन् 1979 में हुई थी। इस संगठन की प्रमुख कर्त्ताधर्ता श्रीमती मन्दना थी जिन्होंने उपभोक्ता आन्दोलन का नाम देश के

कोने-कोने में फैलाया और विशेषकर सरकारी क्षेत्रों को उपभोक्ताओं की समस्याओं के प्रति चेताया। यह संगठन बैंगलोर में स्थित है। यह संगठन विद्यालयों में सेमीनारों का आयोजन कर उन्हें जागरूक करने का कार्य करता है। इस संगठन ने खाद्य और औषधि अपमिश्रण तथा कर्नाटक खाद्य एवं नागरिक आपूर्ति निगम में उपभोक्ता का प्रतिनिधित्व भी किया है।

वर्ष 1973 में आन्ध्र प्रदेश के शहर विशाखापत्तनम् में ''विशाखा उपभोक्ता काउंसिल'' की स्थापना हुई जो दूसरा अग्रणी संगठन है। इस संगठन ने ग़रीब राशन कार्डधारियों और एल.पी.जी. गैस सिलैण्डर प्रयोग करने वाले उपभोक्ताओं के हितों की जोरदार ढंग से वकालत की थी जिसके फलस्वरूप उचित मूल्यों की दुकानों और सार्वजनिक वितरण प्रणाली में आवश्यक परिवर्तन किया जाना सम्भव हो सका।

वर्ष 1978 में अहमदाबाद में एक अन्य उपभोक्ता संगठन-''उपभोक्ता शिक्षा और शोध केन्द्र'' (सी.ई.आर.सी.) की स्थापना हुई, जिसमें उपभोक्ता हित संवर्द्धन में महत्त्वपूर्ण योगदान किया गया है। इस संगठन के मैनेजिंग ट्रस्टी मनुभाई शाह ने उपभोक्ता आन्दोलन को एक नई दिशा प्रदान की है इस संगठन के पास अपना विशाल पुस्तकालय, कम्प्यूटर केन्द्र और उत्पाद परीक्षण प्रयोगशाला है जहाँ उपभोक्ता वस्तुओं का तुलनात्मक परीक्षण किया जाता है तथा निष्कर्षों को प्रकाशित कर उपभोक्ताओं को मार्गदर्शन किया जाता है। इस कार्य से उपभोक्ता शिक्षा को काफी बढ़ावा मिला है। अस्सी के दशक में अचानक उपभोक्ता संगठनों की संख्या में वृद्धि होने लगी। अस्सी के दशक में गुजरात के बड़ौदा शहर में दस अवकाश प्राप्त पेंशनरों ने जागृत ग्राहक संगठन की स्थापना कर संगोष्ठियों और प्रकाशनों द्वारा उपभोक्ता शिक्षा का प्रचार एवं प्रसार किया तथा 45 शिकायत केन्द्र स्थापित कर उपभोक्ताओं को राहत दिलवाने में योगदान दिया। वर्ष 1983 में दिल्ली विश्वविद्यालय के छात्रों और शिक्षकों ने 'वॉयस' (Voice) नामक एक उपभोक्ता संगठन की स्थापना की जिसने अनुचित व्यापार प्रथाओं के खिलाफ लड़ाई का मोर्चा जमा लिया यह संगठन बाज़ार में उपलब्ध विभिन्न ब्राण्डों के उत्पादों के गुण-दोषों की जाँच कर उपभोक्ताओं को जानकारी देने का कार्य भी करता है जो उपभोक्ताओं की वस्तुओं का चयन करने में सहायक सिद्ध होता है।

वर्ष 1984 में राजस्थान की राजधानी जयपुर में ''कंज्यूमर यूनिटी एण्ड ट्रस्ट सोसाइटी'' की स्थापना हुई जिसने उपभोक्ता पर गहरा असर छोड़ा। सन् 1985 में मद्रास में ''कंज्यूमर एक्शन ग्रुप'' नाम से एक अन्य संगठन को जन्म दिया गया जिसने जनसुविधा, स्वास्थ्य और पर्यावरण जैसे मुद्दों को उठाया। पेयजल समस्या के समाधान के लिए इसने हादयार नदी को रासायनिक प्रदूषण से बचाने के लिए अहम भूमिका

निभाई। वर्ष 1986 में उपभोक्ता संरक्षण अधिनियम पारित हुआ जिससे उपभोक्ता आन्दोलन को नया बल मिला है। इस अधिनियम के अन्तर्गत ज़िला राज्य तथा राष्ट्रीय स्तर पर उपभोक्ता न्यायालयों की स्थापना से उपभोक्ता विवादों को निपटाने का मार्ग प्रशस्त हुआ है। इस अधिनियम को पारित करवाने में भूतपूर्व प्रधानमंत्री स्वर्गीय राजीव गाँधी की विशेष भूमिका रही। वर्ष 1990 के मार्च महीने में मद्रास में उपभोक्ता संगठनों के महासंघ अर्थात् ''फेडरेशन ऑफ़ कंज्यूमर ऑर्गेनाइजेशन'' की स्थापना हुई जिसने अलग-अलग क्षेत्रों में कार्य कर रहे उपभोक्ता संगठनों को एक ही छत के नीचे लाकर खड़ा कर दिया। राजस्थान में उपभोक्ता जागृति और उपभोक्ता शिक्षा के प्रचार एवं प्रसार में ''कंज्यूमर एक्शन एण्ड नेटवर्क सोसाइटी (केन्स) जयपुर महत्त्वपूर्ण भूमिका निभा रही है।'' संगोष्ठियों, कार्यशैलियों और प्रदर्शनियों तथा अपने प्रकाशन ''कंज्यूमर्स वर्ल्ड'' द्वारा उपभोक्ता शिक्षा को केन्स गति प्रदान कर रहा है। आज देश के नौ राज्यों में ऐसे महासंघ कार्यरत हैं। ये राज्य हैं तमिलनाडू, राजस्थान, गुजरात, केरल, कर्नाटक, आन्ध्रप्रदेश, महाराष्ट्र, उड़ीसा और उत्तरप्रदेश। राष्ट्रीय स्तर पर उपभोक्ता हित के कार्यों से जुड़े तीन संगठन शीर्ष स्तर पर कार्य कर रहे हैं।

- सन् 1991, फरवरी में गठित ''कॉंफिडरेशन ऑफ इण्डिया कंज्यूमर ऑर्गेनाइजेशन दिल्ली।''
- सन् 1992 अप्रैल में स्थापित ''कंज्यूमर आर्डीनेशन काउंसिल'' दिल्ली।
- सन् 2001, 6 मई को ''कंज्यूमर्स कॉंफिडरेशन ऑफ इण्डिया'' नई दिल्ली की स्थापना।

उपभोक्ता संगठनों की कार्यविधि व गठन

किसी भी संगठन के संचालन के लिए धन की अतीव आवश्यकता होती है परन्तु इन उपभोक्ता संगठनों के पास अपने सदस्यों से प्राप्त होने वाला वार्षिक सदस्यता शुल्क तथा अनुदान ही होता है। कुछ संगठनों का वार्षिक बजट मात्र 10,000 रुपये तक ही सीमित होता है और कुछ का 30,000 रुपये से भी कम का बजट होता है। ऐसे में कोई भी अनुमान लगा सकता है कि ये संगठन अपना कार्य कैसे चलाते होंगे।

उपभोक्ता संगठनों की रणनीति

उपभोक्ता सम्बन्धी ग़ैर-सरकारी स्वैच्छिक संगठन उपभोक्ता आन्दोलन को आगे बढ़ाने का कार्य करते हैं तथा लोगों को उनके अधिकारों के प्रति शिक्षित ही नहीं करते वरन् उपभोक्ता को शक्तिशाली बनाने में सहायता भी करते हैं।

ग़ैरसरकारी संगठन उपभोक्ताओं और सरकार के बीच एक कमी का काम करते हैं। ये संगठन दूर-दूर स्थित संस्थाओं और लोगों के बीच सम्बन्ध स्थापित करने में सहायक सिद्ध होते हैं ये सरकारी नीतियों की व्याख्या कर उन्हें उपभोक्ताओं के अनुरूप बनाने का प्रयास भी करते हैं। ये ग़ैरसरकारी उपभोक्ता संगठन विभिन्न कार्यक्रमों जैसे-संगोष्ठियों, कार्यशालाओं, प्रदर्शनियों द्वारा उपभोक्ताओं में वांछित सूचनाओं का प्रसार करती हैं। समय-समय पर पोस्टर जारी कर तथा पैम्फलैट्स द्वारा भी उपभोक्ता शिक्षा कार्य का विस्तार करते हैं। अपने स्तर पर विभिन्न ब्राण्ड की वस्तुओं की तुलनात्मक जाँच स्वतंत्र रूप से करके ये उपभोक्ता संगठन उपभोक्ताओं को शिक्षित कर उनके अधिकारों के संरक्षण में सहायक होते हैं।

उत्पादकों और निर्माताओं द्वारा सताये और शोषित लोगों की ओर से ग़ैर-सरकारी संगठन कानून तोड़ने वाले उत्पादकों और निर्माताओं के विरुद्ध कानूनी क़दम उठाने की शुरूआत भी करते हैं। उपभोक्ता संरक्षण अभियान एक प्रकार से समाज सुधार आन्दोलन है जो शोषित, कमज़ोर एवं वंचित वर्ग को उसके अधिकार दिलवाने में अहम् भूमिका निभाने का कार्य कर रहा है। जब उपभोक्ता समूह अथवा उपभोक्ता संगठन एक निश्चित आकार एवं शक्ति प्राप्त कर लेता है तो वह समाज को उपभोक्ताओं की आवश्यकताओं और हितों के प्रति उत्तरदायी बनाने के कार्य को अंजाम देने की दिशा में चल पड़ता है।

उपभोक्ता संगठनों द्वारा संचालित की जा रही गतिविधियों के सार्थक परिणाम तभी प्राप्त होते हैं जब वे संगठन उपभोक्ताओं में अपनी विश्वसनीयता भी बनाए रखे। विश्वसनीयता एक महत्त्वपूर्ण तत्त्व है जो उपभोक्ता संगठन को सफलता व शक्ति प्रदान करता है जिसके बलबूते पर वह उपभोक्ताओं की ज़रूरतों व हितों का प्रभावी ढंग से प्रतिनिधित्व कर सकता है। उपभोक्ता संगठन द्वारा विश्वसनीयता प्राप्त करने के कई आधार होते हैं जिनमें मुख्य रूप से विशाल सदस्यता, सरकारी मान्यता और मजबूत आर्थिक आधार सम्मिलित हैं। विशाल सदस्यता लोकप्रियता का प्रतीक है। विश्वसनीयता अर्जित करने में उपभोक्ता संगठन का बिना किसी दबाव में आये स्वतंत्रत रूप से कार्य करने तथा निष्पक्ष ढंग से निर्णय ले सकना भी निहित है। निष्पक्षता किसी भी संगठन का एक प्रामाणिक गुण है, फिर चाहे वह संगठन राष्ट्रीय स्तर का हो अथवा अन्तरराष्ट्रीय स्तर का।

विभिन्न उपभोक्ता संगठनों की कार्यशैली में भी अन्तर होता है। कुछ प्राथमिक रूप से विशिष्ट समूहों जैसे रेल, यात्रियों अथवा केबल उपभोक्ताओं के अधिकारों और हितों के लिए कार्य करते हैं, कुछ वस्तुओं और सेवाओं के तुलनात्मक अध्ययनों व

जाँच के कार्य पर ध्यान केन्द्रित करते हैं और कुछ उपभोक्ताओं को शिक्षित और जागरूक करने पर जोर देते हैं अथवा कुछ संगठन समय-समय पर इन सभी मुद्दों पर उपभोक्ताओं की समस्याओं के निवारण पर क्रियाशील होते हैं।

उपभोक्ता संगठन की कार्यप्रणाली में शोषित उपभोक्ताओं को अपने स्तर पर क्षतिपूर्ति प्राप्त करने में सहायता प्रदान करना भी है और उनकी ओर से ये संगठन उपभोक्ता न्यायालयों से भी उन्हें न्याय दिलवाने और निःशुल्क विधिक सहायता प्रदान करने का कार्य भी करते हैं।

उपभोक्ता संरक्षण में संगठनों की भूमिका

किसी एक की तुलना में समूह, विशेषकर मान्यता प्राप्त समूह उपभोक्ता संगठन अधिक शक्तिशाली और प्रभावी होता है जब एक मान्यता प्राप्त उपभोक्ता संगठन उपभोक्ता के शोषण की समस्याओं को उजागर करता है तो सरकार और उद्योग अर्थात् उत्पादक और निर्माता भी उसकी बात को सुनने के लिए मजबूर होते हैं। अतः उपभोक्ता संरक्षण में उपभोक्ता संगठनों की भूमिका अत्यन्त महत्त्वपूर्ण होती है।

उपभोक्ताओं की अपेक्षा उपभोक्ता संगठन इसलिए भी अधिक प्रभावी होते हैं क्योंकि वे उपभोक्ता संरक्षण कानून का सूक्ष्म अध्ययन तथा उपभोक्ता अधिकारों का पूर्ण ज्ञान रखते हैं। अतः जब उपभोक्ता तथा ग़ैर-सरकारी संगठन एक दूसरे से हाथ मिलाकर चलते हैं तो उपभोक्ता अपने लक्ष्य को आसानी से प्राप्त कर लेता है और शोषण का शिकार होने से बच जाता है अथवा शोषित हो जाने की स्थिति में मुआवज़ा या क्षतिपूर्ति प्राप्त करने में सफल होता है। अतः उपभोक्ता संगठनों की भूमिका उपभोक्ताओं के हितों के संरक्षण में अत्यन्त महत्त्वपूर्ण होती है।

मध्यप्रदेश में उपभोक्ता संगठन

मध्यप्रदेश में उपभोक्ता संगठनों का आरम्भ सन् 1986 से माना जाता है। ज़िला उपभोक्ता सूचना केन्द्र उपभोक्ताओं के हित में उनके अधिकारों के प्रति जागरूकता आन्दोलन चलाते एवं उनके द्वारा भुगतान की गई धनराशि के विरुद्ध उचित प्रमाण एवं गुणवत्ता की वस्तु दिलाने के लिए संकल्पिक संस्था सम्पूर्ण मध्य प्रदेश में वर्ष 1994 से कार्य कर रही है।

उपभोक्ता संरक्षण संगठन के निम्नानुसार पदाधिकारी मनोनीत किये जाते हैं–

1. संरक्षण – एक पद
2. कार्यकारी अध्यक्ष – एक पद

3. कोषाध्यक्ष – एक पद

4. महिला सचिव – एक पद

5. संयुक्त सचिव – चार पद

6. कार्यकारी सदस्य – चार पद

मध्यप्रदेश में उपभोक्ता संरक्षण स्वैच्छिक समितियों की कुल संख्या 65 है। वर्तमान में उपभोक्ता संगठनों की संख्या दोगुनी से अधिक हो गई है तथापि ग्रामीण क्षेत्रों में जहाँ अधिकांश जनसंख्या निवास करती है। इस प्रकार के संगठन बनाने की महती आवश्यकता है जिससे वर्तमान संगठन अपने क्रियाकलापों को ग्रामीण अंचलों में केन्द्रित करने का अवसर प्राप्त हो सके तथा ग्रामीणों को इस प्रकार के संगठन बनाने के लिए प्रोत्साहन प्राप्त हो सके। यह उद्देश्य अवश्य होना चाहिए कि प्रत्येक गाँव में कम से कम एक स्वैच्छिक उपभोक्ता संगठन हो।

मध्यप्रदेश के भोपाल, कटनी तथा ग्वालियर संगठन सराहनीय कार्य कर रहे हैं। भोपाल की उपभोक्ता संरक्षण सलाहगार समिति ज़ोन दो एम.पी. नगर भोपाल के श्री विजय सक्सेना जो इस संस्था के महामंत्री है इस दिशा में संस्था अत्यन्त लगन, परिश्रम, निष्ठा से कार्य कर रही है। संस्था को वर्ष 1997 में सम्भागीय स्तर तथा वर्ष 1998 में राज्य स्तर पर उपभोक्ता पुरस्कार प्राप्त हो चुके हैं। कई कार्यशालाएँ, चौपाल, शिविर, राष्ट्रीय उपभोक्ता दिवस का आयोजन कुशलतापूर्वक कर चुकी है।

मध्यप्रदेश में सरकारी प्रयास के अन्तर्गत अधिकांश ज़िलों में ज़िला उपभोक्ता संरक्षण मंच हैं तथा राज्य स्तर पर भी उपभोक्ता संरक्षण मंच की व्यवस्था की गई है। खाद्य उपभोक्ता मामलों का निवारण करने के लिए भी सरकारी तंत्र कार्यशील है। भारतीय मानक ब्यूरो की एक शाखा विट्टन मार्केट, अरेरा कॉलोनी भोपाल में स्थित है। श्री के.सी. त्रिवेदी एफ. एवं प्रमुख भारतीय मानक ब्यूरो भोपाल शाखा के प्रमुख अधिकारी हैं।

राजस्थान में उपभोक्ता संगठन

राजस्थान में उपभोक्ता संगठनों का आरम्भ सन् 1980 के दशक से माना जाता है। राजस्थान के उपभोक्ता संगठनों ने 'केन्स' एवं 'कटस' प्रान्त स्तर पर ही नहीं अपितु राष्ट्रीय स्तर पर भी अपना मौलिक स्थान बनाया है।

राजस्थान के उपभोक्ता आन्दोलन कर्त्ता एवं 'केंस' संस्थापक डॉ. अनन्त शर्मा ने प्रदेश के उपभोक्ता आन्दोलन को गतिशील बनाने में प्रभावी भूमिका का निर्वहन

किया है। प्रदेश के अन्य महत्त्वपूर्ण संगठनों में उदयपुर की 'मारूति सेवा समिति' जोधपुर की 'उपभोक्ता मार्गदर्शन समिति' अजमेर की 'अजमेर ज़िला ग्रामीण उपभोक्ता संस्थान मसूदा' बीकानेर की उपभोक्ता संरक्षण समिति, प्रमुख है। इनके संस्थापकों के नाम हैं प्रमोद झँवर उदयपुर, लियाकत अली-जोधपुर, जसवंत सिंह रावत- अजमेर, एवं शान्तिकुमार व्यास बीकानेर।

राजस्थान में प्रभावी ढंग से उपभोक्ता आन्दोलन ने सन् 1992 में तब गति पकड़ी जब प्रदेश के स्वयं सेवी उपभोक्ता संगठनों ने संयुक्त प्रयास करते हुए उपभोक्ता संगठनों का प्रान्तीय महासंघ "अखिल राजस्थान उपभोक्त महासंघ" का गठन किया गया। इस संघटन ने प्रभावी ढंग से पहल करते हुए प्रदेश में उपभोक्ता आन्दोलन को जन व्यापी बनाया। वर्तमान समय में प्रदेश के 100 से अधिक संगठन इसके सदस्य है। महासंघ प्रदेश के उपभोक्ता आन्दोलनकारियों के 9 प्रान्तीय महासम्मेलन भी आयोजित करा चुका है।

◘◘◘

6

गुणवत्ता तथा मानकीकरण एक विवेचन

बाज़ार में उपलब्ध विभिन्न प्रकार की वस्तुओं की गुणवत्ता और मूल्य भिन्न होते हैं जो भी वस्तु हम क्रय करते हैं, मूल्य के हिसाब से उसकी गुणवत्ता उसी के अनुरूप होनी चाहिए। वस्तु के मूल्य तथा उसके वजन की जाँच तो उपभोक्ता अपने स्तर पर कर सकता है परन्तु वस्तु की गुणवत्ता के सम्बन्ध में स्वयं निर्णय नहीं ले सकता क्योंकि उसे न तो वस्तु के निर्माण की तकनीक का पता होता है और न ही वस्तु की गुणवत्ता जाँच के साधन उसके पास होते हैं। अतः अनेक बार यह भ्रामक विज्ञपनों, आकर्षक पैकिंग के चक्कर में फँसकर घटिया वस्तुएँ खरीद लेता है जिस कारण उसका मेहनत से कमाया हुआ पैसा तो बर्बाद होता ही है इसके अतिरिक्त कभी-कभी उसके स्वास्थ्य और जान के लिए खतरा भी उत्पन्न हो जाता है।

उपभोक्ताओं को ऐसी स्थिति से उबारने की दृष्टि से वस्तुओं और सेवाओं की गुणवत्ता सम्बन्धी मानकों का चलन शुरू किया गया और वस्तुओं पर मानक चिह्नों

की उपस्थिति वस्तुओं की गुणवत्ता की गारण्टी का काम करने लगी। अतः यह योजना उपभोक्ताओं के लिए उपयोगी सिद्ध हुई।

विभिन्न मानक चिह्नों का परिचय

अन्तरराष्ट्रीय मानक संगठन—14 अक्टूबर, 1946 में विश्व के 25 देशों के प्रतिनिधियों द्वारा एक बैठक का आयोजन किया गया था जिसमें अन्तरराष्ट्रीय मानक संगठन की स्थापना का निर्णय लिया गया था आई.एस.ओ. सभी सदस्य देशों के राष्ट्रीय मानवीकरण संस्थाओं का अन्तरराष्ट्रीय संगठन है जो अन्तरराष्ट्रीय स्तर पर मानकों का निर्धारण करता है। अब तक आई.एस.ओ. ने विभिन्न विषयों पर 13000 से अधिक अन्तरराष्ट्रीय मानकों का निर्धारण किया हुआ है जिससे अन्तरराष्ट्रीय व्यापार में वृद्धि, गुणवत्ता स्पर्द्धा का विस्तार और अन्तरराष्ट्रीय जन-जीवन के स्तर में सुधार हुआ है।

अन्तरराष्ट्रीय स्तर पर आई.एस.ओ. के अतिरिक्त इन्टरनेशनल इलैक्ट्रीकल टैक्निकल कमीशन (आई.ई.सी) और इण्टरनेशनल कम्यूनिकेशन यूनियन (आई.टी.यू.) अपने सम्बद्ध क्षेत्रों में मानवीकरण से सम्बन्धित कार्य करते हैं जैसे कि आई.ई.सी. इलैक्ट्रीकल्स एवं इलेक्ट्रॉनिक्स तथा आई.टी.यू. दूर संचार के क्षेत्र में मानकीकरण का कार्य कर रहे हैं इन दोनों क्षेत्रों के अतिरिक्त शेष सभी विषयों पर अन्तरराष्ट्रीय मानकों का निर्धारण आई.एस.ओ. द्वारा किया जाता है।

राष्ट्रीय मानक संस्थान

भारतीय मानक ब्यूरो राष्ट्रीय मानकीकरण संस्था के रूप में आई.एस.ओ., आई.ई.सी. एवं आई.टी.यू. में भारत का प्रतिनिधित्व करता है। भारतीय प्रतिनिधि दो बार अन्तरराष्ट्रीय मानक संगठन के अध्यक्ष पद पर चुने जा चुके हैं।

औद्योगिक विकास, उपभोक्ता संरक्षण तथा दैनिक जीवन में मानकों के महत्त्व को ध्यान में रखते हुए राष्ट्रीय स्तर पर मानकों के निर्धारण की संगठित प्रक्रिया जनवरी 1947 में भारतीय मानक संस्था की स्थापना के साथ प्रारम्भ हुई। अपने कार्यकाल में इस संस्था ने औद्योगिक विकास एवं जनजीवन के स्तर में सुधार लाने के क्षेत्र में महत्त्वपूर्ण भूमिका निभाई है।

मानकों के निर्धारण में देश के लगभग 40,000 वैज्ञानिक, तकनीकी विशेषज्ञ, प्रमुख प्रयोगशालाओं, उपभोक्ता, संगठनों एवं सम्बन्धित शासकीय विभागों तथा उप, समितियों के सहयोग से ब्यूरो ने अब तक 17,000 से भी अधिक मानकों का निर्धारण कर औद्योगिक इकाइयों के गुणवत्ता विकास में उल्लेखनीय योगदान दिया है।

केन्द्रीय सरकार ने वर्ष 1986 में भारतीय मानक संस्था के कार्यों को मान्यता देने, मानकों के व्यापक प्रतिपालन को बल देने तथा मानक चिह्न के दुरुपयोग को रोकने के उद्देश्य से भारतीय मानक ब्यूरो अधिनियम 1986 द्वारा संस्था को नया नाम "भारतीय मानक ब्यूरो" प्रदान किया है। जिसने गुणवत्ता के विकास में पर्याप्त सफलता प्राप्त की है इससे आम उपभोक्ताओं एवं ग्राहकों को प्रमाणित गुणवत्ता के उत्पादकों को क्रय करने तथा उपभोग करने का अवसर प्राप्त हुआ है।

मानकों के अनुरूप उत्पादकों के निर्माण से राष्ट्रीय स्तर पर उपभोक्ताओं को लाभ मिलने लगा है। गुणवत्ता की प्रामाणिकता को दर्शाने वाला आई.एस.आई. चिह्न उद्योगपति अपने उत्पादकों पर ब्यूरो से लाइसेंस प्राप्त कर लगा सकते हैं।

अन्तरराष्ट्रीय मानकों के आधार पर बने उत्पादों की गुणवत्ता को दर्शाने वाले आई.एस.ओ. 9000 तथा पर्यावरण प्रबन्धन पद्धति के प्रमाणन के लिए आई.एस.ओ. 14000 के अन्तर्गत लाइसेंस देने का कार्य भी ब्यूरो द्वारा किया जाता है।

वर्तमान में राष्ट्रीय स्तर पर भारतीय मानक ब्यूरो ने विभिन्न प्रकार के उत्पादों के लिए 13500 से भी अधिक लाइसेंस जारी किए हुए हैं। इसी प्रकार आई.एस.ओ. 9000 मानक शृंखला के अन्तर्गत 500 से भी अधिक तथा पर्यावरण प्रबन्धन प्रणाली के अन्तर्गत लाइसेंस देने का कार्य भी ब्यूरो द्वारा किया जाता है।

राजस्थान राज्य में लगभग 400 औद्योगिक इकाईयों को आई.एस.आई. मार्क के लिए लगभग 600 लाइसेंस ब्यूरो ने जारी किए हुए हैं जो आई.एस.आई. मानक चिह्नों का उपयोग अपने उत्पादों पर कर रहे हैं।

एग्रीकल्चरल मार्किंग (एगमार्क)

भोजन मनुष्य की मूल आवश्यकताओं में से एक है जिसका सम्बन्ध सीधे-सीधे मनुष्य की वृद्धि और स्वास्थ्य से है। नकली अथवा मिलावटी खाद्य पदार्थ का स्वास्थ्य पर प्रतिकूल प्रभाव पड़ता है। अतः खाद्य पदार्थों की शुद्धता पर ध्यान देना परम आवश्यक है। इसके लिए भारत सरकार ने खाद्य पदार्थों पर ध्यान देना अत्यन्त आवश्यक है। इसके लिए भारत सरकार को खाद्य पदार्थों की गुणवत्ता एवं शुद्धता सुनिश्चित करने के लिए एक वर्गीकरण एवं चिह्नांकन की प्रणाली स्थापित की गई है जो एगमार्क के नाम से जानी जाती है। एगमार्क का विस्तृत रूप एग्रीकल्चरल मार्किंग है।

खाद्य पदार्थों का श्रेणीकरण व चिह्नांकन भारत सरकार का विपणन एवं निरीक्षण निर्देशालय पिछले 66 वर्षों से करता आ रहा है। इस उद्देश्य की पूर्ति कृषि उत्पाद अधिनियम, 1937 के अनुसार की जाती है।

निदेशालय कृषि, बागवानी, पशुधन, दुग्ध उत्पाद व उनसे प्राप्त उत्पादकों के लिए उपयुक्त गुणवत्ता। परिभाषाओं तथा श्रेणी नाम चिह्नों के आधार पर श्रेणी मानक निर्धारित करता है। श्रेणी मानक तैयार किए जाते समय उत्पादों की प्रयोगशाला में जाँच की जाती है। सरकारी विभागों उत्पादकों, व्यापारियों आदि से विचार-विमर्श के पश्चात् ही श्रेणी मानक तैयार किए जाते हैं। इसे भारत के राजपत्र में अधिसूचित किया जाता है। तत्पश्चात् यह कानूनी रूप ले लेता है। अभी तक 150 कृषि एवं सम्बद्ध वस्तुओं के मानक तैयार कर अधिसूचित किए जा चुके हैं। एगमार्क की योजना घरेलू उपभोग के लिए एक ऐच्छिक योजना है। इस योजना के अन्तर्गत जो कोई भी एगमार्ग लेना चाहता है, उसे एक निश्चित प्रपत्र में अपना आवेदन भर कर देना होता है। प्रपत्र के साथ कुछ दस्तावेज़ जैसे भागीदारी, परिसर का नक्शा, ब्राण्ड स्थानीय संस्था से अनुमति, किरायानाम अथवा स्वामित्व का प्रमाण आदि देना होता है। साथ ही प्रयोगशाला का लगाना भी अनिवार्य होता है जिसमें रसायनज्ञ (कैमिस्ट) स्वयं उद्योग चालक को रखना होता है परन्तु उसे निदेशालय की प्रयोगशाला में एक महीने का प्रशिक्षण दिया जाता है। इसके पश्चात् परिसर का निरीक्षण किया जाता है और सब कुछ सन्तोषजनक पाये जाने के पश्चात् आवेदनकर्त्ता को उस विशिष्ट उत्पाद पर एगमार्क लगाने के लिए प्राधिकृत कर दिया जाता है।

एगमार्क श्रेणीकरण व गुणवत्ता के लिए प्राधिकृत पैकर स्वयं ही ज़िम्मेदार होता है। निदेशालय बाज़ार तथा परिसर से नमूने लेकर गुणवत्ता की जाँच करना है। गुणवत्ता पर खरा न उतरने की स्थिति पर पहली बार में चेतावनी दी जाती है। दूसरी बार में एक महीने के लिए प्राधिकृत प्रामण पत्र निलंबित किया जाता है। अगली बार में दो माह के लिए और चौथी बार में 6 माह के लिए निलम्बित किया जाता है। इसके पश्चात भी यदि उत्पादक निर्धारित गुणवत्ता नहीं बना पाता तो प्राधिकार प्रमाण पत्र निरस्त कर दिया जाता है।

एगमार्क द्वारा उपभोक्ता संरक्षण

साधारण श्रेणीकरण व चिह्नांकन नियम सन् 1988 के अन्तर्गत जो प्रावधान सन् 1986 में किए गए हैं व इस प्रकार हैं–

1. यदि कोई उपभोक्ता एगमार्क उत्पादन की शिकायत करता है तो सर्वप्रथम उसकी जाँच की जाती हैं और यदि शिकायत सही पाई जाती है तो उत्पादक को उपभोक्ता को उसके बदले दूसरा उत्पाद देना होता है या उस उत्पाद का मूल्य वापस करना होता है। शिकायत के साथ उपभोक्ता को दुकान का नाम, लेबल, संख्या, पैकिंग स्थान, ट्रेडमार्क या ब्राण्ड, बिल आदि देना होता है।

2. यदि किसी कारणवश उपभोक्ता (शिकायतकर्त्ता) निदेशालय के परिणामों से सन्तुष्ट नहीं है तो वह निदेशालय द्वारा मान्य किसी भी प्रयोगशाला में नमूना भेजकर जाँच करवा सकता है अथवा केन्द्रीय एगमार्क प्रयोगशाला नागपुर में जाँच की जा सकती है।

उपभोक्ता निदेशालय में स्थापित शिकायत प्रकोष्ठों में भी शिकायत प्रस्तुत की जा सकती है। संशोधित नियमों में अनाधिकृत श्रेणीकरण, नकली लेबल लगाना, गलत श्रेणीकृत मदों को बेचना, बिना अनुमति के एगमार्क शब्द का उपयोग करना आदि है जिसमें जुर्माना व सज़ा का प्रावधान है।

सावधानी के रूप में निदेशालय ने उत्पादकों पर सामाजिक नियंत्रण भी प्रारम्भ कर दिया है जिसके अतर्नात केन्द्रीय उपभोक्ता संरक्षण परिषद् के सदस्यों को एगमार्क पदार्थों के नमूने लेने का अधिकार है।

उपभोक्ता द्वारा ध्यान में रखी जाने वाली बातें

* यदि कोई एगमार्क वस्तु गुणवत्ता मापदण्डों के अनुरूप नहीं है तो उपभोक्ता को वह वस्तु निःशुल्क बदल कर दी जाएगी।
* उपभोक्ता निदेशालय द्वारा मान्य किसी भी प्रयोगशाला में नमूनों की जाँच करा सकता है।
* एगमार्क प्राधिकार प्रमाण पत्र 5 वर्ष के लिए दिया जाने लगा है।
* पाँच किलो अथवा लीटर से नीचे की पैकिंग में लेबल के स्थान पर रेप्लिका का उपयोग किया जा रहा है।
* उपभोक्ता को कोई भी वस्तु खरीदते समय उसमें लगे एगमार्क का लेबल अथवा रेप्लिका की जाँच कर लेनी चाहिए। रेप्लिका में सीरीज़ व सीरियल नम्बर होना परमावश्यक।
* उपभोक्ता को क्रय करते समय बैच नम्बर या लौट नम्बर पैकिंग की तिथि, खुदरा मूल्य, ग्रेड, निर्माता का नाम व पूर्ण पता तथा बेस्ट बीफोर की तारीख अवश्य ही देख लेना चाहिए।
* कई बार वस्तु बढ़ जाने पर मूल्य के स्थान पर स्टिकर लगा कर रेट अधिक दर्शाया जाता है यह उचित नहीं है पुराने रेट का माल नए रेट पर बेचना कानून की दृष्टि से अपराध है।

शोषण से बचने के लिए उपभोक्ता को ये सब सावधानियाँ बरतनी ही चाहिए।

प्रमुख मानक चिह्न

सामान्यत: बाज़ार में बिकने वाले विभिन्न पदार्थों पर लगने वाले मुख्य मानक चिह्न निम्नानुसार है–

ISI का निशान

आई.एस.आई. का निशान भारतीय मानक ब्यूरो द्वारा प्रदान किया जाने वाला प्रमुख चिह्न है। यह अधिकाशत: सभी प्रोसेस किए खाद्य उत्पादों सहित आम उपभोक्ता की अधिकांश वस्तुओं जैसे विद्युत उपकरण, सीमेंन्ट, लोहे के पाईप, हेलमेट आदि पर लगाया जाता है।

FPO का निशान

एफ.पी.ओ. का चिह्न एक अन्य महत्त्वपूर्ण मानक चिह्न है, जो विभिन्न प्रकार के शीतल पेय व अचार, चटनी, शर्बत व साँस आदि खाद्य पदार्थों पर लगाया जाता है।

9001 का निशान

आइ.एस.ओ. 9001 शृंखला के विभिन्न निशान गुणवत्ता प्रणाली को दर्शाते हैं। आई.एस.ओ. निशान किसी उत्पाद की गुणवत्ता प्रमाणित करने के स्थान पर उसकी पूरी प्रणाली को प्रमाणित करते हैं। यह चिह्न सेवा क्षेत्रों जैसी बैंकिंग, शिक्षा आदि से जुड़े संस्थाओं द्वारा भी उपयोग में लाया जाता है।

एगमार्क का निशान

एगमार्क का निशान विशेषकर कृषि उत्पादकों पर लगाया जाता है। इनमें देशी घी, तेल, मसाले, आटा, मैदा जैसे उत्पाद शामिल हैं।

इकोमार्क

इकोमार्क चिह्न जो यह देता है कि ये उत्पादन पर्यावरण को किसी प्रकार की हानि पहुँचाने वाला नहीं है इकोमार्क पर्यावरण की सुरक्षा से सम्बन्धित मानक तैयार करेगा।

उपभोक्ताओं को चाहिए कि वे उन्हीं वस्तुओं का चयन करें जिन पर मानक चिह्न अंकित हो, क्योंकि ये मानक चिह्न एक निश्चित गुणवत्ता की गारण्टी उपभोक्ताओं को उपलब्ध कराते हैं। ऐसे में सही मानक चिह्नों की पहचान करना भी उपभोक्ताओं के लिए ज़रूरी है।

उपभोक्ता संगठन, भारतीय मानक ब्यूरो और एगमार्क प्रशासन समय-समय पर प्रदर्शनियों द्वारा उपभोक्ताओं को सही मानक चिह्नों की पहचान का तरीका समझाते रहते हैं अतः उपभोक्ता शिक्षा हर प्रकार से महत्त्वपूर्ण हैं।

हॉल मार्क (स्वर्णाभूषणों के लिए मानक)

जो वस्तु जितनी अधिक महँगी होती है, बेईमानी की सम्भावना उसमें उतनी ही अधिक होती है। सोना एक महँगी धातु है इस धातु से बने आभूषणों का चलन सदियों से चला आ रहा है।

स्वर्णाभूषण क्रय करते समय उपभोक्ता अथवा क्रेता को अपने दुकानदार पर विश्वास करने के अतिरिक्त अन्य कोई विकल्प नहीं होता जिससे वह सोने की शुद्धता का पता लगा सके।

इस समस्या के हल के रूप में भारतीय मानक ब्यूरो ने सोने के हॉल मार्किंग की प्रक्रिया प्रारम्भ की है।

हॉल मार्किंग प्रारम्भ करने के पीछे ब्यूरो के निम्न उद्देश्य हैं-

* उपभोक्ताओं को सोने की अनियमित गुणवत्ता का शिकार होने से बचाना।
* स्वर्णाभूषण उद्योग में निर्यात प्रतिस्पर्द्धा विकसित कर स्वर्णाभूषणों के निर्यात संवर्द्धन हेतु सशक्त बल प्रदान करना।
* भारत जो सोने का शीर्ष का उपभोक्ता है, को अपने कदानुसार एक अग्रणी स्वर्ण मार्केट केन्द्र के रूप में विकसित करना।

सोने का हॉल मार्क यह दर्शाता है कि स्वर्ण की वस्तुओं का मूल्यांकन एवं परीक्षण अधिकारिक परीक्षण और हॉल मार्किंग केन्द्र पर हुआ है जिससे यह प्रगाणित होता है कि आभूषण में प्रयोग की गई धातु की उत्कृष्टता तथा शुद्धता राष्ट्रीय व अन्तरराष्ट्रीयता मानकों के अनुरूप है।

हॉल मार्किंग में 5 प्रकार के चिह्न प्रत्येक आभूषण पर अंकित किए जाते हैं जिनमें भारतीय मानक ब्यूरो का चिह्न, परीक्षण तथा हॉल मार्किंग का वर्ष सम्मिलित

होता है। यह चिह्न प्रत्येक वस्तु / आभूषण पर उसकी शुद्धता को सुनिश्चित कर लगाया जाता है।

स्वर्णाभूषणों का हॉल मार्किंग भारत में ऐच्छिक आधार पर बी.आई.एस. अधिनियम 1986 के अन्तर्गत शुरू किया गया है। भारतीय मानक ब्यूरो इस योजना को पूरे देश में फैले अपने 33 शाखा कार्यालयों के नेटवर्क द्वारा संचालित करता है।

हॉलमार्किंग से उपभोक्ताओं को लाभ-

हॉलमार्किंग थर्ड-पार्टी आश्वासन और सन्तुष्टि देता है जिसका अर्थ है कि दी गई क़ीमत में खरीदा गया सोना सही गुणवत्ता का है।

हॉल मार्किंग कम गुणवत्ता तथा शुद्धता के विरुद्ध उपभोक्ता को सुरक्षा प्रदान करता है।

यदि जौहरी द्वारा घोषित शुद्धता कम पाई जाती है तो हॉल मार्किंग जौहरी के विरुद्ध शिकायत करने का अवसर प्रदान करता है।

जौहरियों को प्रमाणीकृत करने का आधार

जो जौहरी अपने स्वर्णाभूषणों का हॉलमार्किंग करवाना चाहते हैं, उन्हें सर्वप्रथम ब्यूरो का प्रमाणीकृत जौहरी बनने की आवश्यकता होती है जिसके लिए उसे ब्यूरो को प्रार्थना पत्र देना होता है और कारीगरों से प्राप्त आभूषणों की शुद्धता निश्चित करनी होती है जिसके लिए ब्यूरो द्वारा दी गई परीक्षण और निरीक्षण की योजना को लागू करना होता है और हॉल मार्किंग के लिए ब्यूरो द्वारा मान्य हॉलमार्किंग केन्द्र से अपने आभूषणों को परीक्षित और हॉल मार्किंग करवाना होता है।

हॉल मार्किंग केन्द्रों की मान्यता

भारतीय मानक ब्यूरो परीक्षण और हॉल मार्किंग केन्द्र को मान्यता तभी प्रदान करता है जब वह भारतीय मानक ब्यूरो की कसौटी पर सही सिद्ध होता है।

इन केन्द्रों की मान्यता के मानक विश्व के अन्य भागों में प्रचलित मानकों के ही स्थान होगे ताकि भारतीय हॉल मार्क आभूषणों की स्वीकृति विश्व में सुनिश्चित हो सके।

वस्तुओं की गुणवत्ता के सम्बन्ध में आवश्यक जानकारी

वस्तुओं की गुणवत्ता मानकों के अनुरूप निर्माण पर निर्भर करती है। भारतीय मानक ब्यूरो ने वैसे तो 17,000 से भी अधिक वस्तुओं के लिए मानकों का निर्धारण

कर दिया है परन्तु अनिवार्य रूप से केवल 134 वस्तुओं के निर्माण के लिए ही मानकों का पालन करना परमावश्यक हो गया है।

इसके अतिरिक्त विद्युत उपकरणों को अनिवार्य सूची में रखा गया है बिना आई.एस.आई. मार्क के विद्युतीय उत्पाद बाज़ार में खुले आम बिक रहे हैं। सीमेन्ट भी अनिवार्य सूची में रखा गया है कितनी ही नकली सीमेन्ट बनाने वाली फैक्ट्रीयाँ चल रही हैं जिनकी गुणवत्ता पर प्रश्नचिह्न लगा हुआ है।

अधिकांश वस्तुओं के लिए बने मानकों का पालन ऐच्छिक रखा गया है जिसमें बहुत ही कम उद्योग इसके पालन के लिए आगे आये हैं। सोने के हॉल मार्किंग के लिए लाइसेंस लेने वाले जौहरी भी इने-गिने ही हैं तथा वे भी अपना कुछ उत्पाद ही हॉल मार्किंग करवाते हैं और शेष उत्पाद (आभूषण) बिना हॉल मार्किंग के विक्रय कर रहे हैं।

मानकों के अनुरूप वस्तुओं के निर्माण से उनकी गुणवत्ता सुनिश्चित कर दी जाती है और उन उत्पादों पर मानक चिह्नों का अंकित किए जाना उद्योग मालिक द्वारा लाइसेंस प्राप्त करने पर निर्भर करता है।

अतः यदि उपभोक्ता सामान क्रय करते हुए मानक चिह्नों वाले सामान को प्राथमिकता देगें, तो अधिक से अधिक उद्योग मानकों का पालन करने की ओर आकर्षित होंगे जिससे अधिक से अधिक वस्तुओं और सेवाओं की गुणवत्ता सुनिश्चित की जा सकेगी।

एगमार्क उत्पादों की प्रमुख विशेषताएँ

* 'एगमार्क' भारत सरकार का गुणवत्ता प्रमाणन चिह्न है।
* एगमार्क उत्पादक वैज्ञानिक ढंग से तय किये गये गुणवत्ता मानकों के अनुरूप है।
* एकमार्क उत्पाद के प्रत्येक लॉट / बैच में गुणवत्ता की योग्य रसायनज्ञों द्वारा सुसज्जित प्रयोगशाला में पूर्व जाँच की जाती है।
* एगमार्क उत्पादकों को खाद्य श्रेणी की पैकिंग सामग्री में पैक किया जाता है और उसे कभी भी खुला नहीं बेचा जाता।
* एगमार्क उत्पादों के कण्टेनर / बैग पर एगमार्क लेबल या उसकी प्रकृति चिपकी / मुद्रित होती है जिसमें एगमार्क का पहचान चिह्न, पैकिंग की तारीख मियाद बैच नम्बर आदि दिए होते हैं।

* नियमों में यह प्रावधान है कि एगमार्क उत्पादों को मानकों के अनुरूप न पाये जाने पर निःशुल्क बदला जाता है।

* वैज्ञानिक ढंग से निर्धारित एगमार्क विनिर्देशों पर खरा उतरने के बाद ही विभिन्न उत्पादों के लॉट/बैचों को खाद्य श्रेणी की पैकिंग सामग्री में पैक किया जाता है।

* प्रत्येक लॉट की उपयुक्त लेबलिंग की जाती है जिस पर एगमार्क चिह्न/ एगमार्क प्रतिकृति, पैकिंग की तारीख, मियाद, कुल व जन तथा निर्माता का नाम और पता दिया रहता है।

कोई भी व्यक्ति/ संगठन एगमार्क लाइसेंस प्राप्त कर सकता है-

* बशर्ते कि इसके लिए उसके पास गुणवत्ता उत्पादों के निर्माण हेतु आवश्यक बुनियादी ढाँचा जैसे कि साफ-सुथरा परिसर, कच्ची सामग्री को परिष्कृत करने के लिए उपयुक्त मशीन इत्यादि उपलब्ध हो।

* उत्पादों के प्रसंस्करण के लिए उपयुक्त मशीनरी हो।

* योग्य तथा विशिष्ट रूप से प्रशिक्षित रसायनज्ञों सहित कोई सुसज्जित प्रयोगशाला उनके निकट हो।

* श्रमिकों को छूत की बीमारी न हो।

ऐसे होता है एगमार्क उत्पादों का निर्माण

* कच्ची सामग्री को परिष्कृत करके।

* परिष्कृत कच्ची सामग्री की सावधानीपूर्वक जाँच करके।

* स्वच्छ वातावरण में वैज्ञानिक ढंग से कच्ची सामग्री प्रसंस्करण करके।

* विनिर्मित उत्पादों के प्रत्येक बैच की सुयोग्य और पूर्णरूप से प्रशिक्षण प्राप्त रसायनज्ञों द्वारा सुसज्जित प्रयोगशाला में जाँच द्वारा।

एगमार्क उत्पादों को निम्न स्थानों से खरीदा जा सकता है

* किराने वाले से

* जनरल स्टोर से और

* सुपर बाजार, आदि से

उत्पाद खरीदते समय कृपया निम्न बातों पर अवश्य ध्यान दे :

- रूही लोगों/प्रतिकृति अवश्य देखें
- रसीद/कैश मेमो/बिल अवश्य माँगें।

सामान्यतः एगमार्क के तहत प्रमाणित होने वाले उत्पाद

- वनस्पति तेल
- मूँगफली का तेल, सरसों का तेल, सूरजमुखी का तेल, तिल का तेल, सोयाबीन का तेल।
- मसाले।
- मिर्च, हल्दी, करी पाउडर, गरम मसाला, इलायची, जीरा, धनिया इत्यादि।
- अन्न और दालें
- गेहूँ का आटा, मैदा, सूजी, बेसन, दालें
- घी मक्खन
- शहद
- हींग तथा अपभोक्ताओं द्वारा प्रयोग में लायी जाने वाली अन्य बहुत-सी वस्तुएँ।

महत्त्वपूर्ण कार्यालयों के पते-

मुख्यालय– कृषि विपणन सलाहकार, भारत सरकार विपणन और निरीक्षण निदेशालय, न्यू सी. जी. ओ. बिल्डिंग एन.एच. IV फरीदाबाद 1210001 हरियाणा, फोन नं. फरीदाबाद 2416568 नई दिल्ली 23382444.

शाखा कार्यालय– संयुक्त कृषि विपणन सलाहकार विपणन और निरीक्षण निदेशालय नया सचिवालय भवन, नागपुर-440001, महाराष्ट्र,

फोन नं. 2533453, 2523313

निम्न पदाधिकारियों के कार्यालय– उपकृषिविपणन सलाहकार

विपणन निदेशालय 4/20 आसफ अली रोड, नई दिल्ली–110001. फोन नं. 011-23264635, 23277295, 23272348, ई-मेल–agmarkdlr @ renoz.nic. in.

–उपकृषिविपणन सलाहकार

विपणन और निरीक्षण निदेशालय, केन्द्रीय भवन 5वीं मंज़िल, हॉल नं. 2 फोन नं. 0522-2763576, सेक्टर एच अलीगंज, लखनऊ-226001

–उपकृषिविपणन सलाहकार

विपणन और निरीक्षण निदेशालय, छठी मंज़िल, केन्द्रीय सदन, सेक्टर 9 'ए',

चढ़ीगढ़–160047 फोन नं. 743201

ई–मेल: dmichd @ chd. nic. in.

–उपकृषिविपणन सलाहकार

विपणन ओर निरीक्षण निदेशालय, न्यू सी.जी.ओ बिल्डिंग, तीसरी मंज़िल न्यू मेंशन लाइन्स मुम्बई 400020.

फोन 022-22036801, 22014533,

ई–मेल: dmiwrmbi@bom.nic.in

–उपकृषिविपणन सलाहकार

विपणन और निरीक्षण निदेशालय, शास्त्री भवन, चौथी मंज़िल, छठवाँ ब्लॉक 26 हैडडोस रोड, चेन्नई–600006.

फोन नं. 044-28271738, 28278065

ई-मेल: agmark@tn.nic.in

-उपकृषिविपणन सलाहकार

विपणन और निरीक्षण निदेशालय, विलिंगटन आइलैण्ड, कोच्चि-682003, फोन नं. 0434-2666120, ई-मेल: cochin@sanchar net.in.

-उपकृषि विपणन सलाहकार विपणन और निरीक्षण निदेशालय, ग्रीन हाउस, तीसरी मंज़िल ब्लाक-1 सुल्तान बाज़ार हैदराबाद-500195, फोन नं. 040-24657446, ई-मेल: dmihyd@ag.nic.in.

-उपकृषिविपणन सलाहकार

विपणन और निरीक्षण निदेशालय जनरल पूल आफिसेस बिल्डिग, चौथी मंज़िल, 'ए' विंग डी.एफ. ब्लॉक सेक्टर, साल्ट लेक, कोलकाता-700064, फोन नं. 033/23347553, 23340845 ई-मेल: dmical@wb.nic.in

-उपकृषिविपणन सलाहकार

विपणन और निरीक्षण निदेशालय, लाखर बिल्डिग, पहली मंज़िल, कालीराम चौधरी रोड, भारा लुमुख, गुवाहाटी-781009

फोन नं. 0361-2485256

ई-मेल: dmiassam@assam.nic.in.

-उपकृषिविपणन सलाहकार

विपणन और निरीक्षण निदेशालय 58 मानसिंहपुरा टोंक रोड जयपुर 302018, फोन नं. 0141-2711300, ई-मेल: agmarkjpr @

raj. nic. in.

–उपकृषिविपणन सलाहकार

विपणन ओर निरीक्षण निदेशालय 87, मालवीय नगर, भोपाल–426003

एगमार्क नेट

(कृषि विपणन अनुसन्धान और सूचना नेटवर्क)

भारतीय कृषि के वैश्वीकरण की दिशा में एक क़दम

http ://agmarknet.nic.in e-mail-dmifbd @hub.nic.in

मुख्य विशेषताएँ

अनाजों, दालों, तिलहनों, फलों तथा सब्ज़ियों मसालों तथा रेशेदार वस्तुओं इत्यादि की दैनिक उपलब्धता तथा सीधे मण्डियों से दरों की सूचना।

* अलग–अलग मण्डी तथा वस्तु के लिहाज से दैनिक सूचना
* निःशुल्क सेवा।
* किसी भी इन्टरनेट केन्द्र से किसी भी समय सूचना प्राप्त की जा सकती है।
* सम्भावित मूल्य, अन्तरराष्ट्रीय मूल्य प्रवाह तथा मण्डी सम्बन्धी गतिविधियों की सूचना।

विस्तृत जानकारी हेतु सम्पर्क किया जा सकता है–

कृषि विपणन सलाहकार, विपणन और निरीक्षण निदेशालय, न्यू सी.जी.ओ. बिल्डिंग एन.एच. IV फरीदाबाद (हरियाणा) पिन–121001, फोनः 2434351, 2412392 / 94 फैक्सः– 0129–2416568

7

उपभोक्ता न्यायालय तथा संरक्षण परिषदों की भूमिका

यदि उपभोक्ता के हितों एवं अधिकारों का हनन होता है अर्थात् उपभोक्ता के विरुद्ध अपराध होना सुनिश्चित हो जाता है तो उपभोक्ता संरक्षण अधिनियम के अन्तर्गत उपचारात्मक व्यवस्था के रूप में उपभोक्ता अदालतें अर्थात् उपभोक्ता विवाद प्रतितोष अभिकरण की स्थापना की गई है। वर्तमान युग उपभोक्ता का युग है तथा उपभोक्ता संरक्षण कानून में प्रत्येक महत्त्वपूर्ण विवाद आने लगे हैं जिसमें विभिन्न सेवाओं में कमी व लापरवाही एवं उससे होने वाली हानि की क्षति पूर्ति के लिए उपभोक्ता संरक्षण कानून बेहद लाभकारी सिद्ध हुआ है। उपभोक्ता संरक्षण कानून में अब चूँकि पर्याप्त व्यापक आधार हो गया है तथा विभिन्न राज्य आयोगों द्वारा यह अभिनिर्धारित कर दिया गया है कि उपभोक्ता विवाद के अन्तर्गत कौन-कौन से मामले संरक्षणीय व पोषणनीय होते हैं तथा कौन कौन-कौन से मामले उपभोक्ता संरक्षण कानून के दायरे में आते हैं एवं कौन-कौन से मामले उपभोक्ता संरक्षण कानून के दायरे में नहीं आते हैं ऐसी स्थिति में उपभोक्ता न्यायालय के समक्ष उपभोक्ता को स्वयं को जागरूक रहकर

ही अपना परिवाद प्रस्तुत करना चाहिए तथा परिवाद में उन्हीं तथ्यों का समावेश होना चाहिए जिससे कि सेवाओं में कमी एवं लापरवाही के कारण क्षतिपूर्ति पाने का वह अधिकारी सिद्ध हो सके।

उपभोक्ता विवादों का निपटारा करने के लिए निम्न प्रतितोष अभिकरण (उपभोक्ता न्यायालय अथवा अदालतें) गठित की गई हैं :-

* ज़िला मंच
* राज्य आयोग
* राष्ट्रीय आयोग

ज़िला मंच

ज़िला मंचों की स्थापना प्रत्येक राज्य के प्रत्येक ज़िले में की गई है। ज़िला मंच को ज़िला फोरम के नाम से भी सम्बोधित किया जाता है ज़िला मंच प्रतितोष अभिकरणों की श्रृंखला में सबसे छोटा अभिकरण है और इसकी स्थापना राज्य सरकार द्वारा केन्द्रीय सरकार के पूर्व अनुमोदन पर की जाती है।

ज़िलापीठ की संरचना में एक अध्यक्ष होता है जो ज़िला न्यायाधीश हो अथवा रह चुका हो या होने के योग्य हो। अध्यक्ष के अतिरिक्त दो अन्य सदस्य होते हैं जो योग्य और सत्यनिष्ठ हों तथा प्रतिष्ठा वाले व्यक्ति हो। उन्हें विधि, वाणिज्य, अर्थशास्त्र, उद्योग, लेखाशास्त्र, लोक कार्य अथवा प्रशासन का पर्याप्त ज्ञान तथा अनुभव होना चाहिए। इन दो सदस्यों में से एक सदस्य महिला होती है।

ज़िला मंच का प्रत्येक सदस्य पाँच वर्ष की अवधि अथवा 65 वर्ष की आयु तक (जो भी अवधि पहले पूर्ण हो जाए) पद पर रह सकता है। ज़िला मंच में 20 लाख रुपये तक के मामलों की कार्यवाही की जा सकती है।

राज्य आयोग

अभिकरणों की श्रृंखला में राज्य आयोग दूसरे स्तर का अभिकरण है जिसकी स्थापना प्रत्येक राज्य में किए जाने की व्यवस्था अधिनियम में दी हुई है। केन्द्र से पूर्व अनुमति प्राप्त कर प्रत्येक राज्य में एक राज्य आयोग की स्थापना की जाती है।

राज्य आयोग की संरचना में एक अध्यक्ष होता है जो उच्च न्यायालय का न्यायाधीश हो अथवा रह चुका हो अध्यक्ष की नियुक्ति राज्य सरकार द्वारा की जाती है। परन्तु कोई नियुक्ति उच्च न्यायालय के प्रधान न्यायाधीश के परामर्श के बिना नहीं

की जाती । राज्य आयोग की पीठ में अध्यक्ष के अतिरिक्त दो अन्य सदस्य होते हैं जिनमें से एक महिला सदस्य होती है। सदस्यों को अर्थशास्त्र, वाणिज्य, उद्योग, विधि, लेखाकर्म, लोककार्य या प्रशासन का ज्ञान और अनुभव होना चाहिए।

आयोग का प्रत्येक सदस्य 5 वर्ष की अवधि अथवा 67 वर्ष की आयु (जो भी अवधि पहले पूर्ण हो जाये) तक पद पर रह सकता है। राज्य आयोग में ज़िला मंचों की अपील व 20 लाख से अधिक किन्तु 1 करोड़ से कम रुपयों तक के मामलों की सुनवाई हो सकती है।

राष्ट्रीय आयोग

उपभोक्ता संरक्षण अधिनियम में राष्ट्रीय आयोग की स्थापना राष्ट्रीय स्तर पर केन्द्रीय सरकार द्वारा किये जाने सम्बन्धी प्रावधान है। राष्ट्रीय आयोग सर्वोच्च स्तर का अभिकरण है।

राष्ट्रीय आयोग के गठन में अध्यक्ष पद पर उच्चतम न्यायालय का न्यायाधीश हो सकता है अथवा जो इस पद पर रह चुका हो। इसकी नियुक्ति केन्द्रीय सरकार द्वारा की जाती है परन्तु इसके लिए भारत के मुख्य न्यायाधीश की राय लेना ज़रूरी है। राष्ट्रीय आयोग की पीठ में अध्यक्ष के अतिरिक्त अन्य सदस्य भी होते हैं जो अर्थशास्त्र, विधि, वाणिज्य, उद्योग, लेखाकर्म, लोककार्य या प्रशासन की योग्यता रखते हों तथा सत्यनिष्ठ और प्रतिष्ठा वाले व्यक्ति हों। राष्ट्रीय आयोग में राज्य आयोग की अपीलें व एक करोड़ से अधिक के मामलों की सुनवाई की जाती है।

शिकायत प्रक्रिया परिचय

शिकायतकर्त्ता के लिए यह जानना परमावश्यक है कि शिकायतों की परिभाषा के अन्तर्गत क्या-क्या आता है और शिकायतें दर्ज कैसे कराई जाती हैं तथा उन्हें किस प्राधिकारी और मंच को भेजा जाता है। उपभोक्ता संरक्षण अधिनियम में शिकायतों को दर्ज कराने सम्बन्धी पर्याप्त मार्गदर्शी सिद्धान्त दिए हुए हैं।

शिकायत कौन दर्ज कराए

* कोई भी उपभोक्ता शिकायत दर्ज करा सकता है।
* स्वैच्छिक उपभोक्ता संघ जो कम्पनी अधिनियम 1956 अथवा किसी अन्य अधिनियम के अन्तर्गत पंजीकृत हो, शिकायत दर्ज करा सकते हैं।
* केन्द्र अथवा राज्य सरकार भी शिकायत दर्ज करा सकती हैं।

* एक अथवा अधिक उपभोक्ता मिलकर भी शिकायत दर्ज करा सकते हैं यदि उनके हित एक जैसे हों।

शिकायत

* शिकायतकर्त्ता द्वारा लगाये गए किसी आरोप को ही शिकायत कहा जाता है जैसे
  * किसी व्यापारी द्वारा अपनाया गया अनुचित व्यापारिक व्यवहार
  * खरीदे गए अथवा खरीदने के लिए सहमत हुए माल में त्रुटियों का होना
  * किराये, भाड़े पर ली गई या ली जाने वाली सेवा में कमी का होना
  * किसी व्यापारी द्वारा निर्धारित मूल्य से अधिक धन वसूलने की स्थिति में
  * व्यापारी द्वारा कानून के विरूद्ध दिया गया माल जो जीवन या सम्पत्ति अथवा दोनों के लिए खतरनाक हो।

शिकायत दर्ज कराने की प्रक्रिया

शिकायत दर्ज कराने के लिए उपभोक्ता स्वयं अथवा अपने प्राधिकृत एजेंट द्वारा या डाक से अपनी शिकायत उपयुक्त फोरम को या आयोग को प्रस्तुत कर सकता है। ज़िला फोरम या राज्य आयोग अथवा राष्ट्रीय आयोग में शिकायत दर्ज कराने के लिए वकील करना ज़रूरी नहीं है। शिकायतकर्त्ता शिकायत की एक-एक प्रति न्यायालय के प्रत्येक सदस्य को और विरोधी पक्षकारों के लिए भी देनी चाहिए। शिकायतकर्त्ता को शिकायत की दो या अधिक प्रतियाँ अपने पास भी रखनी चाहिए।

शिकायतकर्त्ता यदि चाहे तो शिकायत की प्रति वह किसी सक्रिय स्वैच्छिक उपभोक्ता संगठन को भी भेज सकता है।

शिकायतकर्त्ता शिकायत के साथ एक शपथ-पत्र सत्यापित करवा कर लगाना भी आवश्यक है।

शिकायत के लिए समय सीमा

ज़िला मंच, राज्य आयोग अथवा राष्ट्रीय आयोग सामान्यतः उसी शिकायत को स्वीकारते हैं जो वाद का कारण उत्पन्न होने के दो वर्ष के अन्दर प्रस्तुत किया

जाता है। दो वर्ष की निश्चित अवधि व्यतीत हो जाने की स्थिति में प्रस्तुत शिकायत पर तभी विचार किया जाना सम्भव हो सकता है कि जब शिकायत प्रस्तुत न कर पाने के पर्याप्त कारण हों। ज़िला मंच, राज्य आयोग अथवा राष्ट्रीय आयोग विलम्ब से प्राप्त शिकायत पर तब तक विचार नहीं करेगा जब जक वह देरी से प्रस्तुत की गई शिकायत के कारण का उल्लेख न कर दे कि जिनके आधार पर विलम्ब के लिए माफी प्रदान की गई है।

फैसले की अवधि

जहाँ तक सम्भव हो उपभोक्ता अदालतों को चाहिए कि विरोधी पक्षकारों द्वारा नोटिस प्राप्त किए जाने की तारीख से तीन माह के अन्दर शिकायत पर अपना निर्णय दे और जिन शिकायतों में प्रयोग शाला विश्लेषण या वस्तुओं के परीक्षण करवाने की आवश्यकता हो, तो उस स्थिति में यह अवधि पाँच माह तक बढ़ाई जा सकती है। निर्धारित अवधि में निर्णय नहीं होने की स्थिति में विलम्ब का कारण निर्णय में अंकित करना होता है।

उपभोक्ता संरक्षण अधिनियम, 1986 में प्रदत्त अधिकार

* सूचना प्राप्त करना
* सुनवाई
* प्रतितोष पाना
* सुरक्षा
* चयन करना
* उपभोक्ता शिक्षा
* अपने अधिकारों के प्रयोग करने के लिए आपको कोई खरीददारी करने से पूर्व पूरी सूचना लेनी चाहिए
* भ्रामक विज्ञापनों के बारे में सावधान रहना चाहिए
* अधिकतम खुदरा मूल्य के सम्बन्ध में गोल-भाव करने से नहीं हिचकिचाना चाहिए
* सुरक्षा हेतु गुणवत्ता पूर्ण वस्तुएँ ही खरीदनी चाहिए

* खरीदे गए सामान के बदले किए गए भुगतान का कैश मेमो प्राप्त कर लेना चाहिए
* जब कभी उपभोक्ता शिकायत हो, उपभोक्ता मंच जाने से नहीं हिचकिचाना चाहिए
* 15 मार्च, 2003 से लागू उपभोक्ता संरक्षण (संशोधन) अधिनियम 2002 किए गए मुख्य संशोधन
* उपभोक्ता अदालतों द्वारा निपटाए जाने वाले मामलों की वित्तीय सीमा में सभी स्तरों पर वृद्धि कर दी गई है :

  ज़िला मंच– 20 लाख रुपये तक

  राज्य आयोग - 20 लाख रुपये से अधिक और 1 करोड़ रुपये तक

  राष्ट्रीय आयोग - 1 करोड़ रुपये से अधिक
* उपभोक्ता अदालतों को अन्तरिम आदेश पारित करने की शक्ति दे दी गई है।
* शिकायतें दर्ज करने, उन पर नोटिस जारी करने एवं उनके निपटान के लिए समय-सीमा निर्धारित कर दी गई है जहाँ तक सम्भव हो शिकायतों का निपटान 90-150 दिनों के भीतर और अपीलों का निपटान 90 दिन के भीतर किया जाना होता है।
* सामान्यत: "स्थगन" की अनुमति नहीं है। स्थगन तभी होगा जब यह न्यायोचित हो।
* नोटिसों को कोरियर, फैक्स, स्पीडपोस्ट आदि द्वारा भेजने की व्यवस्था की गई है।
* अध्यक्ष के किसी कारण से अनुपस्थित रहने या उस पद के रिक्त होने की स्थिति में वरिष्ठतम सदस्य द्वारा उपभोक्ता मंच की अध्यक्षता किए जाने की व्यवस्था की गई है।
* राष्ट्रीय आयोग और राज्य आयोग ने खण्ड पीठों के सृजन करने और सर्किट खण्ड पीठों का आयोजन करने की व्यवस्था की गई है।
* यदि शिकायतकर्त्ता या प्रतिपक्षी पार्टी की मृत्यु हो जाए तो उनका कानूनी

उत्तराधिकारी मामला दायर या जारी रख सकता है।

* वाणिज्यिक प्रयोजनों के लिए ली गई सेवाओं को उपभोक्ता, अदालतों के क्षेत्राधिकार से अलग रखा जाएगा। (वस्तुएँ पहले से ही बाहर है)
* नक़ली वस्तुओं/सेवाओं की बिक्री को अनुचित व्यापार व्यवहार के अन्तर्गत लाया जाएगा।
* असुरक्षित वस्तुओं की अवधारणा का विस्तार किया गया है और इसको सेवाओं पर भी लागू किया गया है।
* अनुसूचित/अवरोधक व्यापार व्यवहारों में लिप्त अथवा जोखिमपूर्ण सेवाओं की पेशकश करने वाले सेवा प्रदाताओं के खिलाफ भी शिकायत की जा सकती है।
* अदालत द्वारा आदेशित मुआवज़े की राशि को उसी रीति से वसूला जा सकता है जिस रीति से भू-राजस्व वसूला जाता है।
* न्यायालय के आदेश का पालन न करने वालों को दण्ड देने के लिए उपभोक्ता अदालत को प्रथम श्रेणी के न्यायिक मजिस्ट्रेट की शक्तियाँ प्रदान की गई हैं।
* निचले स्तर पर उपभोक्ता आन्दोलन को मजबूत करने के लिए ज़िला स्तर पर ज़िला उपभोक्ता संरक्षण परिषदों की स्थापना का प्रावधान किया गया है। ''जागरूक उपभोक्ता राज्य की परिसम्पत्ति है।''

उपभोक्ता संरक्षण का विवरण

उपभोक्ता संरक्षण अधिनियम की धारा 4 से 8 तक में दो प्रकार की परिषदों के सम्बन्ध में प्रावधान रखे गए हैं-

* केन्द्रीय उपभोक्ता संरक्षण परिषद्
* राज्य उपभोक्ता संरक्षण परिषद्
* ज़िला उपभोक्ता संरक्षण परिषद्

इन उपभोक्ता संरक्षण परिषदों की स्थापना के पीछे जो मुख्य उद्देश्य है वह है उपभोक्ताओं के अधिकारों का संरक्षण करना। उपभोक्ता के ये अधिकार कानून के अनुसार निम्न हैं-

* जीवन और.सम्पत्ति के लिए खतरनाक उत्पादों और सेवाओं के विपणन के विरुद्ध संरक्षण।

* उपभोक्ता को अनुचित व्यापारिक व्यवहार से संरक्षण देने हेतु उत्पादों और सेवाओं की क्वालिटी, मात्रा, क्षमता, शुद्धता, मानक एवं मूल्य के सम्बन्ध में उपभोक्ताओं को सूचित करना।

* जहाँ तक सम्भव हो प्रतिस्पर्द्धात्मक मूल्यों पर विभिन्न प्रकार के उत्पादों तथा सेवाओं का उपलब्ध कराना।

* उपभोक्ताओं के हितों के संरक्षण के लिए उचित व उपयुक्त फोरम में सुनवाई को सुनिश्चित करना।

* अनुचित व्यापारिक व्यवहार अथवा उपभोक्ताओं के अनैतिक तथा अनुचित शोषण के विरूद्ध कार्यवाही कर क्षतिपूर्ति को सुनिश्चित करना।

केन्द्रीय उपभोक्ता संरक्षण परिषद्

केन्द्रीय उपभोक्ता संरक्षण का अध्यक्ष केन्द्रीय सरकार का खाद्य और आपूर्ति विभाग का मंत्री होता है। अध्यक्ष के अतिरिक्त उपभोक्ता हितों का प्रतिनिधित्व करने वाले सरकारी विभागों और सरकारी संगठनों के प्रतिनिधि इस परिषद् के सदस्य होते हैं। नागरिक आपूर्ति विभाग का राज्य मंत्री अथवा उपमंत्री परिषद का उपाध्यक्ष होता है तथा नागरिक आपूर्ति विभाग का सचिव परिषद का सचिव होता है। अधिनियम के अनुसार उपभोक्ता संरक्षण परिषद् के लिए 150 सदस्यों का प्रावधान रखा गया है। केन्द्रीय उपभोक्ता संरक्षण परिषद् का मुख्य उद्देश्य सम्पूर्ण देश में उपभोक्ताओं के अधिकारों का संवर्द्धन तथा संरक्षण करना है।

राज्य उपभोक्ता संरक्षण परिषद्

राज्य उपभोक्ता संरक्षण परिषद् के गठन और संचालन की ज़िम्मेदारी राज्य सरकार की है। राज्य सरकार में उपभोक्ता मामलों का मंत्री राज्य परिषद् का अध्यक्ष होता है उपभोक्ता हितों का प्रतिनिधित्व करने वाले सरकारी और ग़ैर सरकारी प्रतिनिधि इस परिषद् के सदस्य होते हैं जिनकी संख्या राज्य सरकार निर्धारित करती है।

राज्य परिषद् के उद्देश्य

राज्य परिषद् का मुख्य उद्देश्य राज्य में उपभोक्ता अधिकारों का संवर्द्धन एवं संरक्षण करना है जैसा कि केन्द्र में केन्द्रीय परिषद् का है। केन्द्रीय परिषद् के उद्देश्यों

और राज्य परिषद् के उद्देश्यों में कोई विशेष अन्तर नहीं है अर्थात राज्यपरिषद के उद्देश्य केन्द्रीय परिषद के समान ही है।

ज़िला उपभोक्ता संरक्षण परिषद

ज़िला उपभोक्ता संरक्षण परिषद् ज़िला स्तर पर ज़िलाधीश की अध्यक्षता में बनाई जाती है जिसका उद्देश्य ज़िले में उपभोक्ता अधिकारों का संरक्षण करना है। उल्लेखनीय है कि राजस्थान में वर्ष 1987 से ज़िला उपभोक्ता संरक्षण तथा मध्यप्रदेश में वर्ष से उपभोक्ता संरक्षण परिषदें गठित है जबकि उपभोक्ता संरक्षण कानून में ज़िला उपभोक्ता संरक्षण का प्रावधान वर्ष 2002 से सम्मिलित किया गया है।

8

उपभोक्ता क्लब

उपभोक्ता संरक्षण कानून में न्यायिक व्यवस्था के साथ ही उपभोक्ताओं को छह अधिकार प्रदान किए गये हैं इसमें उपभोक्ता शिक्षा से यह आशय है कि उपभोक्ताओं को उत्पादल या माल की गुणवत्ता मूल्य एवं उसके उपयोग के परिणाम के सम्बन्ध में निरन्तर एवं नवीनतम जानकारी प्राप्त होती रहे। जानकारी के अभाव में कल्याणकारो नीतियों एवं कार्यक्रमों का समाज को समुचित लाभ प्राप्त नहीं होता। अतएव उपभोक्ता अधिकारों के बारे में सूचित एवं शिक्षित करने के उद्देश्य से सरकार द्वारा समय-समय पर प्रचार-प्रसार की अनेक योजानाएँ चलाई जाती हैं। इसी श्रृंखला में उपभोक्ता मामले खाद्य एवं सार्वजनिक वितरण मंत्रालय (उपभोक्ता मामले विभाग) भारत सरकार की नवीन योजना उपभोक्ता क्लब'' के नाम से प्रारम्भ हुई है। ''उपभोक्ता क्लब'' योजना का उद्देश्य विद्यार्थियों में संरक्षण की जानकारी का प्रसार करना है। विद्यालयों में उपभोक्ता संरक्षण के सम्बन्ध में रुचि रखने वाले विद्यार्थियों का एक समूह निर्माण कर उन्हें विभिन्न कार्यक्रमों के माध्यम से उपभोक्ता संरक्षण की समुचित जानकारी प्रदान की जायेगी। क्लब के सदस्य इस जानकारी को समाज में प्रसारित कर सके गें। खाद्य नागरिक आपूर्ति एवं उपभोक्ता मामले तथा शिक्षा विभाग के सम्मिलित प्रयासों से शिक्षण

संस्थाएँ उपभोक्ता चेतना की सक्रिय संवाहक बन सकेगी एवं उपभोक्ता आन्दोलन को व्यापक विस्तार मिलेगा। उपभोक्ता अधिकारों के व्यापक प्रचार-प्रसार एवं उपभोक्ता चेतना जागृत करने के उद्देश्य से उपभोक्ता मामले, खाद्य एवं सार्वजनिक वितरण मंत्रालय (उपभोक्ता मामले विभाग) भारत सरकार ने विद्यालयों में उपभोक्ता क्लब बनाने की एक योजना प्रारम्भ की है। उपभोक्ता संरक्षण कानून सर्वसाधारण व्यक्ति से सम्बन्धित एक क्रान्तिकारी कानून है। प्रत्येक नागरिक के लिए इस कानून से सम्बन्धित जानकारी प्राप्त करना बहुत आवश्यक है। समाज में सशक्त एवं व्यापक आधार वाले उपभोक्ता आन्दोलन के लिए देश की युवा पीढ़ी को इससे जोड़ना अपेक्षित है। अतः विद्यालयों में उपभोक्ता शिक्षा प्रदान करने के उद्देश्य से उपभोक्ता क्लब योजना बहुत उपयोगी है।

उपभोक्ता क्लब का आशय

"उपभोक्ता क्लब" योजना के अन्तर्गत चयनित विद्यालय की कक्षा 9 से 12 में अध्ययनरत विद्यार्थियों का एक ऐसा समूह होगा जो उपभोक्ता संरक्षण से सम्बन्धित कार्यक्रमों में रुचि रखते हुए उपभोक्ता संरक्षण के सम्बन्ध में वांछित जानकारी प्राप्त करेगा तथा विद्यार्थियों का यह समूह उपभोक्ता संरक्षण विषयक गतिविधियों को समाज में प्रसारित करने में रचनात्मक एवं सक्रिय भूमिका निर्वहन करेगा। क्लब के सदस्य उपभोक्ता संरक्षण से सम्बन्धित गतिविधियों में नियमित रूप से भाग लेगें तथा राष्ट्रीय उपभोक्ता दिवस (24 दिसम्बर) एवं विश्व उपभोक्ता दिवस 15 मार्च जैसे अवसरों पर विशेष कार्यक्रम आयोजित कर उपभोक्ता शिक्षा का व्यापक प्रसार करेंगे।

उपभोक्ता क्लब का गठन

इस योजना के अन्तर्गत राजकीय माध्यमिक/उच्चतर माध्यमिक विद्यालयों में से चयनित प्रत्येक विद्यालय में एक उपभोक्ता क्लब का गठन किया जायेगा। इस क्लब में कक्षा 9 से कक्षा 12 तक के छात्र सम्मिलित किए जायेंगे। एक क्लब में कम से कम 50 सदस्य होगें किन्तु क्लब के सदस्यों की अधिकतम संख्या को सीमित नहीं किया गया है। क्लब के लिए छात्रों का चयन करते समय छात्रों में उपभोक्ता संरक्षण के प्रति रुचि इस कार्य के प्रति समर्पण की भावना एवं इसके लिए पर्याप्त समय दे सकने की इच्छा के मानदण्डों का विशेष ध्यान रखा जायेगा।

योजना के प्रारम्भ में इस शिक्षा सत्र में प्रत्येक ज़िले में 15 विद्यालय क्लब गठित करने के लिए चयनित किये जायेंगे। विद्यालयों का चयन करते समय यह ध्यान रखा जायेगा कि ग्रामीण क्षेत्रों एवं क्लब विद्यालयों को भी पर्याप्त प्रतिनिधित्व प्राप्त हो सके। शाला का प्रधान ही उपभोक्ता क्लब का प्रभारी अधिकारी होगा। क्लब की

गतिविधियाँ वर्ष पर्यंत नियमित रूप से आयोजित होंगी। अतः अपरिहार्य परिस्थिति में संस्था प्रधान की अनुपस्थिति से ये गतिविधियाँ प्रभावित न हो इस दृष्टि से संस्था प्रधान के अतिरिक्त क्लब के सदस्यों में से पहल कर सकने वाले किसी एक छात्र को कार्यक्रम प्रभारी के रूप में मनोनीत किया जावेगा जो संस्था प्रधान की अनुपस्थिति में उसका कार्यभार देखने वाले अध्यापक के साथ समन्वयन रखते हुए क्लब की गतिविधियाँ संचालित करवायेगा। ज़िला स्तर पर क्लब के लिए विद्यालयों का चयन जून माह के प्रारम्भ तक किया जाना अपेक्षित है। जिससे जुलाई माह में विद्यालय का सत्र प्रारम्भ होने पर क्लब के गठन की कार्यवाही सम्पन्न हो सके तथा क्लब औपचारिक रूप से कार्य प्रारम्भ कर सके। क्लब में कक्षा 9 से कक्षा 12 तक के छात्रों को ही सदस्य के रूप में सम्मिलित किया जा सकता है। ऐसी स्थिति में प्रतिवर्ष कक्षा 12 उत्तीर्ण कर विद्यालय छोड़कर जाने वाले छात्रों की सदस्यता स्वतः समाप्त हो जायेगी। कक्षा 9 में प्रवेश का कार्य पूर्ण होते ही इस कक्षा में नवीन छात्रों का क्लब में सम्मिलित किया जायेगा।

उपभोक्ता क्लब की गतिविधियाँ एवं कार्य

उपभोक्ता क्लब के सदस्यों की प्रत्येक माह एक बैठक संस्था प्रधान की अध्यक्षता में आयोजित की जायेगी। एक वर्ष में अधिकतम दस बैठक आयोजित की जायेगी। बैठक के लिए विद्यालयों में प्रचलित ढंग से यथा सूचना पटल पर सूचना अंकित/चस्पा करते हुए सभी सदस्यों को पूर्व में सूचना दी जायेगी। इन बैठकों में उपभोक्ता संरक्षण के क्षेत्र में क्लब की सक्रिय भागीदारी एवं इससे सम्बन्धित कार्यक्रमों के सम्बन्ध में विचार-विमर्श कर निर्णय लिये जायेगें। पश्चात्वर्ती में पिछली बैठक के निर्णयों की क्रियान्विति पर विशेष ध्यान दिया जायेगा। उपभोक्ता क्लब द्वारा आयोजित सभी गतिविधियों बैठक स्थल पर एक बैनर प्रदर्शित किया जायेगा। इस के लिए दिए गये प्रारूप में बैनर तैयार कर लिया जाये। बैनर की लम्बाई दो मीटर होगी। साटन के कपड़े का अच्छे स्तर का बैनर बनाया जायेगा। सभी कार्यक्रमों में यही बैनर ही उपयोग में लिया जायेगा। बार-बार बैनर बनवाने की आवश्यकता नहीं है-

बैनर का प्रारूप

उपभोक्ता क्लब

....

....

(विद्यालय का नाम एवं ज़िला)

क्लब की बैठकों में उपस्थित सदस्यों, विशेष आमंत्रित और जन साधारण की उपस्थिति का अभिलेख क्लब की बैठकों का कार्यवाही विवरण इस निमित्त रखे जाने वाले एक रजिस्टर में दो प्रतियों में कार्बन लगाकर अंकित किया जावेगा। रजिस्टर राज्य स्तर पर उपलब्ध कराया जायेगा। कार्यवाही विवरण रजिस्टर में बैठक में लिये गये निर्णयों का विस्तार से उल्लेख किया जायेगा। इस कार्यवाही विवरण की कार्बन प्रति क्लब के अभिलेख के रूप में रखी जावेगी जबकि मूल प्रति रजिस्टर से अलग करने के उपरान्त फोल्ड कर ज़िला स्तरीय समन्वय समिति के सदस्य सचिव (ज़िला रसद अधिकारी) को तीन दिवस के भीतर प्रचलित डाक टिकट लगाकर प्रेषित कर दी जावेगी।

क्लब की बैठक में स्थानीय गणमान्य नागरिकों जनप्रतिनिधियों और शिक्षाविदों को आमंत्रित कर उपभोक्ता आन्दोलन के प्रति चेतना उत्पन्न करने की दृष्टि से सम्मिलित करने का प्रयास किया जावेगा। ऐसी विशेष बैठकों में उपभोक्ता आन्दोलन के क्षेत्र में कार्यरत स्थानीय ज़िले की स्वयं सेवी संस्था अथवा ज़िला स्तरीय समिति के सदस्य का गेस्ट स्पीकर विषय विशेषज्ञ के रूप में उद्‌बोधन हेतु आमंत्रित किया जावेगा। इन्हें यात्रा भत्ता, आवास भत्ता या अन्य कोई भत्ता देय नहीं होगा परन्तु अधिकतम रुपये 100 प्रति बैठक प्रतिदिन का भुगतान मानदेय के रूप में क्लब के कोष से देय होगा जिसकी प्राप्ति रसीद ली जाकर अभिलेख के रूप में रखी जावेगी।

उपभोक्ता क्लब के सदस्यों के उत्तरदायित्व निम्न प्रकार होगें-

* क्लब के उपभोक्ता संरक्षण से सम्बन्धित कार्यक्रमों में भाग लेना।
* क्लब में उपभोक्ता संरक्षण से सम्बन्धित प्राप्त जानकारी को अपने साथी छात्रों को देना।
* समाज में उपभोक्ता संरक्षण से सम्बन्धित जानकारी को प्रसारित करना, विशेष रूप से ग्रामीण क्षेत्र के नागरिकों को उपभोक्ता अधिकारों एवं उपभोक्ता न्यायिक प्रक्रिया से अवगत कराना।
* उपभोक्ता संरक्षण से सम्बन्धित विभिन्न कार्यक्रम यथा निबन्ध, भाषण, वाद-विवाद, प्रदर्शिनी स्लोगन तथा रेखाचित्र बनाना आदि कार्यक्रमों की रूपरेखा बनाना एवं उनमें भाग लेना।
* प्रतिवर्ष राष्ट्रीय उपभोक्ता दिवस (24 दिसम्बर) एवं विश्व उपभोक्ता दिवस 15 मार्च के अवसर पर आमंत्रित कार्यक्रमों में भाग लेना।

* भविष्य में इन क्लबों के आत्मनिर्भर बनाने की योजना तैयार करना।

"उपभोक्ता क्लब" द्वारा आयोजित किये जाने वाले कार्यक्रम

(अ) राष्ट्रीय उपभोक्ता दिवस- 24 दिसम्बर

(ब) विश्व उपभोक्ता दिवस-15 मार्च

अ - राष्ट्रीय उपभोक्ता दिवस- 24 दिसम्बर

* उपभोक्ता अधिकारों तथा उपभोक्ता संरक्षण की परिकल्पना पर आधारित संगोष्ठी/कार्यशाला।

* उपभोक्ता जागृति से सम्बन्धित वीडियो फिल्म का प्रदर्शन एवं अन्य सांकृतिक कार्यक्रम।

* विद्यालयों में उपभोक्ता अधिकारों की जानकारी विषयक निबन्ध, स्लोगन, क्विज आदि प्रतियोगिताओं , का आयोजन।

ब - विश्व उपभोक्ता दिवस - 15 मार्च

* स्थानीय स्तर के स्वैच्छिक उपभोक्ता संगठनों के सहयोग से उपभोक्ता जागृति रैली का आयोजन।

मार्च माह में विद्यार्थियों की परीक्षाओं के लिए तैयारी के परिप्रेक्ष्य में सीमित भागीदारी की सम्भावना को देखते हुए कार्यक्रम निर्धारित किये जायें किन्तु 24 दिसम्बर को मध्याह्न पूर्व के सत्र में निबन्ध लेखन, स्लोगन, क्विज आदि प्रतियोगिताओं का आयोजन ज़िला स्तर पर किया जाना चाहिए, तथा अपराह्न के सत्र में इन प्रतियोगिताओं में प्रथम, द्वितीय स्थान प्राप्त करने वाले क्लब / सम्भागी को राष्ट्रीय उपभोक्ता दिवस के ज़िला स्तरीय समारोह में सम्मानित पुरस्कृत कराया जाना चाहिए। प्रतियोगियों के निर्णायक मण्डल में ज़िला कलेक्टर अध्यक्ष ज़िला मंच एवं उपभोक्ता संरक्षण से सम्बन्धित स्वयंसेवी संगठन के प्रतिनिधि सम्मिलित होगें।

राज्य स्तर पर ज़िले में प्रथम और द्वितीय स्थान पर आने वाले क्लब / छात्रों की एक राज्य स्तरीय प्रतियोगिता मामले विभाग द्वारा नियत कार्यक्रम के द्वितीय स्थान पर आने वाले क्लब / छात्रों को राज्य स्तरीय समारोह में सम्मानित किया जावेगा। इस प्रतियोगिता के अध्यक्ष व उपभोक्ता संरक्षण के क्षेत्र में कार्यरत राज्य स्तरीय स्वयं सेवी संगठन के प्रतिनिधि सम्मिलित होगें।

ज़िला स्तरीय समन्वय समिति

प्रत्येक ज़िले में ज़िला कलेक्टर की अध्यक्षता में गठित एक ज़िला स्तरीय समन्वय समिति गठित की जायेगी। इस समिति में निम्न सदस्य होगें–

* ज़िला शिक्षा अधिकारी, माध्यमिक शिक्षा
* ज़िला उपभोक्ता फोरम का प्रतिनिधि
* उपभोक्ता क्लब के प्रभारी (विद्यालय के संस्था प्रधान) में से दो प्रतिनिधि।
* ज़िले के उपभोक्ता संगठनों के दो प्रतिनिधि।
* ज़िला रसद अधिकारी– सदस्य सचिव।

क्रम संख्या 2 पर उल्लिखित प्रतिनिधि ज़िला कलेक्टर द्वारा अध्यक्ष ज़िला मंच उपभोक्ता संरक्षण की राय से एवं क्रमांक 2 व 4 पर उल्लिखित प्रतिनिधि ज़िला कलेक्टर द्वारा मनोनित किये जायेंगे। समिति ने उपभोक्ता क्लब के प्रभारियों में से दो प्रतिनिधियों का मनोनयन विद्यालयों में उपभोक्ता क्लब के गठन के उपरांत ही किया जायेगा।

इस समिति की दो माह से कम से कम एक बैठक–आयोजित की जावेगी। क्रम संख्या 3 पर वर्णित सदस्यों को क्लब मुख्यालय से ज़िला स्तरीय समन्वय समिति के मुख्यालय तक बैठक में आने व जाने का द्वितीय श्रेणी का वास्तविक बस / रेल किराया बिल प्रस्तुत करने पर सम्बन्धित उपभोक्ता क्लब की निधि में से देय होगा एवं अन्य कोई भत्ता या प्रभार देय नहीं होगें। बैठक के अतिरिक्त अन्य किसी प्रयोजन से मुख्यालय पर आने व जाने के लिए कोई यात्रा व्यय नहीं दिया जावेगा।

यह समिति विभिन्न योजनाओं की दिशा निर्देशों के अनुसार उपभोक्ता कल्याण समिति के माध्यम से राज्य सरकार और भारत सरकार को समय–समय पर उपयोगिता प्रमाण पत्र व अन्य आवश्यक सूचनाएँ तथा रिपोर्ट प्रेषित करने के लिए उत्तरदायी होगी।

ज़िला स्तरीय समन्वय समिति के कार्य

* उपभोक्ता क्लब गठित करने के लिए विद्यालयों का चयन ।
* उपभोक्ता क्लब के प्रभारी अध्यापकों को प्रशिक्षित करना।

* ज़िले के उपभोक्ता क्लब के कार्य की मोनिटरिंग करना एवं उनकी गतिविधियों की समीक्षा करना।
* राष्ट्रीय उपभोक्ता दिवस 24 दिसम्बर एवं विश्व उपभोक्ता दिवस 15 मार्च के अवसर पर ज़िला स्तरीय कार्यक्रमों का आयोजन।
* उपभोक्ता क्लब एवं उपभोक्ता कल्याण समिति के मध्य समन्वय।
* उपभोक्ता कल्याण समिति द्वारा निर्देशित अन्य कार्य।

प्रशिक्षण व्यवस्था

उपभोक्ता क्लब योजना से जुड़े व्यक्तियों को प्रशिक्षित किया जायेगा। प्रशिक्षण के पश्चात् ही विद्यालय स्तर पर क्लब की गतिविधियाँ प्रारम्भ की जायेगी। माह जुलाई 2004 के प्रथम पखवाड़ा तक सभी स्तरों पर प्रशिक्षण कार्यक्रम सम्पन्न कर लिये जायेंगें। प्रशिक्षण कार्यक्रम के लिए सभी प्रकार का मुद्रित साहित्य उपभोक्ता कल्याण समिति द्वारा तैयार किया जायेगा। प्रशिक्षण पाठ्यक्रम की विषय वस्तु परिशिष्ट एक के अनुसार होगी।

प्रति वर्ष नवीन विद्यालयों में क्लब की स्थापना की जानी है। अतः नये विद्यालयों के क्लब प्रभारियों एवं पुराने विद्यालयों के नव आगन्तुक क्लब के प्रभारियों के प्रशिक्षण कार्यक्रम पुनश्चर्या प्रशिक्षण कार्यक्रम भी प्रति वर्ष जुलाई के प्रारम्भ में आयोजित किया जायेगा।

प्रशिक्षण कार्यक्रम

राज्य स्तर पर

सम्भागीय मुख्यालयों पर कार्यरत सक्रिय स्वैच्छिक उपभोक्ता संगठनों के दो-दो प्रतिनिधियों एवं ज़िला रसद अधिकारियों के प्रशिक्षण के लिए राज्य स्तर पर खाद्य विभाग द्वारा एक कार्यशाला माह जून के तृतीय सप्ताह में आयोजित की जायेगी। इस प्रशिक्षण में प्रशिक्षित प्रतिनिधियों द्वारा सम्भाग मुख्यालयों पर उपभोक्ता क्लब के प्रभारियों को प्रशिक्षण दिया जायेगा। स्वयंसेवा संस्थाओं के प्रतिनिधियों पर होने वाला यात्रा व्यय और प्रशिक्षण का अन्य व्यय भोजन, स्टेशनरी, प्रशिक्षण स्थल की व्यवस्था इत्यादि का भुगतान क्लब की स्कीम से उपभोक्ता संरक्षण समिति द्वारा वहन किया जावेगा।

ज़िला रसद अधिकारियों के यात्रा भत्ता पर होने वाले व्यय विभाग द्वारा वहन किया जायेगा। प्रचार-प्रसार सामग्री राज्य स्तर पर उपभोक्ता कल्याण समिति द्वारा तैयार

कराकर उपभोक्ता क्लबों को उपलब्ध कराई जायेगी। प्रशिक्षण के दिन क्लब को देय सहायता राशि उपभोक्ता क्लब के पक्ष में देय डिमाण्ड ड्राफ्ट/चैक ज़िला स्तरीय समिति के माध्य से वितरित किये जाने हेतु ज़िला रसद अधिकारियों को दिये जावेगें।

सम्भागीय मुख्यालय स्तर पर-

उपभोक्ता क्लब के समन्वयक संस्था प्रधानों का प्रशिक्षण सम्भाग स्तर पर आयोजित किया जायेगा। सम्भाग स्तर पर यह प्रशिक्षण सम्भाग की उपभोक्ता संरक्षण के क्षेत्र में सक्रिय स्वयं सेवी संस्था के सहयोग से आयोजित किया जायेगा।

राज्य स्तर पर प्रशिक्षित व्यक्ति सम्भागीय मुख्यालय पर प्रशिक्षण प्रदान करेगें। प्रत्येक सम्भागीय मुख्यालय पर उस सम्भाग के ज़िलों के चयनित विद्यालयों के प्रभारियों को प्रशिक्षण दिया जायेगा। सम्भागीय मुख्यालय के ज़िला रसद अधिकारी इस प्रशिक्षण कार्यक्रम के प्रभारी होंगे। ये कार्यक्रम सूचना केन्द्र अथवा इसी प्रकार के किसी ऐसे सरकारी भवन में आयोजित किये जाये जो यथा संभव निःशुल्क प्राप्त हो सके।

प्रशिक्षण के लिए संस्था प्रधानों को द्वितीय श्रेणी का साधारण रेल / बस से कार्यस्थल से प्रशिक्षण स्थल तक आने-जाने का वास्तविक किराया उपभोक्ता क्लब के कोष से देय होगा। इस हेतु संस्था प्रधान यात्रा बिल और उपस्थिति प्रमाण पत्र क्लब के अभिलेख हेतु प्रस्तुत करेंगे।

प्रशिक्षण का अन्य व्यय यथा भोजन स्टेशनरी, इत्यादि पर भुगतान क्लब की स्कीम से उपभोक्ता कल्याण समिति द्वारा वहन किया जायेगा। इस हेतु प्रति सम्भागी अधिकतम रुपये 50 की सीमा निर्धारित की जाती है। ज़िला रसद अधिकारी जो प्रशिक्षण कार्यक्रम के प्रभारी भी हैं, इस सम्बन्धी सभी व्यवस्थाएँ कर वाउचर प्रमाणित कर भुगतान प्राप्त करने हेतु उपभोक्ता कल्याण समिति को प्रशिक्षण कार्य सम्पन्न होने के तीन दिन के भीतर प्रेषित कर देगें तथा राज्य स्तरीय समिति के अधिकतम सात दिन की अवधि में व्यय का पुनर्भरण किये जाने हेतु राशि डिमाण्ड ड्राफ्ट के माध्यम से ज़िला रसद अधिकारी को उपलब्ध करा दी जावेगी।

इस प्रशिक्षण के दिन उपभोक्ता क्लब के संस्था प्रधान को निम्नलिखित सामग्री उपलब्ध कराई जावेगी-

1. आई.ई.सी, सामग्री तथा पोस्टर, फोल्डर, स्लोगन।

2. उपभोक्ता क्लब कोष के लिये दी जाने वाली प्रथम किस्त का चैक।

3. उपभोक्ता क्लब योजना की निर्देशिका।

सम्भागीय मुख्यालय पर आयोजित प्रशिक्षण जुलाई माह के प्रथम पखवाड़ा में आयोजित किये जायेगें।

वित्तीय प्रबन्धन एवं अंकेक्षण

इस योजना के लिए आर्थिक सहयोग भारत सरकार से प्राप्त होगा। राज्य स्तर पर केन्द्र सरकार से देय सहायता राशि उपभोक्ता कल्याण समिति को प्राप्त होगी तथा इस सोसायटी द्वारा दो किस्तों में राशि ज़िला स्तर पर उपलब्ध कराई जायेगी। योजना के लिए ज़िला स्तर पर ज़िला रसद अधिकारी द्वारा सम्बन्धित विद्यालयों को क्लब के पक्ष में जारी Account Payee Cheque अथवा Demand Draft राशि प्रदान की जायेगी।

विद्यालय स्तर से वित्त के उपयोग से सम्बन्धित उपयोगिता प्रमाण पत्र सम्बन्धित ज़िला रसद अधिकारी को प्रस्तुत किया जायेगा एवं इसी प्रकार ज़िला रसद अधिकारी द्वारा ज़िला स्तर पर व्यय की गई राशि का प्रमाण पत्र राज्य स्तर पर उपभोक्ता कल्याण समिति को दिया जायेगा। राशि का उपयोग क्लब के उद्देश्यों एवं गतिविधियों के लिए योजना के दिशा-निर्देशों के अनुसार किया जायेगा। इससे विभिन्न कार्य में राशि काम में ले लिए जाने की स्थिति में व्यय स्वीकृत करने वाले व्यक्ति से निम्नानुसार वसूली की जायेगी।

प्रत्येक क्लब के लिए भारत सरकार द्वारा 10,000 रुपये का बजट स्वीकृत किया गया है। क्लब में सदस्यों की संख्या अधिक होने पर भी देय सहायता राशि में वृद्धि नहीं की जायेगी। इस राशि का मद वार व्यय विवरण निम्न प्रकार रहेगा-

प्रशिक्षण व प्रचार-प्रसार सामग्री पर	रु. 2000
उपभोक्ता क्लब की प्रति बैठक रु. 100 की दर से क्लब के समन्वयक संस्था प्रधान को अधितम 10 बैठकों का मानदेय	रु. 1000
वर्ष में दो बार ज़िला स्तरीय गतिविधियों के लिए	रु. 1000
प्रति बैठक रुपये 100 की दर से उपभोक्ता क्लब के सदस्य छात्रों के लिए जलपान हेतु	रु. 1000

स्टेशनरी हेतु	रु. 1000
गेस्ट स्पीकर हेतु प्रति सत्र	रु. 1000
रुपये 100 /- की दर से बेनर हेतु	रु. 1000
(सिर्फ प्रथम वर्ष के दौरान)	
प्रशासनिक व्यय हेतु	रु. 2000
	10,000

उपभोक्ता मद में से मद संख्या 1 एवं 5 की राशि (3000 रुपये) उपभोक्ता कल्याण समिति द्वारा प्रचार सामग्री प्रशिक्षण सामग्री यथा पोस्टर / स्लोगन/ फोल्डर, पुस्तिकाओं और स्टेशनरी के मुद्रण पर व्यय की जायेगी। मुद्रित सामग्री इस समिति द्वारा सभी क्लबों को राज्य सरकार द्वारा निर्धारित मानदण्डों के अनुसार वितरित की जावेगी। समिति स्तर पर मुद्रण की केन्द्रीय व्यवस्था सामग्री में एकरूपता एवं गुणवत्ता की दृष्टि से आवश्यक समझी गई है। मद संख्या 3 की राशि (1000 रुपये) ज़िला स्तरीय समिति द्वारा ज़िले के उपभोक्ता क्लबों में प्रतिस्पर्द्धा की भावना के माध्यम से उपभोक्ता चेतना जागृति के उद्देश्य की पूर्ति हेतु प्रतियोगिताओं के आयोजन एवं 24 दिसम्बर को राष्ट्रीय उपभोक्ता दिवस तथा 15 मार्च को विश्व-उपभोक्ता दिवस पर समारोहों के आयोजन पर व्यय की जायेगी। शेष 6000 रुपये प्रति क्लब की राशि संबंधित विद्यालय को प्रदान की जायेगी। संस्था प्रधान इस राशि को उक्त उल्लिखित मदों में व्यय करेंगे परन्तु किसी एक मद में अधिक राशि व्यय करने की आवश्यकता हो तो दूसरी मद में क्लब स्तर पर निर्णय लेकर कटौती की जा सकती है। किसी भी स्थिति में कुल आवंटित राशि से अतिरिक्त राशि योजना के अन्तर्गत राज्य सरकार अथवा केन्द्र सरकार द्वारा उपलब्ध नहीं कराई जावेगी।

क्लब स्थानीय स्तर पर अन्य गतिविधियों के अलावा उपभोक्ता जागृति मेले आयोजित कर इनमें स्थान के आवण्टन / विज्ञापन / बैनर्स के माध्यम से उपभोक्ता आन्दोलन को समृद्ध करने के साथ-साथ आय के अतिरिक्त साधन जुटाकर आर्थिक रूप से सक्षम हो सकते हैं। इस तरह के कार्यक्रमों से ही आय क्लब की गतिविधियों हेतु खर्च की जावेगी और इसका भी लेखा-जोखा रखा जावेगा।

उपभोक्ता क्लब योजना के आरम्भ के समय विद्यालय स्तर पर आधी राशि ही प्रदान की जावेगी तथा शेष राशि आधी राशि 6 माह पश्चात् उपलब्ध कराई जावेगी।

रोकड़ पुस्तिका एवं भण्डार पंजिका

रोकड़ पुस्तिका एवं भण्डार पंजिका-संस्था प्रधान द्वारा शिक्षा विभाग के प्रचलित निर्देशों के अनुसार विद्यालय की चालू रोकड़ पुस्तिका में अलग से आय-व्यय के कॉलम में उपभोक्ता क्लब की राशि के सम्बन्ध में प्रविष्टियाँ अंकित की जायेगी परन्तु उपभोक्ता क्लब की आय तथा व्यय से सम्बन्धित वाउचर एक अलग पत्रावली में सुरक्षित रखे जायेगें। क्लब की आय-व्यय की वितरण प्रारूप एक में प्रतिमाह ज़िला रसद अधिकारी का प्रेषित किया जायेगा। इसी प्रकार अलग से भण्डार पत्रिका संधारित किये जाने की आवश्यकता नहीं है बल्कि विद्यालय की चालू भण्डार पुस्तिका में अलग पृष्ठ पर उपभोक्ता क्लब की सामग्री की प्रति और विवरण/उपयोग का लेखा रखा जायेगा।

अंकेक्षण

उपभोक्ता क्लब के वित्तीय लेखा और आय-व्यय का अंकेक्षण ज़िला स्तरीय समन्वय समिति द्वारा निर्देशित सरकार के सेवारत सहायक लेखाधिकारी अथवा लेखा संवर्ग के अन्य सेवारत कार्मिक द्वारा प्रतिवर्ष कराया जावेगा। अंकेक्षक को कोई पारिश्रमिक देय नहीं होगा।

प्रशिक्षण की विषयवस्तु

1. **उपभोक्ता संरक्षण का स्वरूप**
   * उपभोक्ता कौन?
   * उपभोक्ता संरक्षण की आवश्यकता
   * उपभोक्ता आन्दोलन का उद्‌भव एवं विकास (अन्तरराष्ट्रीय स्तर पर)
   * भारत में उपभोक्ता आन्दोलन की विकास यात्रा
2. **उपभोक्ता के अधिकार**
3. **उपभोक्ता के कर्त्तव्य**
4. **उपभोक्ता संरक्षण अधिनियम -1986**
   * उपभोक्ता अदालतों का परिचय
   * शिकायत प्रस्तुत करने की प्रक्रिया

* उपभोक्ता संरक्षण परिषदों की जानकारी

5. स्वच्छिक उपभोक्ता संगठन

* गठन की प्रक्रिया एवं कार्यप्रणाली
* उपभोक्ता संगठनों एवं सरकारी विभागों में समन्वय
* सरकारी नीतियों एवं योजनाओं के क्रियान्वयन में स्वैच्छिक उपभोक्ता संगठनों की भूमिका
* प्रमुख अन्तरराष्ट्रीय, राष्ट्रीय एवं प्रान्तीय उपभोक्ता संगठनों का परिचय

6. उपभोक्ता वस्तुओं में गुणवत्ता एवं मानवीकरण की जानकारी

* उपभोक्ता वस्तुओं की गुणवत्ता एवं मानक निर्धारित करने वाले सरकारी विभाग एवं उनके दायित्व
* गुणवत्ता एवं मानकीय पहचान के तरीके।

प्रारूप

शासकीय माध्यमिक/उच्चतर माध्यमिक विद्यालय.......................................
ज़िला....................प्रान्त.......................के उपभोक्ता क्लब का आय-व्यय विवरण

माह के प्रारम्भ में राशि	माह में प्राप्त राशि	कुल राशि	माह में व्यय	शेष राशि	विशेष विवरण

हस्ताक्षर क्लब प्रभारी

प्रारूप-2

ज़िला........................प्रान्त............................के उपभोक्ता क्लब द्वारा सम्पादित गतिविधियों का मासिक विवरण माह...............ज़िला रसद अधिकारी प्रतिमाह उपभोक्ता कल्याण समिति खाद्य भवन, शासन सचिवालय-को प्रेषित करें।

भाग-प्रथम-

ज़िले में स्थापित कुल उपभोक्ता क्लब............

माह के दौरान सक्रिय उपभोक्ता क्लब की संख्या............

इन विद्यालयों के नाम जिनमें उपभोक्ता क्लब द्वारा कोई गतिविधि/कार्यक्रम आयोजित नहीं किये गये........

ज़िला स्तरीय समन्वय समिति द्वारा उपरोक्त क्रम संख्या 3 के सम्बन्ध में दिये गये निर्देश एवं इस क्रम में की गई कार्यवाही।

भाग–द्वितीय

मासिक गतिविधियों का विवरण

माह–

माह में आयोजित बैठकें......................

क्लब के कुल सदस्यों की संख्या..............

बैठक में उपस्थित सदस्यों की संख्या.........

छात्रा सदस्या की संख्या........................

विषय विशेषज्ञों का उद्‌बोधन विवरण.........

आमंत्रित जनप्रतिनिधियों की संख्या व उनके पद नाम.........................

जनसाधारण एवं उसमें महिलाओं की भागीदारी................................

माह में आयोजित संगोष्ठी/रैली/अन्य प्रतियोगिताओं का विवरण..................

माह की उल्लेखनीय गतिविधि.......................................

हस्ताक्षर

ज़िला रसद अधिकारी

ज़िला........................एवं प्रान्त.....................।

राजस्थान उपभोक्ता कल्याण समिति

राजस्थान उपभोक्ता कल्याण समिति, जयपुर खाद्य नागरिक आपूर्ति एवं उपभोक्ता मामले विभाग के तत्त्वाधान में गठित एक पंजीकृत संस्था है जिसका मुख्यालय राजस्थान सरकार के शासन सचिवालय परिसर में खाद्य भवन में स्थित है। प्रमुख शासन सचिव, खाद्य, सुरक्षा, आपदा प्रबन्धन एवं सहायता विभाग, इस समिति के पदेन अध्यक्ष है।

राजस्थान उपभोक्ता कल्याण समिति जयपुर के दायित्व

* ज़िला स्तरीय समन्वय समिति को दिशा निर्देश जारी करना
* उपभोक्ता क्लब के लिए योजनाएँ तैयार करना
* उपभोक्ता क्लब के लिए आई.ई.सी. सामग्री तैयार करना/यथा मुद्रित साहित्य एवं अन्य प्रचार सामग्री
* राज्य के उपभोक्ता क्लब के कार्य की मॉनीटरिंग करना
* कार्यरत उपभोक्ता क्लब में से श्रेष्ठ उपभोक्ता क्लब का चयन कर उन्हें पुरस्कृत करना
* उपभोक्ता क्लब योजना की राज्य में क्रियान्वित की प्रगति रिपोर्ट तैयार करना
* राष्ट्रीय उपभोक्ता दिवस 24 दिसम्बर एवं विश्व उपभोक्ता दिवस 15 मार्च के अवसर पर उपभोक्ता क्लब द्वारा आयोजित कार्यक्रमों की रूपरेखा तैयार करना

इस समिति की बैठकें समिति के विधान के अनुसार समय-समय पर आयोजित की जावेगी। यह समिति विभिन्न योजनाओं की दिशा निर्देशों के अनुसार राज्य सरकार के माध्यम से भारत सरकार का समय-समय पर उपयोगिता प्रमाण पत्र व अन्य आवश्यक सूचनाएँ तथा रिपोर्ट प्रेषित करने हेतु उत्तरदायी होगी।

"उपभोक्ता क्लब" योजना की मॉनीटरिंग

उपभोक्ता क्लब की योजना की राज्य में क्रियान्विति एवं मॉनीटरिंग राजस्थान उपभोक्ता कल्याण समिति जयपुर द्वारा की जायेगी। ज़िला स्तर पर मॉनीटरिंग का कार्य ज़िला स्तरीय समन्वय समिति द्वारा किया जावेगा। इस समिति को सभी क्लब प्रति माह बैठकों का कार्यवाही विवरण, मासिक गतिविधियों का विवरण और बैठकों का कार्यवाही विवरण मासिक गतिविधियों का विवरण और आय-व्यय का लेखा प्रारूप-1 में भेजेंगे। ज़िला स्तरीय समिति के सदस्य सचिव उक्त विवरण ज़िला स्तरीय समन्वय समिति की बैठक में प्रस्तुत कर समिति के दिशा निर्देशों से क्लब को अवगत करायेगें और इनका अनुपालन सुनिश्चित करायेंगे। ज़िले की संकलित सूचना सदस्य सचिव द्वारा राजस्थान उपभोक्ता कल्याण समिति जयपुर को प्रारूप-2 में अंकित कर प्रेषित की जायेगी। ज़िला रसद अधिकारी अपने अधीनस्थ प्रवर्तन अधिकारी/ प्रवर्तन निरीक्षकों

को क्षेत्राधि के आधार पर उपभोक्ता क्लबों का पर्यवेक्षण एवं मार्गदर्शन किये जाने हेतु उत्तरदायित्व सौंपेंगे। प्रवर्तन अधिकारी और प्रवर्तन निरीक्षक अपने-अपने क्षेत्र में भ्रमण के दौरान सम्बन्धित विद्यालय में जाकर क्लब प्रभारी से सम्पर्क करेगें और क्लब के कार्यकलापों के सम्बन्ध में जानकारी प्राप्त करेगें। ये अधिकारी उपभोक्ता क्लब और ज़िला अधिकारी उपभोक्ता क्लब और ज़िला स्तरीय समिति के बीच की कड़ी के रूप में अपनी भूमिका निभायेगें।

ज़िला शिक्षा अधिकारी भी उपभोक्ता क्लब के विद्यालय में भ्रमण के दौरान अथवा संस्था प्रधान द्वारा अन्य किसी कार्य से उनसे सम्पर्क के दौरान उपभोक्ता क्लब की गतिविधियों की जानकारी लेंगे तथा क्लब के मार्गदर्शन हेतु क्लब के मार्गदर्शक की भूमिका निभायेंगे।

मध्यप्रदेश उपभोक्ता संरक्षण सलाहकार समिति

मध्य प्रदेश उपभोक्ता संरक्षण सलाहकार समिति की स्थापना 24 दिसम्बर सन् 1993 में हुई।

उपभोक्ता की समस्याओं को बिना सी.ड़ी.आर.एफ. की सहायता से एवं उपभोक्ता को अपनी समस्याओं के समाधान के लिए संघर्ष करने के लिए सम्बल प्रदान किया गया है। संगठन की ओर से या दूसरे सगठनों की ओर से जिसमें शासकीय अथवा अर्द्ध शासकीय संस्थाएँ भी सम्मिलित हों, विभिन्न प्रकार के प्रशिक्षण अथवा सावधानियाँ बरतने वाले कार्यक्रम आयोजित किये जा सकते हैं। यह संगठन नागरिकों के दावों से सम्बन्धित मुद्दे भी स्वीकार कर सकता है, जिसमें उपभोक्ता सम्बन्धी एवं पर्यावरण संरक्षण सम्बन्धी समस्याओं, आवश्यक सुविधाएँ और सेवाएँ सम्मिलित हो। इस पर बल दिया गया है कि संगठन की ईमानदारी, निष्पक्षता अनुशासन एवं पारदर्शिता किसी भी कीमत पर न टूटे।

संगठन ने अनेक प्रक रण तथा शिकायतों निराकरण बिना सी.ड़ी.आर.एफ. की सहायता से किया है जिससे सी.ड़ी.आर.एफ. का भार बहुत कम हुआ तथा साथ ही अपभोक्ताओं के समय की भी बचत हुई है। यदा-कदा संगठन किसी प्रकरण का निराकरण करने के लिये ओम्बड्समैन के समान कार्य करता है। संगठन परस्पर सम्बन्ध के माध्यम से अन्य उपभोक्ता संरक्षण संगठनों के साथ सूचनाओं का आदान-प्रदान भी किया जाता है जिससे मुद्दों अथवा प्रकरणों को सरलता से निपटाने के लिए नवीन विचार एवं नियमों की जानकारी उपलब्ध होती है। अनेक मामलों का बिना लिखा-पढ़ी के केवल दूरभाष से अथवा व्यक्तिगत सम्पर्क करके भी उपभोक्ताओं की समस्याओं

का निराकरण किया जाता है। अतएवं अधिक से अधिक व्यक्ति इस संगठन के सदस्य बने हैं।

इसी भाँति मण्डल रेल प्रबन्धक, जबलपुर को लिखा गया है कि प्रत्येक रेल स्टेशन पर 65 वर्ष अथवा अधिक आयु के वरिष्ठ नागरिकों को दिनाक 01.04.96 से प्रभावशील 25 प्रतिशत रेल टिकट खरीदने पर सुविधा प्रदान करने सम्बन्धी परिपथ जारी किया जावे ऐसा सुझाव दिया गया।

टेलीफोन विभाग की टेलीफ़ोनों को ठीक करने के लिए लिख गया एवं टेलीफ़ोनों का स्थानान्तरण में हो रहे अनावश्यक विलम्ब पर प्रश्न उठाया गया है।

मध्य प्रदेश विद्युत मण्डल के साथ पत्राचार करके विभिन्न समस्याओं का निराकरण करवाया गया है।

भारतीय स्टेट बैंक. को सेविंग बैंक अकाउण्ट खोलने की स्वीकृति देने के लिए प्रयास किया गया है।

हजेला नर्सिंग होम में अधिक बिलिंग के विरुद्ध लिखने पर उपभोक्ता को सही बिल दिलवाने के लिए सहायता की गई है।

अनुपयोगी दवाओं पर प्रतिबन्ध लगाने के लिए खाद्य संचालक एवं ड्रग कन्ट्रोलर को लिखा गया। आम उपभोक्ताओं की समस्याओं से सम्बन्धित अनेक मामलों को रेल, विद्युत मण्डल, टेलीफ़ोन, नगर-निगम, कर्मचारी भविष्य निधि कार्यालय, शिक्षा विभाग पेट्रोलियम कम्पनियों, खाद्य विभाग इत्यादि को लिखा जाकर समस्याओं का निराकरण कराया गया। सारणी, ज़िला बैतूल के एल.पी.जी. उपभोक्ताओं को डोर-सप्लाई की सुविधा उपलब्ध कराई एक उपभोक्ता.की वाशिंग मशीन को कंपनी से निःशुल्क बदलवाया गया। पी.सी.एल. कम्पनी में कम्प्यूटर क्रय करने हेतु जमा की गई राशि कम्पनी से वापिस दिलवाई गई। कुर्लऑन कम्पनी को उनके गद्दे बदलवाने के लिए विवश किया। स्मिता बिल्डर्स के फ्लेट निर्माण हेतु जमा कराई गई राशि फ्लेट निर्माण न होने की स्थिति में उपभोक्ता की राशि वापिस दिलवाई गई। शासकीय कर्मचारी को त्याग पत्र देने पर उसकी सामान्य भविष्य निधि की राशि दिलाने में सहायता की गई। मध्यप्रदेश गृह निर्माण मण्डल में धनराशि जमा कराने के पश्चात् भी मकान आवणित नहीं किया जा रहा था। अतः सम्बन्धित को उसका मकान आवण्टन कराया गया है।

संस्था में भारत सरकार द्वारा आयोजित एवं निर्देशित कार्यक्रम के अन्तर्गत ज़िला उपभोक्ता प्रतिपोषण, विदिशा, रायसेन, होशगांबाद बैतून तथा सीहोर ज़िलों का

सर्वेक्षण किया एवं उसकी रपट प्रेषित की गई है। विभिन्न उपभोक्ता वस्तुओं की गुणवत्ता की मानकीकरण से सम्बन्धित परीक्षण कार्यक्रम में संस्था ने सहभागिता की तथा भोपाल स्थित भारत पेट्रोलियम के समस्त पेट्रोल पम्पों एवं गैस एजेंसियों का निरीक्षण किया तथा अपनी रिपोर्ट भारत पेट्रोलियम. को सौंपी गई है। संस्था ने अंजली कॉम्पलेक्स भेल क्षेत्र की विभिन्न समस्याओं को वही जाकर सुना एवं उसके निराकरण के लिए निःशुल्क सुझाव एवं सहायता प्रदान की। इस तरह "प्यासे लोगों की प्यास बुझाने कुआं स्वयं उपस्थित हुआ।" देश-प्रदेश के अन्य उपभोक्ता संगठनों से मधुर सम्बन्ध रखने एवं सहयोग से काम किया जा रहा है।

ज़िला उपभोक्ता सूचना केन्द्र द्वारा संचालित गतिविधियाँ

उपभोक्ताओं के हित में उनके अधिकारों के प्रति जागरूकता आन्दोलन चलाने एवं उनके द्वारा भुगतान की गई राशि के विरुद्ध उचित प्रभाव व गुणवत्ता की वस्तु दिलाने के लिये संकल्पित संस्था मध्य प्रदेश में वर्ष 1904 से कार्य कर रही है।

संकल्प-

सरकार की उदार नीतियों एवं योजनाओं का लाभ अन्तिम उपभोक्ता तक पहुँचाने का संकल्प लेकर संस्था कार्य कर रही है।

प्रतिवाद-

भारत सरकार के खाद्य एवं उपभोक्ता संरक्षण मामले के मंत्रालय द्वारा संस्था का सर्वप्रथम चयन ज़िला उपभोक्ता सूचना केन्द्र के लिये किया गया है, तदनुसार सूचना केन्द्र कार्यरत है।

संस्था की पुरस्कारों की उपलब्धियाँ

उपभोक्ता सलाहकार समिति मध्यप्रदेश वर्ष 1994 से निरतन्र उपभोक्ता जागरण को पूर्ण निष्ठा एवं लगन से सम्पन्न कर रही है। प्रान्तीय सरकार द्वारा संस्था को निम्न पुरस्कार प्रदान किए गए।

* सम्भाग स्तरीय उपभोक्ता पुरस्कार वर्ष 1997
* प्रथम राज्य स्तरीय उपभोक्ता पुरस्कार वर्ष 1998

संस्था की गतिविधि

उपभोक्ताओं के हित में संस्था द्वारा विभिन्न आयोजन, जागरूकता शिविर, उपभोक्ता के अधिकार एवं कर्त्तव्य को मुद्रित कर निःशुल्क वितरण, नियंत्रक नाप

तौल, संचालक खाद्य एवं औषधि विभाग की सहायता से मिलावट से बचने के लिए शिविर, हाट बाज़ार में मुफ़्त कानूनी शिक्षा शिविर, उपभोक्ताओं के अधिकार पर कार्यशाला मीडिया के माध्यम से उपभोक्ताओं की समस्याओं को उठाना आदि।

शिकायत दर्ज करो अभियान

ज़िला भोपाल के उपभोक्ताओं को प्राप्त होने वाली सेवाएँ डाक, बिजली, पानी, बैंकिंग, टेलीफ़ोन आदि में त्रुटि एवं बाज़ार में बिकने वाली वस्तुओं का उपभोक्ताओं से अधिक कीमत लेकर कम तौल, घटिया माल बेचने की शिकायत निःशुल्क अंकित की जाती है।

सप्ताह-भर चली इस मुहिम में संस्था के पास दर्जनों शिकायत दर्ज हुई एवं संस्था ने उनके निपटारे का अपने स्तर पर प्रयास किया है।

मिलावट प्रतिबन्ध लगाने के लिए विशेष प्रयास

संस्था अपना विशेष ध्यान खाने-पीने की चीज़ों में हो रही मिलावट पर केन्द्रित करते हुए नियंत्रक नाप-तौल को अपने शिविरों में आमंत्रित करती है। नियंत्रक नाप तौल द्वारा संस्था की तीन सदस्यों को मिलावट वस्तु पकड़ने हेतु प्रशिक्षित करने हेतु चयन किया जाता है। तदुपरान्त संस्था स्वयं की "परीक्षण प्रयोगशाला" स्थापित करने का लक्ष्य रखती है।

उपभोक्ता जागरूकता शिविर

संस्था द्वारा भोपाल ज़िले में हाट में जागरूकता शिविर खाद्य एवं औषधि विभाग की मदद से लगाया जाता है जिसमें वार्ड के लगभग 5000 उपभोक्ताओं को जागरूक किया जाता है तथा वार्ड पार्षद् की सहायता से निःशुल्क उपभोक्ता एवं कर्त्तव्य पुस्तिका का वितरण किया जाता है।

ज़िले के विभिन्न स्थानों में साप्ताहिक हाटों में कठपुतली एवं नुक्कड़ नाटक की सहायता से नक़ली एवं ग़लत तौल के परिणाम को उपभोक्ताओं को बताया जाता है एवं बच्चों को दुकानदार से कैसे सतर्क होकर सामान क्रय करे इसकी सूचना दी जाती है। इन हाटों में बाज़ार में उपभोक्ता अधिनियम पर मुद्रित पुस्तिकाएँ उपभोक्ताओं को वितरित की जाती हैं।

हाट में मिलावट पकड़ने के उपाय बताना व मिलावट के सामान के नमूने एकत्रित करना एवं उपभोक्ताओं की समस्याओं का त्वरित निराकरण किया जाता है। इन शिविरों के आयोजन से उपभोक्ता लाभान्वित होते हैं।

उपभोक्ता संवर्धन कार्यशाला

स्थानीय व्यवस्था के अनुसार उपभोक्ता संवर्धन कार्यशाला का आयोजन किया जाता है जिसमें संस्था के विधिक सलाहकार द्वारा कानून की विवेचना करते हैं एवं उपस्थित सदस्यों को जागरूक करते हैं।

उपभोक्ता को मिलावट से बचाव पर कार्यशाला

नगर की झुग्गी-झोंपड़ी बहुल क्षेत्र में संस्था की महिला प्रभाग द्वारा प्रातः से सायंकाल तक प्रत्येक झुग्गी-झोपड़ी में जाकर मिलावट के कैसे बचा जायें गृहणियों को शिक्षित कर समझाया जाता है। सायंकाल चौपाल का आयोजन भी किया जाता है।

दैनिक समाचार पत्रों के माध्यम से शिकायत स्तम्भों में प्रकाशित करवाया जाना

समिति को प्राप्त शिकायतों को समाचार पत्र के माध्यम से समय-सयम पर उठाने के साथ-साथ सम्बन्धित विभागों को पत्र लिखकर पेपर की कटिंग प्रेषित की जाती है।

उपभोक्ताओं के अधिकार पर कार्यशाला एवं स्मारिका विमोचन

"संस्था द्वारा उपभोक्ताओं को ज़िला उपभोक्ता सूचना केन्द्र" द्वारा प्रकाशित स्मारिका का विमोचन किया जाता है तथा जाने-माने मनीषियों द्वारा अधिकार का उपभोग कैसे करे- अपने विचार प्रस्तुत करने के लिए कहा जाता है।

उपभोक्ताओं की चौपाल

जिस प्रकार गाँवों में आज भी चौपाल लगती है उसी तर्ज पर राजधानी भोपाल में नवीन विकसित हो रही कॉलोनी, चूना भट्टी क्षेत्र में संस्था द्वारा चौपाल आयोजित की गई। इसमें उपस्थित विद्वानों, नागरिकों ने उपभोक्ता जागरूक हो।" विषय एवं पर्यावरण जागरूकता पर चर्चा कर एक मसौदा तैयार किया जाता है। इसी प्रकार अन्य स्थानों में आयोजित चौपालों में "उपभोक्ता संगठित हो" पर चर्चा की गई।

ग्रामीण क्षेत्रों में उपभोक्ता जागरण

संस्था मुख्यतः ग्रामीणों को उनके अधिकारों के प्रति जागरूक करने एवं खाने-पीने की वस्तुओं में हो रही मिलावट से बचने के लिए मुद्रित पुस्तक एवं पुस्तिकाएँ ज़िला पंचायत एवं सरपंच के माध्यम से वितरित की जाती है।

राष्ट्रीय उपभोक्ता दिवस

संस्था के कार्यालय में गोष्ठियाँ अयोजित की जाती हैं। इसमें संस्था के सभी सदस्यों द्वारा ''ज़िला उपभोक्ता सूचना केन्द्र'' के कार्यकलापों के प्रचार-प्रसार पर बल दिया जाता है एवं ट्रेनिंग-प्रोग्राम आयोजन की रूपेरखा तैयार की जाती है।

राष्ट्रीय, अन्तर्राष्ट्रीय दिवस पर आयोजन

उपभोक्ता जागरण का कार्य समिति विभिन्न राष्ट्रीय/अन्तर्राष्ट्रीय दिवस जैसे विश्व जनसंख्या दिवस, विश्व स्वास्थ्य दिवस आदि पर कार्यक्रम आयोजित कर समाचार पत्रों को माध्यम बनाकर जन जागरण का कार्य करती है।

विश्व उपभोक्ता दिवस

मध्यप्रदेश शासन के उपभोक्ता एवं खाद्य विभाग द्वारा आयोजित प्रदर्शनी में संस्था का चयन किया गया एवं सूचना केन्द्र द्वारा स्टॉल लगाया गया। प्रदेश के मुख्यमंत्री द्वारा स्टॉल का अवलोकन किया गया एवं सूचना केन्द्र की गतिविधियों की जानकारी प्राप्त कर संस्था के महामंत्री की प्रंशसा की गई।

स्मारिका भेंट

सूचना केन्द्र द्वारा उपभोक्ताओं के हित में मुद्रित स्मारिका को भारत सरकार के केन्द्रीय उपभोक्ता मंत्री को भेंट की गई तथा ज़िला उपभोक्ता सूचना केन्द्र की गतिविधियों की जानकारी एवं आगामी योजनाओं की जानकारी दी गई।

मध्य प्रदेश शासन के उपभोक्ता मामले के मंत्री को स्मारिका भेंट की गई एवं प्रदेश में संस्था द्वारा चलाए जा रहे उपभोक्ता आन्दोलन सम्बन्धी जानकारी अवगत कराया गया।

स्मारिका वितरण

संस्था के महामंत्री एवं उनकी कार्यकारिणी ने संस्था द्वारा मुद्रित स्मारिका ''उपभोक्ता शक्ति'' का वितरण भोपाल राष्ट्रीय वन मेला 2003/उत्सव मेला/भास्कर मेला/एड्स दिवस पर किया। प्रदेश स्तर के विभिन्न आयोजनों पर भी संस्था की टीम द्वारा उपभोक्ताओं को जागरूक करने वाली मुद्रित सामग्री वितरित की गई। यह स्तुल्य प्रयास है।

सरकारी कर्मचारी उपभोक्ता संरक्षण गतिविधियों में भाग ले सकते हैं

भारत सरकार के उपभोक्ता मामलों के विभाग ने पत्र द्वारा उपभोक्ता संरक्षण गतिविधियों से जुड़ी देश की सभी संस्थाओं को सूचित किया है कि शासकीय कर्मचारी उपभोक्ता संरक्षण गतिविधियों में भाग ले सकते हैं। बशर्तें उनका ऐसा करने से शासकीय कर्मचारी के रूप में उनके कर्त्तव्यों के पालन में बाधा न आए तथा वे ऐसे कार्यों का कोई पारिश्रमिक प्राप्त न करें।

उपभोक्ता संरक्षण सलाहकार समिति मध्य प्रदेश द्वारा संचालित

महिला प्रभाग

महिलाओं को जागृत करने के लिए महिला प्रभाग का निर्माण किया गया है। देश में महिलाओं का शोषण, उत्पीड़न आदि काल से चला आ रहा है इस शोषण को एवं कुरीतियों को समाप्त करने के लिए यह आन्दोलन प्रारम्भ किया गया है।

महिला प्रभाग का निर्माण महिला वर्ग की सहायता करने के लिए किया गया है। इसमें महिलाओं को पूर्णरूप से जागृत करना तथा उनके शोषण के विरुद्ध आवाज उठाने एवं उनको अपने अधिकारों से अवगत कराना क्योंकि अधिकांश कार्य उपभोक्ता सम्बन्धित महिलाओं द्वारा ही किया जाता है।

महिला प्रभाग के उद्देश्य-

* शिक्षा जागृति।
* महिलाओं के अधिकार।
* महिलाओं का सामाजिक स्तर
* विकलांग बच्चों का विकास
* स्वास्थ्य सम्बन्धी जागृत करना
* तलाकशुदा, विधवा, परित्यक्ता, निराश्रित, उपेक्षित श्रेणी की महिलाओं के अर्थिक व सामाजिक विकास के लिए प्रयास करना
* पारिवारिक परामर्श केन्द्र।

उपलब्धियाँ

* नाप-तौल विभाग के साथ मिलकर नाप-तौल की जानकारी दी गई।

* भोपाल उत्सव मेले में जाकर छोटी-सी सभा का आयोजन किया गया जिसमें महिलाओं के अधिकारों की जानकारी दी गई।
* अपंग बच्चों के साथ एक दिवसीय शिक्षा का तथा उपभोक्ता सम्बन्धी जानकारी का प्रशिक्षण दिया गया ।
* गौतम नगर झुग्गी-झोंपड़ी बस्ती में मिलावटी वस्तुओं से सम्बन्धित जानकारी दी गई साथ ही आप कहाँ शिकायत दर्ज करा सकते हैं इसकी भी जानकारी दी गई।
* संस्था की गतिविधियों को देखकर राज्य शासन द्वारा वर्ष 1998-99 में प्रथम पुरस्कार से सम्मानित किया गया।
* राजीव गाँधी शिक्षा मिशन द्वारा झुग्गियों में महिलाओं एवं बच्चों को कुपोषण से बचाने के लिए डॉक्टर के द्वारा जानकारी दी गई एवं स्वास्थ्य परीक्षण करवाया गया।
* महिला प्रभाग द्वारा 100 बच्चों को स्कूल में एक माह के अन्तर्गत दाखिला करवाया गया और उनकी समय-समय पर संस्था सदस्यों द्वारा निरीक्षण किया गया।
* पढ़ना-बढ़ना आन्दोलन के अन्तर्गत भी सक्रिय भूमिका सदस्यों द्वारा निभाई जा रही है।
* सदस्यों के द्वारा विद्यालयों में जाकर निःशुल्क कुछ समय के लिए बच्चों के अन्दर देश भक्ति की भावना, पर्यावरण से सम्बन्धित, स्वास्थ्य से सम्बन्धित, शारीरिक सफाई तथा संस्कृति से सम्बन्धित विषयों पर बच्चों को शिक्षित किया जाता है।

खाद्य सुरक्षा एवं पूर्ण भोजन के लिए सुझाव

खाद्य से उत्पन्न बीमारी अथवा खाद्य विषाक्तता एवं एक बीमारी है जो सूक्ष्म जीवाणुओं अथवा उनके जहर से संदूषित भोजन को खाने से होता है।

खाद्य सुरक्षा सम्बन्धी ध्यान में रखने योग्य बातें

* अप्रशिक्षित और संक्रमित व्यक्तियों अथवा बीमारी से उठे व्यक्ति को खाद्य वस्तुओं के सम्पर्क में न आने दे।

* खाद्य वस्तुओं को हाथ लगाने से पहले हर बार अपने हाथों को साबुन और गर्म पानी से अच्छी तरह धो ले।
* भोजन तैयार करते समय अथवा परोसते समय हाथों और अँगुलियों में आभूषण न पहने।
* भोजन तैयार करते अथवा परोसते समय एप्रिन पहने, सिर को ढंग ले, नाक पर साफ सुथरा कपड़ा रखे तथा दस्ताने पहनें।
* भोजन तैयार करते अथवा परोसते समय पान चबाने और तम्बाकू चबाने, अँगुली चाटने आदि से बचे।
* हमेशा अति सावधानी और शिष्टाचार बरतें (छींक, नाखून, चबाने, अंगुली चाटने आदि से बचे)
* चाकू काँटों आदि को दस्ते से एवं प्लेटों को किनोर से पकड़कर उठाये।
* केवल अच्छी और स्वास्थ्यवर्द्धक कच्ची सामग्री का ही उपयोग करें।
* केवल साफ़ पेयजल का ही उपयोग करे।
* मरे हुए जानवरों का मांस और बचा हुआ भोजन कभी भी प्रयोग न करे।
* जाँच किये हुए मांस, अण्डे एवं मुर्गे का ही उपयोग करे।
* केवल उबले हुए पाश्चुरीकृत और जीवाणुरहित बनाये गये दूध का उपयोग करे।
* केवल ताज़े, तरल, जमे हुए या शुष्क अण्डों का प्रयोग करें।
* भोजन को हमेशा अच्छी तरह पकाएँ।
* खाना बनाने एवं उसकी पैकिंग के लिये इनेमल चढ़े कलाईदार और प्रमाणित किस्म के बर्तनों का उपयोग करें। कभी भी ताँबे के बर्तनों का इस्तेमाल न करें।
* ध्यान रखे कि खाद्य वस्तुएँ छीलते काटते पीसते समय संदूषित न हो।
* टूटे हुए प्लेटों, गिलासों और क्षतिग्रस्त बर्तनों की हटा दे।
* रसोई घर को हमेशा साफ़-सुथरा रखें।

* अपने फ्रिज और ओवन को हमेशा साफ रखे तथा भोजन को स्वच्छ स्थानों पर रखे।
* पके हुए ताज़ा भोजन को बचे हुए भोजन एवं जूठन के सम्पर्क में न आने दे।
* पके हुए भोजन को हमेशा ढ़ककर रखें।
* भोजन को गन्दगी, हानिकारक, रसायनों और अन्य आपत्तिजन्क वस्तुओं से बचाकर रखे।
* खाद्य वस्तुओं को मक्खियों, कीड़े-मकोड़ों, जन्तुओं एवं पालतु जानवरों से बचाकर रखे।
* खाने से कई घण्टे पहले खाना पका कर न रखें।
* यदि पहले से खाना पका कर रखना जरूरी हो तो ऐसी स्थिति में उसे 10 डिग्री सेटीग्रेड से कम अथवा 60 डिग्री सेंटीग्रेड से अधिक तापमान पर सुरक्षित ढंग से रखे।
* जल्दी सड़ने-गलने वाली खाद्य वस्तुओं को 10 डिग्री सेंटीग्रेड से कम या 60 डिग्री सेंटीग्रेड से अधिक तापमान पर रखे।
* पहले से पका कर रखे हुए भोजन को केवल एक ही बार गरम करें।
* भोजन को हमेशा गर्म परोसें अन्यथा उसे फ्रिज में बिल्कुल ठण्डा रखे।
* ऐसे भोजन को नहीं खाएँ जिसके स्वाद, रंग गन्ध में फर्क आ गया हो।
* खाद्य रंगों का उपयोग न करें।
* खाद्य वस्तुओं को हमेशा जहरीले और कीड़े मकोड़ों से दूर रखे।
* कीट नाशक दवाइयों, रसायनों अथवा किसी भी अखाद्य वस्तु के लिये प्रयोग में लाए गए बर्तनों अथवा डिब्बों का प्रयोग खाद्य वस्तुओं के बनाने/रखने के लिए न करे।
* याद रखें कि बच्चों के लिए माँ का दूध सबसे अच्छा है।
* याद रखे कि 4 महीने की उम्र के बाद बच्चे को ठोस आहार की जरूरत होती है।

"भारतीय मानक ब्यूरो एवं उपभोक्ता संरक्षण"

उपभोक्ताओं को सेवा प्रदान करना और उनमें गुणवत्ता के प्रति जागरूकता पैदा करना अत्यधिक महत्त्वपूर्ण कार्य है। भारतीय मानक ब्यूरो ने उपभोक्ता मामले एवं लोकशिकायत विभाग की मुख्यालय में प्रस्थापना की है। भारतीय मानक ब्यूरो की सेवाओं एवं चिह्न लगे उत्पादों के सम्बन्ध में उपभोक्ताओं की शिकायतों पर कार्यवाही के लिए क्षेत्रीय और शाखा कार्यालयों में लोकशिकायत अधिकारियों को नामित किया है। यह विभाग उपभोक्ताओं के अधिकारों के सम्बन्ध में जागरूकता उत्पन्न करता है। चिह्न के दुरुपयोग पर नियंत्रण रखने के लिए एक प्रवर्तन विभाग कार्यशील है। क्षेत्रीय एवं शाखा कार्यालयों में समन्वय अधिकारियों को मनोनीत किया जाता है। प्रवर्तन विभाग के द्वारा दुरुपयोग सम्बन्धी प्राप्त शिकायतों की जाँच पड़ताल कर उचित कानूनी कार्यवाही की जाती है।

जब उपभोक्ता यह अनुभव करता है कि मानक मुहर लगे उत्पादन की गुणवत्ता सन्तोषप्रद नहीं है तब इस तथ्य की शिकायत भारतीय मानक ब्यूरो के देश में स्थित किसी भी निकटवर्ती कार्यालय में सीधे ही कर सकता है। इसके लिए उसे वस्तु का नाम टाइप, साइज ग्रेड़, क्रय करने की तिथि, बेच स्रोत, शिकायत के प्रकार का विवरण केश मिमों सहित ब्यूरो को देना होता है जिस उत्पाद की शिकायत की जा रही है उसे तथा उसकी पैकिंग को भारतीय मानक ब्यूरो के निरीक्षण अधिकारी के आने तक सम्भाल कर रखना परमावश्यक है जिसके आधार पर शिकायत की सुनवाई की जा सके इसके साथ ही निर्माता द्वारा भी इस प्रकार की शिकायतों के लिये उचित कार्यवाही की जाती है ।

भारतीय मानक ब्यूरो ने सम्पूर्ण देश में सामान्य प्रमाणन में 1100 से अधिक वस्तुओं के लिए आई.एस.आई की मानक मुहर लगाने के लिये 17000 से अधिक लाइसेंस प्रदान किये गये है तथा 135 से अधिक वस्तुओं पर अनिवार्य रूप से मानक मुहर लगाने के लिये 4000 से अधिक लाइसेंसधारियों को लाइसेंस प्रदान किये गये हैं। उपभोक्ताओं के लिए यह अधिक सुविधाजनक है कि जब उनके इस वस्तुओं में से किसी वस्तु की आवश्यकता हो तो आई.एस.आई. की मानक अंकित की गई वस्तुओं को ही खरीदें।

उपभोक्ताओं की आई.एस.आई. मार्क वस्तु खरीदने पर एक तकनीकी राष्ट्रीय संगठन द्वारा निर्धारित मानकों के अनुरूप माल की उपलब्धि होती है, मानक वस्तु के चुनाव में सहायता मिलती है, आई.एस.आई. मार्क लगा हुआ माल घटिया निकलने पर जाँच के पश्चात् वस्तु को बदलने में सहायता प्राप्त होती है, धोखाधड़ी तथा ठगी

से बचाव होता है, जान और माल के खतरों से बचाव का भरोसा रहता है। भारतीय मानक अधिनियम 1986 के अन्तर्गत दिनांक 1 अप्रैल, 1987 से भारतीय मानक ब्यूरो ने नये संगठन के रूप में कार्य करना प्रारम्भ कर दिया है। ब्यूरो एक नियमित निकाय है तथा जिसका दायित्व भारतीय मानक ब्यूरो के लिये नीति सम्बन्धी मार्गदर्शी सिद्धान्त निर्धारित करना है। इस निकाय के सदस्यों में उद्योग उपभोक्ता संगठनों, वैज्ञानिक एवं अनुसन्धान संस्थानों और व्यवसायिक निकायों तकनीकी संस्थाओं, केन्द्रीय मंत्रालयों, राज्य सरकारों का प्रतिनिधित्व करने वाले व्यक्ति सांसद सम्मिलित है।

नवीन अधिनियम के अन्तर्गत ब्यूरो अपनी गतिविधियों और अधिक सशक्त रूप से विभिन्न हितों को अधिकाधिक मात्रा में शामिल कर जारी कर रहा है। ब्यूरो की समस्त गतिविधियों जैसे मानक निर्धारण, उत्पादन प्रमाणन गुणवत्ता आश्वासन, परामर्श सेवा, गुणवत्ता मूल्यांकन परीक्षण इत्यादि को अब संविधानिक दर्जा प्राप्त हो गया है। ब्यूरो की गतिविधियों का संचालन ब्यूरो की कार्यपालक समिति करती है जिसे अध्यक्ष-महानिदेशक है। महानिदेशक ही ब्यूरो के मुख्य कार्यपालक होते हैं।

ब्यूरो के प्रमुख कार्य होते हैं, वस्तुओं अथवा प्रक्रमों के लिये भारतीय मानक निर्धारित करना तथा उनका क्रियान्वयन करने के लिए प्रोत्साहन प्रदान करना, प्रमाण सेवाएँ चलाना, मानकीकरण और गुणता नियंत्रण के प्रयोजन के लिए प्रयोगशालायें स्थापित करना, उनका रख रखाव करना एवं मान्यता प्रदान करना, भारतीय मानक निर्धारण के लिये अनुसन्धान करना, परामर्श सेवा उपलब्ध कराना व देश में मानकीकरण तथा गुणता नियंत्रण गतिविधियों में सामंजस्य पैदा करना, अन्तरराष्ट्रीय सहयोग एवं उपभोक्ता मामले।

मानकों का निर्धारण राष्ट्रीय प्राथमिकताओं औद्योगिक विकास कार्यक्रमों प्रौद्योगिक आवश्यकताओं नितान्त संवर्धन, उपभोक्ता कल्याण स्वास्थ्य, संरक्षा आदि को ध्यान में रखकर किया जाता है। विभिन्न प्रौद्योगिक क्षेत्रों में 18000 मानकों का निर्धारण किया जा चुका है। यह मानक सर्वसहमति के सिद्धान्त के आधार पर तकनीकी समितियों के नेटवर्क के माध्यम से तैयार किए जाते हैं। इन समितियों में उद्योग, अनुसन्धान एवं विकास संगठन, उपभोक्ताओं परीक्षण एवं प्रयोगशाला विशेषज्ञों आदि का प्रतिनिधित्व रहता है। ब्यूरो प्रमुख रूप से मानकों के तीव्र निर्धारण, आधुनिक प्रौद्योगिक विकासों के सन्दर्भ में मानकों को समकालीन बनाने, उनकी नियमित रूप से पुनरीक्षा करने तथा अन्तरराष्ट्रीय व्यापार को सुविधाजनक बनाने के लिए मानकों को अन्तरराष्ट्रीय मानकों के समरूपी बनाने पर बल दिया जाता है।

उत्पादन प्रमाणन योजना मूल रूप से ऐच्छिक है इसका उद्देश्य उपभोक्ताओं को अन्तिमतः गुणवत्ता, सुरक्षा तथा निर्भरता प्रदान करना है। उत्पाद पर आई.एस.आई. चिह्न जो मानक प्रमाणन चिह्न के रूप में जाना जाता है। उत्पाद के लिए विशिष्ट के प्रति अनुरूपता का आश्वासन है। यह अनुरूपता आकस्मिक निरीक्षणों तथा नमूनों के परीक्षण द्वारा लाइसेन्सधारियों को कार्य निष्पादन की नियमित रूप से की जाने वाली निगरानी के माध्यम से सुनिश्चित की जाती है। परीक्षण के लिये नमूने फैक्ट्री और बाज़ार दोनों जगह से लिये जाते हैं। भारतीय मानक ब्यूरो अधिनियम में विदेशी निर्माताओं को मानक चिह्न का प्रयोग करने के लिए प्राधिकृत करने सुरक्षा, स्वास्थ्य, पर्यावरण संरक्षण, ऊर्जा संरक्षण के लिये वस्तुओं को अनिवार्य प्रमाणन के अन्तर्गत लाने तथा वस्तुओं के नकली मुहरांकन को प्रतिबन्धित करने और प्रमाणन गुणवत्ता के सम्बन्ध में उपभोक्ताओं का तुरन्त समाधान किया जाता है।

भारतीय मानक ब्यूरो का हाल मार्क सोने के आभूषणों पर उल्लिखित शुद्धता की अनुरूपता का आश्वासन देता है। हाल मार्क अंकित जेवरात निर्माण तथा गुणता नियंत्रण के कड़े मापदण्डों से गुजरते हैं तथा भारतीय मानक ब्यूरो के मान्यता प्राप्त मूल्यांकन व हालमार्क केन्द्रों में इनका मूल्यांकन किया जाता है तदुपरान्त हॉलमार्क की मुहर अंकित की जाती है। भारत सरकार ने पर्यावरण के लिये सुरक्षित उत्पादों पर लेबल लगाने के लिये फरवरी 1991 में एक योजना बनाई थी जो इकोचिह्न योजना के नाम से मानी जाती है यह योजना भारतीय मानक ब्यूरो द्वारा संचालित की जाती है जिसके अन्तर्गत ऐसे घरेलू तथा अन्य उपभोक्ता उत्पादों का लेबल लगाने की व्यवस्था करती है जो सम्बन्धित भारतीय मानकों में निर्दिष्ट गुणता अपेक्षाओं के साथ-साथ निश्चित पर्यावरण मापदण्डों को भी पूर्ण करती है।

विश्व में प्रतिस्पर्धा के लिये गुणता प्रबन्ध तंत्र के लिये उद्यम स्तर पर विश्वव्यापी आन्दोलन एक पूर्व अपेक्षा है तथा इसका भारत में विशेष प्रभाव रहा है। इसका संस्थापना तथा प्रमाणन प्रदर्शनीय और निरपेक्ष तंत्र प्रदान करता है। भारत में गुणवत्ता तंत्र प्रमाणन को संचालित करने के लिए भारतीय मानक ब्यूरो अधिकृत राष्ट्रीय एजेंसी है। भारतीय मानक ब्यूरो ने इस सम्बन्ध में निम्नलिखित कदम उठाए हैं–

* आई.एस.आई. (ISO) 9000 शृंखला के मानकों को आई.एस.आई. एस.ओ. 9000 शृंखला के रूप में अपनाया है।
* अन्तरराष्ट्रीय मापदण्डों के आधारित गुणता तन्त्र प्रमाण के संचालन की कार्यविधि को अनुरूप बनाना जोखिम में संचालित इस तरह के अन्य तंत्रों के समान हो।

* आई.एस./आई.एस.ओ 9000 श्रृंखला के मानकों की अपेक्षाओं को पूरा करने के लिये उद्यमियों को प्रमाण-पत्र प्रदान करना। इस पर समय-समय पर निगरानी उपयुक्त ऑडिट तंत्रों द्वारों की जाती है।

पर्यावरण के लिये सुरक्षित औद्योगिक गतिविधियों के लिये बढ़ती हुई सावधानी के कारण आई.एस.ओ. 14000 मानकों की श्रृंखला को तैयार किया गया है। भारतीय मानक ब्यूरो ने इन मानकों को राष्ट्रीय मानकों के रूप में ग्रहण करने के पश्चात् पर्यावरण प्रबंधन तंत्र (EMS) प्रमाणन का आरम्भ किया है।

खतरा विश्लेषण और क्रान्तिक नियन्त्रण बिन्दु (HACCP) प्रमाणन-भारतीय मानक ब्यूरो ने ISI (आई.एस.आई.) 5000 1998 की अपेक्षाओं के अनुसार खतरा विश्लेषण और क्रान्तिक नियन्त्रण बिन्दु (HACCP) पर आधारित गुणता तंत्र प्रमाणन योजना प्रारम्भ की।

देश के विभिन्न भागों में ब्यूरो की अनेक प्रयोगशाला है जिनमें प्रमाणित उत्पादों तथा लाइसेंस के लिए आवदेकों द्वारा भेजे गये नमूनों को अनुरूपता के लिये परीक्षण किया जाता है। यह भारतीय मानक ब्यूरो के प्रमाणन तंत्र की अनिवार्य विशेषता है। नमूनों के परीक्षण के कार्य में हुई बढ़ोत्तरी को पूरा करने के लिये ब्यूरो के प्रयोगशाला तंत्र को प्रभावशाली बनाया गया है और ब्यूरो की प्रयोगशालाओं में आधुनिकीकरण के कार्य क्रमबद्ध किया गया है। इसके अतिरिक्त भारतीय मानक ब्यूरो प्रयोगशाला बाहरी प्रयोगशालाओं का अनुमोदन भी करती है, उपकरणों तथा गैजों को सावधिक अंशशोधन किया जाता है तथा मानक सन्दर्भ सामग्री प्राप्त कर उसके लिये लक्ष्य निर्धारित करती है।

लघु उद्योग इकाइयों को अर्द्ध तंत्र जानकारी देकर उनकी सहायता करने के लिये भारतीय मानक ब्यूरो ने अपने मुख्यालय में एक लघु क्षेत्र सुविधा कक्ष खोला है वह मानकीकरण तथा प्रमाणीकरण पूछताछ में सहायता करता है। लघु उद्योगों को मार्किंग फीस में सुविधा प्रदान की की जाती है। हर व्यक्ति उपभोक्ता है जब किसी वस्तु या सेवा के लिए उसका मूल्य चुकाया जाता है तो मूल्य चुकाने वाला व्यक्ति उपभोक्ता बन जाता है। कभी दुकानदार खराब वस्तु या सेवाएँ देकर अधिक मूल्य लेकर उपभोक्ता को ठग लेता है। अर्थव्यवस्था में व्यापार के क्रिया-कलापों के विस्तार के कारण बाजार में विभिन्न प्रकार की वस्तुएँ उपलब्ध होती हैं इसके अतिरिक्त बहुत सुविधाएँ भी मिलती हैं जैसे-बीमा, यातायात, बिजली, वित्तीय तथा बैंकिंग सेवाएँ। विभिन्न वस्तुओं तथा सेवाओं की मांग पर दूरदर्शन, समाचार पत्रों-पत्रिकाओं में आने वाले विज्ञापनों का प्रभाव पड़ता है। इसके अतिरिक्त विभिन्न कम्पनियों एक जैसी

वस्तुओं का प्रदर्शन विभिन्न उपायों से करती है, जिसके कारण उपभोक्ता को सही वस्तु चुनने में समस्या होती है। उपभोक्ता को आकर्षित करने के लिए कम्पनियाँ विज्ञापनों पर बहुत धन व्यय करती हैं तथा सभी जानकारियाँ भी देती हैं जिन्हें कम्पनियाँ उपभोक्ता तक पहुँचाना चाहती है परन्तु वह जानकारी नहीं जिसके बारे में उपभोक्ता जानना चाहता है। जब उपभोक्ता को किसी वस्तु के सम्बन्ध में पूर्ण और उचित जानकारी नहीं मिलती तो उपभोक्ता ठगे जाते हैं। कभी-कभी व्यापारी उपभोक्ता को परेशान करते हैं। उत्पादकों एवं व्यापारियों द्वारा उपभोक्ताओं का शोषण इस प्रकार करते हैं–

कम तौलना एवं कम मापना। बाज़ार में बेचा गया सामान कभी-कभी सही ढंग से तौला अथवा मापा नहीं जाता।

बेचा गया सामान कभी-कभी निम्न स्तर का या घटिया होता है। अन्तिम तिथि निकल जाने के पश्चात् भी दवाओं का बेचा जाना, खराब घरेलू उपकरणों को बेचना, उपभोक्ताओं द्वारा की जाने वाली सामान्य शिकायतें हैं।

प्रायः दुकानदार निर्धारित खुदरा मूल्य से अधिक मूल्य ले लेते हैं।

असली वस्तुओं व पुर्जों के स्थान पर नक़ली माल बेच दिया जाता है।

अधिक लाभ कमाने के लोभ में महँगे खाद्य पदार्थों जैसे-घी, तेल और मसालों में मिलावट की जाती है। इससे उपभोक्ताओं को काफ़ी हानि उठानी पड़ती है। पैसों की हानि के साथ-साथ उनके स्वास्थ्य पर भी बुरा प्रभाव पड़ता है।

विद्युतयंत्र एवं उपकरण जो घरेलू व छोटे उद्योगों में बनाए जाते हैं कभी-कभी उसमें पूरी तरह से सुरक्षा व्यवस्था नहीं होती। इससे उपभोक्ता के साथ कोई दुर्घटना हो सकती है।

कभी-कभी व्यापारी नाज़ायज लाभ के लालच में वस्तुओं की जमाखोरी कर उस वस्तु के कृत्रिम अभाव की स्थिति पैदा कर देते हैं तद्पश्चात् अधिक एवं ऊँचे दामों में बेचते हैं।

किसी वस्तु की कीमत गुणवत्ता विश्वसनीयता जीवन चक्र, अन्तिम तिथि, चलने का आश्वासन स्वास्थ्य व पर्यावरण पर उसका प्रभाव सुरक्षा रख-रखाव पर अनुमानित लगन, क्रय की शर्तें आदि के विषय में ग़लत व आधी अधूरी जानकारी देकर विक्रेता, उपभोक्ता को आसानी से धोखे में डाल देते हैं। सौन्दर्य प्रसाधन, दवाइयाँ, विद्युत-उपकरण कुछ ऐसे सामान्य उदाहरण है जिन्हें खरीदते समय उपभोक्ता कठिनाई का सामना करते हैं।

कार तथा बिजली व इलेक्ट्रॉनिक उपकरणों जैसी महंगी एवं लम्बे समय तक चलने वाली वस्तुओं की बिक्री के पश्चात् रख-रखाव सेवा की आवश्यकता होती है। आवश्यक भुगतान करने पर भी विक्रेता उपभोक्ताओं को सन्तोषजनक विक्रय पश्चात सेवा प्रदान नहीं करते।

कुछ मामलों में जैसे गैस कनेक्शन, नई टेलीफ़ोन लाइन, लाइसेंस सुदा सामान प्राप्त करते समय प्राय: विक्रेता अनावश्यक शर्तें लगाकर उपभोक्ता को परेशान करते हैं। पूँजीवादी अर्थव्यवस्था में उत्पादक एवं विक्रेता कोई भी माल या सेवा किसी भी मात्रा में उत्पादन करने के लिए स्वतंत्र हैं तथा उनके मूल्य-निर्धारण एवं गुणवत्ता से सम्बन्धित कोई नियम नहीं है। ऐसी स्थिति में उपभोक्ता को वस्तु के विषय में पूरी व सही जानकारी देना बहुत आवश्यक है। वस्तु के अनेक आयामों जैसे मूल्य गुण संरचना, प्रयोग की शर्तें, क्रय के नियम आदि की जानकारी न होने पर उपभोक्ता गलत चुनाव करके अपना आर्थिक नुक़सान कर लेते हैं।

जब वस्तुओं व सेवाओं की आवश्यक संख्या व मात्रा में आपूर्ति नहीं होती तब उपभोक्ता प्राय: शोषित होते हैं। सीमित आपूर्ति का अर्थ है वस्तु की माँग की तुलना में उसका उत्पादन कम होना। इससे जमाखोरी एवं मूल्यों में वृद्धि जैसी प्रवृत्तियों को प्रोत्साहन मिलता है।

जब कोई एक उत्पादक या उत्पादक समूह किसी वस्तु के उत्पादन तथा वितरण पर अपना एकाधिकार रखते हैं तब यह सम्भावना होती है कि उस वस्तु के मूल्य और उसकी उपलब्धता से छेड़छाड़ की जाए। मकान, दवाइयाँ डॉक्टरी उपकरण, वाहन जैसी उपभोक्ता वस्तुओं के उत्पादक तथा विक्रेता कम होने के कारण वस्तुओं की क़ीमतें और उनकी आपूर्ति निश्चित करने में विक्रेता की अहम भूमिका है।

उपभोक्ताओं के शोषण का एक प्रमुख कारण उनका निरक्षर होना भी है। हमारे देश में उपभोक्ता की जागरूकता का स्तर सामान्यत: कम होता है। निरक्षरता स्तर का सीधा प्रभाव उत्पादों एवं बाज़ार के विषय में जानकारी पर पड़ता है।

भारतवर्ष में उपभोक्ता संरक्षण का विचार प्राचीन है। कौटिल्य के 'अर्थशास्त्र' में भी उद्योग व व्यापार उत्पीड़न से उपभोक्ता के हितों की रक्षा का विवरण प्राप्त होता है। कम तौल, माप-मिलावट जैसे अपराधों के लिए दण्ड का उसमें उल्लेख है। उपभोक्ता के अधिकारों की रक्षा के लिए संगठित व व्यवस्थित आन्दोलन अवश्य ही एक नवीन संकल्पना है इसका विकास सन् 1980 के उत्तरार्द्ध एवं सन् 1990 के पूर्वार्द्ध में अर्थव्यवस्था के उदारीकरण में वृद्धि होने के साथ हुआ।

जब सरकार ने उत्पादन क्रियाओं से अपने आप को हटा लिया और निजी क्षेत्र को इस दिशा में आने के लिए प्रोत्साहन दिया, तो यह अनुभव किया गया कि अब बाजार में अनुशासन और नियंत्रण की आवश्यकता है। उपभोक्ता को न केवल वस्तुओं के क्रय-विक्रय के व्यावसायिक पक्षों की जानकारी होनी चाहिए वरन् स्वास्थ्य व सुरक्षा की भी। आजकल खाद्य पदार्थों की गुणवत्ता केवल उनके पोषण सम्बन्धी गुणों पर ही नहीं, वरन् जनसाधारण के लिये उनकी सुरक्षा पर भी निर्भर है। खराब और मिलावटी भोज्य पदार्थों से।

यद्यपि उपभोक्ता आन्दोलन सबसे पहले दूसरे विश्व युद्ध के पश्चात् इंग्लैण्ड में प्रारम्भ हुआ था, परन्तु उपभोक्ता अधिकारों प्रथम घोषणा सन् 1962 में संयुक्त राज्य अमेरिका में की गई। इसमें उपभोक्ता के चार मूल अधिकारों को मान्यता प्रदान की गई चुनाव, सूचना सुरक्षा एवं सुनवाई। उपभोक्ता आन्दोलन के एक सक्रिय व्यक्ति रैल्फ नाडर को ''उपभोक्ता आन्दोलन'' का जनक माना जाता है। 15 मार्च जब विश्व ''उपभोक्ता दिवस'' के रूप में मनाया जाता है सन् 1985 में संयुक्त राष्ट्र संघ ने उपभोक्ताओं के संरक्षण के लिए कुछ दिशा-निर्देश स्वीकार किए। साथ ही वस्तुओं तथा सेवाओं के उत्पादन व वितरण में लगे लोगों के ऊँचे स्तर के आचरण का पक्ष लिया है।

अनेक बीमारियाँ पोषक तत्त्वों की कमी से पैदा की जाती है अतः उपभोक्ताओं का सुरक्षित भोजन के प्रति आश्वस्त होना उपभोक्ता जागरूकता का प्रमुख पहलू है।

उत्पादक एवं विक्रेता दोनों अपने माल की क़ीमतों, भण्डारण एवं गुणवत्ता में एकरूपता और पारदर्शिता रखें इसके लिए कठोर कानूनी उपायों की आवश्यकता अनुभव की गई। सरकार ने यह अनुभव किया कि सभी प्रकार के ग़लत तरीकों के प्रति उपभोक्ता में जागरूकता उत्पन्न करना एवं उनसे निपटने के तरीके बताना ही उनके अधिकारों की रक्षा करने का एकमात्र सफल उपाय है परन्तु सरकार द्वारा अपनाए गए उपायों को जानने से पहले उपभोक्ताओं के अधिकारों व उनके कर्त्तव्यों के विषय में जानना नितान्त आवश्यक है।

उपभोक्ताओं को ऐसे अधिकार जिन्हें कानून के अनुसार व्यापारी समुदाय को ध्यान में रखना आवश्यक है। निम्नलिखित अधिकार प्रदान किए गये हैं-

सुरक्षा का अधिकार

उपभोक्ताओं को अधिकार है कि वे उन वस्तुओं की बिक्री से अपना बचाव कर सकें जो उनके जीवन और सम्पत्ति के लिए ख़तरनाक हैं।

सूचना का अधिकार

इसके अन्तर्गत गुणवत्ता, मात्रा, शुद्धता स्तर एवं मूल्यों का समावेश होता है।

चुनने का अधिकार

विभिन्न प्रकार की वस्तुओं की देख-परख कर चुनाव करने का आश्वासन। यदि माल की पूर्ति करने वाले एक ही हों तो ? इसका आशय है सन्तोषजनक गुणवत्ता व सही मूल्य का आश्वासन।

सुनवाई का अधिकार

उपभोक्ता के हितों से जुड़ी उपयुक्त संस्थाएँ/संगठन उपभोक्ताओं की समस्याओं पर पूरा ध्यान दें।

शिकायत निपटाने का अधिकार

उपभोक्ताओं के शोषण व अनुचित व्यापारिक क्रियाओं के विरुद्ध निदान तथा शिकायतों का सही प्रकार से निपटाना।

उपभोक्ता शिक्षा का अधिकार

इसमें उपभोक्ता हित से जुड़े प्रसंगों और वस्तुओं की जानकारी सम्मिलित है।

अपने अधिकारों को प्राप्त करने के लिए उपभोक्ताओं को अपने कर्त्तव्य पूर्ण करना चाहिए।

कोई भी माल खरीदते समय उपभोक्ताओं को सामान की गुणवत्ता अवश्य देखनी चाहिए इसके साथ ही सामान या सेवा की गारण्टी भी देखनी चाहिए जहाँ भी सम्भव हो गारण्टी कार्ड अवश्य प्राप्त करना चाहिए। उत्तम होगा कि गारण्टी निशानों वाला सामान ही खरीदा जाए जैसे आई.एस.आंई, एगमार्क आदि।

जहाँ भी सम्भव हो खरीदे गए सामान व सेवा की रसीद अवश्य प्राप्त कर लेनी चाहिए।

उपभोक्ताओं को ''उपभोक्ता जागरूकता संगठन'' बनाना चाहिए। इस संगठन को सरकार तथा अन्य संस्थाओं द्वारा उपभोक्ताओं की समस्याओं के लिए स्थापित विभिन्न कमेटियों में प्रतिनिधित्व दिए जाने का प्रावधान है।

उपभोक्ता अपनी वास्तविक समस्या की शिकायत अवश्य करें चाहे उनके द्वारा खरीदा गया सामान कितने ही कम मूल्य का हो। समाज पर इस बात का अच्छा प्रभाव होगा। अपनी शिकायत को निपटाने के लिए उपभोक्ता संगठनों से भी सहायता ली जा सकती है।

उपभोक्ता को अपने अधिकारों की जानकारी अवश्य होनी चाहिए तथा आवश्यकता पड़ने पर उन अधिकारों का प्रयोग भी करना चाहिए।

उपभोक्ताओं की सक्रिय भागीदारी से ही उनका सफ़लतापूर्वक बचाव किया जा सकता है। इसी के कारण उत्पादक व व्यापारी पारदर्शिता के साथ काम करेंगे तथा उनके द्वारा उपभोक्ताओं का लूट खसोट की प्रवृत्ति पर प्रतिबन्धित की जा सकती है। उपभोक्ता के हितों की रक्षा के लिए तीन प्रकार के उपाय अपनाए गए हैं–कानूनी, प्रशासनिक व तकनीकी। कानूनी उपायों में उपभोक्ता संरक्षण अधिनियम लागू करना सम्मिलित है। इस सम्बन्ध में अन्य कानूनों में भी संशोधन किया गया है। आवश्यक वस्तुओं का वितरण सार्वजनिक वितरण प्रणाली द्वारा करना एक प्रशासनिक उपाय है। वस्तुओं का मानकीकरण तकनीकी उपाय है। सरकार ने उपभोक्ता के अधिकारों से सम्बन्धित कानून सन् 1986 में उपभोक्ता संरक्षण अधिनियम बनाया इस कानून के अन्तर्गत ज़िला, राज्य तथा राष्ट्रीय स्तर पर उपभोक्ताओं के हितों की रक्षा करने तथा उनके झगड़ों को निपटाने के लिए कुछ समितियाँ गठित की जा सकती हैं। इनके माध्यम से उपभोक्ताओं के हितों को संरक्षण तथा उनकी शिकायतों को तुरन्त एवं कम खर्च में दूर किया जाता है। इन एजेंसियों को आदेश है कि वे शिकायतों को तीन महिने में निपटा दें। इस कानून के अन्तर्गत राष्ट्रीय एवं राज्य स्तर पर उपभोक्ता के मामलों के लिए पृथक विभाग खोल दिए गए हैं जो केवल उपभोक्ताओं के अधिकारों पर ध्यान देंगे।

शिकायत दर्ज करने के लिए किसी कानूनी औपचारिकता की आवश्यकता नहीं है। यदि आप किसी उत्पादक अथवा व्यापारी द्वारा ठगे गए हैं और आप उपभोक्ता अदालत में शिकायत दर्ज कराना चाहते हैं तो आप एक सादे काग़ज़ पर सारी बातें लिखकर सम्बन्धित कागज जैसे, गारण्टी कार्ड, सामान की रसीद साथ में संलग्न करके उसे ज़िला अदालत में जमा कर दे कानूनी सहायता के लिए आपको किसी वकील के पास भी जाने की आवश्यकता नहीं है। उपभोक्ता अदालत में आप अपने मामले की पैरवी स्वयं कर सकते हैं। कानून का सबसे महत्त्वपूर्ण पक्ष यह है कि राष्ट्रीय, राज्य एवं ज़िला स्तर पर एक तीन-स्तरीय व्यवस्था को स्थापित करने का प्रावधान किया गया है जिसे "उपभोक्ता अदालत" की संज्ञा दी है। राष्ट्रीय स्तर पर इसे राष्ट्रीय

उपभोक्ता आयोग कहते हैं। कानून के अन्तर्गत यह सबसे उच्च अदालत है तथा यह दिल्ली में ही स्थित रह कर कार्य करती है। राज्य स्तर पर इसे राज्य उपभोक्ता आयोग कहा जाता है। तीसरे स्तर पर ज़िले में सबसे महत्त्वपूर्ण अदालत होती है। जिसे मंच कहा जाता है।

ये सभी अदालतें उपभोक्ताओं की परेशानियों तथा शिकायतों का अध्ययन करती है जो उत्पादकों या व्यापारियों के विरुद्ध दर्ज करवाई हैं उसके पश्चात् ही वे आवश्यक राहत व भुगतान करवाती है। इस समय देशभर में लगभग 500 ज़िला उपभोक्ता अदालते हैं जिन्हें अब तक 13 लाख उपभोक्ता शिकायतों पर विचार किया है इनमें से लगभग 77 प्रतिशत मामलों का निवारण किया है। यद्यपि उपभोक्ताओं के झगड़े निपटाने में उपभोक्ता एजेंसियों ने पर्याप्त काम किया है किन्तु यह पाया गया है कि जिस तीव्र गति से काम होना चाहिए था उतनी तेजी से नहीं हो रहा है। अत: सरकार ने कानून को और कड़ा बनाने के विचार से सन् 1991 और 1993 में कानून में संशोधन करके कमियों को दूर करने का प्रयास किया। सार्वजनिक वितरण प्रणाली ग़रीबों को अनाज की उपलब्धता सुनिश्चित करने के अतिरिक्त सार्वजनिक वितरण प्रणाली द्वारा जमाखोरी व्यापारियों द्वारा कालाबाज़ारी और अधिक कीमत वसूलने पर भी प्रतिबन्ध लगाना सम्भव होगा।

वस्तुओं का मानकीकरण कर उपभोक्ता की भलाई के लिए सरकार ने यह एक और महत्त्वपूर्ण कार्य किया। उसने कुछ ऐसी संस्थाएँ बनाई जो उत्पादों की गुणवत्ता की जाँच करे विभिन्न उत्पादों के लिए मानक निर्धारित करें और उन्हें लागू करवाएँ। भारत में एगमार्क और भारतीय मानक ब्यूरो (बी.आई.एस.) द्वारा यह कार्य सम्पन्न किया जा रहा है। एगमार्क खेती के उत्पादों के लिए और बी.आई.एस. औद्योगिक तथा उपभोक्ता वस्तुओं के लिए प्रयुक्त होते हैं।

बी.आई.एस. जिसे पहले आई.एस.आई. (भारतीय मानक संस्थान) कहा जाता था का प्रमुख कार्यालय नई दिल्ली में स्थिति है। वैज्ञानिक आधार पर औद्योगिक व उपभोक्ता सामान के मानक निर्धारित करना इसका प्रमुख कार्य है साथ ही इसका काम उन वस्तुओं को भी प्रमाणित करना है जो निर्धारित मापदण्ड पर खरे उतरे। ISI का चिह्न अंकित किया हुआ कोई भी सामान से भरोसा हो जाता है कि सही सामान खरीदा गया है। जिन व्यापारियों का उत्पादकों के पास ISL का लाइसेंस होता है। समय-समय पर उनकी आकस्मिक जाँच की जाती है। फैक्टरी तथा बाजार से जाँच के लिए वस्तुओं के नमूने लिए जाते हैं। यदि उपभोक्ता को वस्तु की गुणवत्ता के विषय में कोई सन्देह हो तो वह B.I.S. के समीप के क्षेत्रीय कार्यालय में शिकायत

दर्ज करा सकते हैं। एगमार्क खेती के उत्पाद कानून (1937) जिसे सन् 1986 में संशोधित किया गया है के अन्तर्गत कार्य करता है। यह स्कीम भारत सरकार के कृषि मंत्रालय के आधीन मार्केटिंग एवं इंटेलिजेंस निदेशालय (डी.एम.आई.) द्वारा संचालित होती है। शहद, मसाले जैसी वस्तुओं पर यह चिह्न होता है।

जिस तरह भारत में उत्पादनों में मानकीकरण की व्यवस्था है उसी प्रकार मानवीकरण की अन्तरराष्ट्रीय संस्था ISO जैनेवा में है। यह संस्था सरकारी नहीं है। इसकी स्थापना 1947 में हुई थी। ISO का कार्य उन अन्तरराष्ट्रीय समझौतों से जुड़ा हुआ है जिन्हें अन्तरराष्ट्रीय मानकों के रूप में प्रकाशित किया जाता है यदि आपको कुछ कम्पनियाँ, माल या संस्थाएँ ऐसी मिले जिन पर ISO; 6000, ISO 14000 जैसे निशान लगे हो तो उनका अर्थ होता है कि विशेष उद्योग का उत्पाद समूह या संस्थाएँ विशिष्ट स्तर के मानकों के आधार पर है। अन्तरराष्ट्रीय खाद्य सामग्री के मानक निर्धारित करने के लिए कंडेक्स एलिमेंटेसिस कमीशन (Codex Altimentasies Commission) नाम की संस्था है यह कमीशन सन् 1963 में खाद्य एवं कृषि संगठन (एफ.ए.ओ.) और विश्व स्वास्थ्य संगठन (डब्लू.एच.ओ.) द्वारा स्थापित किया गया था। इसका मुख्य कार्यालय इटली की राजधानी रोम में स्थापित है। यह खाद्य सामग्री के लिए मानक निर्धारित करता है, दूध, दूध के उत्पादन, मांस, मछली, दालों इत्यादि खाद्य पदार्थों के उत्पादक तथा अन्तरराष्ट्रीय व्यापार के लिए नियम बनाता है।

□□□

9

मानवाधिकार संरक्षण अधिनियम, 1993

भारतीय संविधान के भाग तीन में वर्णित मूल अधिकारों को इंग्लैण्ड के मेग्नाकार्टा, अमेरिका के बिल ऑफ राइट्स तथा फ्रांस के मानव अधिकार घोषणा पत्र की संज्ञा दी जाती है। गोलकनाथ बनाम स्टेट ऑफ पंजाब के मामले में उच्चतम न्यायालय के इन अधिकारों को व्यक्ति के बौद्धिक नैतिक एवं आध्यात्मिक विकास के लिए आवश्यक माना है। मेनका गाँधी बनाम यूनियन ऑफ इण्डिया के मामले में भी उक्त मत की पुष्टि करते हुए इन मूल अधिकारों में व्यक्ति के सम्मान के संरक्षण और व्यक्तित्व के विकास की परिकल्पना की है। इसी मामले में न्यायमूर्ति पी.एन.भगवती ने कहा है कि इन मूल अधिकारों का उद्गम स्वतंत्रता का संघर्ष है। संविधान में इन्हें स्थान देने के पीछे मुख्य उद्देश्य भारत में स्वाधीनता का वट वृक्ष विकसित करना रहा है। देश, काल और परिस्थतियों के अनुसार इन मूल अधिकारों की परिभाषायें बदलती रही हैं और प्रवर्तन के नये-नये उपाय निकलते रहे हैं। ए.के. गोपालन बनाम स्टेट ऑफ मद्रास के मामले में इनकी विधानमण्डलों द्वारा अतिक्रमण

से सुरक्षा की गई तो केशवानन्द भारती बनाम स्टेट ऑफ केरल के मामले में इनको संविधान का मूल ढांचा मानते हुए नष्ट होने से बचा लिया गया। धीरे-धीरे ये मूल अधिकार मानव अधिकार के रूप में प्रख्यात होने लगे। हमारे न्यायालयों ने भी इन मूल अधिकारों को मानव अधिकारों के दायरे में ला दिया। जब मानवीय मूल्यों का ह्रास एवं मानव अधिकारों का अतिलंघन होने लगा तो न्यायालयों ने नई-नई व्यवस्थायें देकर इन्हें पुनर्स्थापित करने का प्रयास किया। जेलो में कैदियों के प्रति किये जाने वाले अमानवीय एवं क्रूर व्यवहार पर प्रहार करते हुए सुनील बत्रा बनाम दिल्ली प्रशासन के मामले में न्यायमूर्ति कृष्ण अय्यर ने मानव अधिकारों को विधिशास्त्र एवं संविधान का अभिन्न अंग बताते हुए इन्हें संरक्षण प्रदान किया। प्रेम शंकर बनाम दिल्ली प्रशासन के मामले में तो यहाँ तक कह दिया गया कि मानव अधिकार संबंधी उपबंधों का निर्वचन करते समय संयुक्त राष्ट्र संघ के मानव अधिकार घोषणा पत्र में निहित मूल सिद्धान्तों को ध्यान में रखना चाहिये जो जेल, जेलकर्मियों और बंदियों में सुधार का आह्वान करता है। सभ्य समाज में मानव अधिकारों का मूल्य बढ़ता चला गया कि इनके संरक्षण के लिए संसद द्वारा मानवाधिकार संरक्षण अधिनियम, 1993 ही पारित कर दिया गया। यह अधिनियम मानव अधिकारों के सरंक्षण की दिशा में मील का पत्थर है। अब तो मानवाधिकारों का दायरा इतना बढ़ गया है कि उच्चतम न्यायालय में मनोहरलाल बनाम दिनेश आनन्द के मामले में यहां तक कह दिया है कि समाज की सुरक्षा के लिए अपराधियों को अभियोजित करना एक सामाजिक आवश्यकता है। इसके लिए अधिकारित की अवधारणा अर्थहीन है। ऐसे मामलों में यह अवधारणा लागू नहीं होती।

मानवाधिकारों के अन्तर्राष्ट्रीय घोषणा पत्र-

मानवाधिकारों के वट वृक्ष की जड़ें अतीत की गहराइयों में छिपी हैं। इनके इतिहास की कहानी मानव सभ्यता के अभ्युदय एवं विकास से जुड़ी हुई है। यद्यपि अन्तर्राष्ट्रीय स्तर पर मानवाधिकारों की स्थापना का प्रथम दस्तावेज संयुक्त राष्ट्र चार्टर को माना जाता है लेकिन मूल अधिकारों के रूप में इसका श्रेय 1215 के मेग्नाकार्टा को जाता है। मेग्नाकार्टा से प्रवाहित मानवाधिकारों की गंगा आज अधिकांश लोकतांत्रिक देशों में प्रवाहित हो रही है।

मेग्नाकार्टा-

मेग्नाकार्टा अधिकारों के रूप में मानवाधिकारों की स्थापना का प्रथम दस्तावेज इंग्लैण्ड का सन् 1215 का मेग्नाकार्टा माना जाता है। यह इंग्लैण्डवासियों को सम्राट जॉन का एक महत्वपूर्ण उपहार था। इसे मूल अधिकारों का जनक भी कहा जाता

है। यही वह अधिकार पत्र था जिसके द्वारा इंग्लैण्ड में विधि के शासन को मूर्त रूप प्रदान किया गया था। विधिक प्रत्यय समुचित प्रक्रिया की उपज मेग्नाकार्टा की ही देन है। प्रथम बार मेग्नाकार्टा के अनुच्छेद 39 में यह व्यवस्था की गई कि-किसी भी व्यक्ति की विधिपूर्ण न्याय निर्णयन अथवा देश की विधि से अन्यथा रूप से न तो बन्दी बनाया जायेगा और न ही बेदखल, निर्वासित, विधि बाध्य अथवा विनिष्ट ही किया जायेगा। इस प्रकार इस व्यवस्था द्वारा कार्यपालिका की निरंकुश शक्तियों पर प्रतिबंध लगा दिया गया।

बिल ऑफ राइट्स-

मेग्नाकार्टा में विहित अधिकारों में देश, काल और परिस्थितियों के अनुसार अभिवृद्धि होती गई और कालान्तर में सन् 1689 में "बिल ऑफ राइट्स" नामक दस्तावेज की संरचना की गई। इस दस्तावेज में नागरिकों के कई महत्वपूर्ण अधिकारों एवं स्वतंत्रताओं को समाहित किया गया। बिल ऑफ राइट्स का लाभ अमेरिका की जनता ने भरपूर उठाया। उसने अमेरिका के संविधान में इन अधिकारों को समाविष्ट करने की मांग की। परिणामस्वरूप अमेरिका का संविधान में पांचवें एवं छठे संशोधनों इन अधिकारों को स्थान दिया गया और यह व्यवस्था की गई कि-"किसी भी व्यक्ति को सम्यक् विधिक प्रक्रिया के बिना जीवन, स्वतंत्रता एवं सम्पत्ति से वंचित नहीं किया जायेगा।" स्वतंत्रता में भाषण, प्रेस, धर्म, सभा, निवास, विचरण, व्यापार, कृषि, वृत्ति, कारोबार आदि की स्वतंत्रताओं को सम्मिलित किया गया। 'हर्टडो बनाम केलिफोर्निया' के मामले में यह कहा गया कि-"विधायिका ऐसी कोई विधि नहीं बना सकेगी जो न्याय और स्वतंत्रता के मूलभूत सिद्धान्तों पर कुठारघात करती हो।"

फ्रांस का घोषणा पत्र-

फ्रांस में मानवाधिकारों के रूप में मूल अधिकारों की घोषणा सन् 1789 में की गई। जिस दस्तावेज द्वार यह घोषणा की गई वह मानव सिविल अधिकारों का घोषणा पत्र कहा जाता है। संक्षेप में इसे मानव अधिकार घोषणा पत्र भी कहा जा सकता है। इसमें समाविष्ट अधिकारों को मनुष्य के पवित्र अधिकारों की संज्ञा दी गई है। यह अधिकार प्राकृतिक एवं असंक्रमणीय है।

संयुक्त राष्ट्र चार्टर-

संयुक्त राष्ट्र चार्टर को मानवाधिकारों का प्रथम अन्तर्राष्ट्रीय दस्तावेज कहा जा सकता है। इस चार्टर में मानवाधिकारों को महत्वपूर्ण स्थान दिया गया है। चार्टर की प्रस्तावना में ही मानवाधिकारों के प्रति अटूट विश्वास व्यक्त किया गया है। चार्टर

के अनुच्छेद 1(3) में इसके उद्देश्यों पर प्रकाश डालते हुए कहा गया है कि संयुक्त राष्ट्र संघ का यह लक्ष्य है कि वह मानवाधिकारों तभा मूलभूत स्वतंत्रताओं को बिना किसी जाति, भाषा, लिंग अथवा धर्म विषयक भेदभाव के प्रोत्साहित करे। चार्टर के अनुच्छेद 55 में यह व्यवस्था की गई है कि संयुक्त राष्ट्र संघ मानव उत्थान की ओर अग्रसर होने के लिये जाति, लिंग, धर्म, भाषा आदि के आधार पर भेदभाव किये बिना मानवाधिकारों तथा मूलभूत स्वतंत्राओं का आदर तथा उनका पालन सुनिश्चित करें। अनुच्छेद 56 में संयुक्त राष्ट्र संघ के सदस्य राष्ट्रों द्वारा उपरोक्त उद्देश्य को मूर्तरूप प्रदान करने की दिशा में पारित संकल्प निहित है। मानवाधिकारों की प्रभावी क्रियान्विती सुनिश्चित करने के लिये चार्टर में आर्थिक तथा सामाजिक परिषद् को विपुल अधिकार प्रदान किये गये हैं। चार्टर में प्रन्यासी प्रणाली पर भी यह दायित्व अधिरोपित किया गया है कि वह मानवाधिकारों को प्रन्यासी क्षेत्रों में लागू करने का हर संभव प्रयास करे।

मानवाधिकारों की सार्वभौमिक घोषणा–

न्यायधीश लाटरपेट के मत में मानवाधिकारों की सार्वभौमिक घोषणा, 1948 विश्व की एक महानतम घटना तथा संयुक्त राष्ट्र संघ की एक महत्वपूर्ण उपलब्धि है। सन् 1945 में जब सयुक्त राष्ट्र संघ की स्थापना हुई तब उसका एक चार्टर तैयार किया गया था। इस चार्टर के अनुच्छेद 68 में मानवाधिकारों के संरक्षण के लिये प्रारूप तैयार करने हेतु सन् 1946 में एलोनोर रूजवेल्ट की अध्यक्षता में एक मानवाधिकार आयोग का गठन किया गया। आयोग ने जून 1948 में मानवाधिकार की एक विश्वव्यापी घोषणा का प्रारूप तैयार किया जिसे संयुक्त राष्ट्र संघ की महासभा द्वारा 10 दिसम्बर को अंगीकृत किया गया। यही कारण है कि 10 दिसम्बर को सम्पूर्ण विश्व मानवाधिकार दिवस के रूप में मनाता है। मानवाधिकार घोषणा पत्र में उन सभी बिन्दुओं को समाहित किया गया है जो गरिमापूर्ण जीवन जीने के लिये आवश्यक हैं। इस घोषणा पत्र में कुल 30 अनुच्छेद हैं। इसके अनुसार–

(1) सभी मनुष्य स्वतंत्र रूप से जन्म लेते हैं तथा प्रतिष्ठा एवं अधिकारों की दृष्टि से समान हैं।

(2) प्रत्येक व्यक्ति को जीवन, स्वतंत्रता तथा सुरक्षा का अधिकार है।

(3) किसी भी व्यक्ति को दास अथवा गुलाम बनाकर नहीं रखा जा सकेगा।

(4) किसी भी व्यक्ति के साथ न तो अमानवीय व्यवहार किया जायेगा और न उसे क्रूरतम दण्ड दिया जायेगा।

(5) विधि के समक्ष सभी व्यक्ति समान होंगे।

(6) सभी व्यक्तियों को शांतिपूर्णक सम्मेलन करने, भ्रमण करने तथा व्यापार-व्यवसाय करने की स्वतंत्रता होगी।

(7) प्रत्येक व्यक्ति को शारीरिक, मानसिक एवं बौद्धिक विकास के समान अवसर उपलब्ध होंगे।

(8) सभी व्यक्तियों को शिक्षा प्राप्त करने का अधिकार होगा तथा प्रारंभिक शिक्षा निःशुल्क एवं अनिवार्य होगी।

(9) प्रत्येक व्यक्ति को सम्पत्ति रखने का तथा उसके व्ययन का अधिकार होगा।

(10) अभियुक्त को तब तक निर्दोष माना जायेगा जब तक कि उसके विरुद्ध दोषसिद्धि का आदेश पारित न हो जाये।

(11) प्रत्येक व्यक्ति को सुनवाई का अवसर प्रदान किया जायेगा।

(12) किसी भी व्यक्ति को मनमाने तौर पर गिरफ्तार नहीं किया जायेगा और न बन्दी बनाया जायेगा।

(13) सभी व्यस्क पुरुष एवं स्त्रियों को विवाह करने तथा कुटुम्ब बसाने का अधिकार होगा।

(14) सभी को समान कार्य के लिये समान वेतन दिया जायेगा।

इस प्रकार घोषणा पत्र में विहित अधिकारों सभी अधिकार वे ही हैं जो भारत में संविधान के भाग तीन एवं चार में मूल अधिकारों एवं राज्य की नीति के निदेशक तत्वों के रूप में समाहित किये गये हैं।

अन्तर्राष्ट्रीय प्रसंविदायें-

मानवाधिकारों की सार्वभौमिक घोषणा को प्रभावी ढंग से लागू करने के लिये सन् 1966 में दो प्रसंविदायें की गईं जिन्हें नागरिकों तथा राजनैतिक अधिकारों की अन्तर्राष्ट्रीय प्रसंविदा एवं आर्थिक, सामाजिक तथा सांस्कृतिक अधिकारों की प्रसंविदा के नाम से जाना जाता है। यह दोनों प्रसंविदायें अन्तर्राष्ट्रीय मानवाधिकार बिल के भाग हैं।

नागरिक तथा राजनैतिक अधिकारों की प्रसंविदा में जिन अधिकारों का उल्लेख किया गया है उनमें प्रमुख हैं-

(1) जीवन, सुरक्षा एवं स्वतंत्रता का अधिकार ;

(2) विचार एवं अभिव्यक्ति की स्वतंत्रता का अधिकार ;

(3) विधि के समक्ष समानता का अधिकार ;

(4) बलात श्रम एवं दासता से मुक्ति का अधिकार ; आदि।

जबकि आर्थिक, सामाजिक एवं सांस्कृतिक अधिकारों की प्रसंविदा में वर्णित अधिकारों में-

(1) स्वतंत्रता का अधिकार ;

(2) जीवन एवं समुचित जीवन यापन का अधिकार ;

(3) काम की न्यायोचित दशाएं ;

(4) शिक्षा, चिकित्सा एवं सवास्थ्य का अधिकार ; आदि प्रमुख हैं।

इन प्रसंविदाओं को संयुक्त राष्ट्र संघ की महासभा द्वारा दिनांक 16 सितम्बर, 1996 को अंगीकृत किया गया तथा सदस्य राष्ट्रों का व्यापक समर्थन मिला। मानवाधिकारों की क्रियान्विती की दिशा में इन प्रसंविदाओं को महान उपलब्धि माना जाता है।

यूरोपीय संधि-

मानवाधिकारों को विधिक स्वरूप प्रदान करने तथा व्यवहार में इन्हें प्रभावी रूप से लागू करने के लिये सन् 1950 में यूरोपीय देशों द्वारा की गई संधि का भी अपना अनूठा स्थान है। इस संधि के अंतर्गत यूरोपीय देशों की परिषद् द्वारा एक कमीशन तथा न्यायालय की स्थापना की गई। कमीशन का कार्य मानवाधिकारों के उल्लंघन विषयक मामलों की जांच करना तथा न्यायालय का कार्य उस पर निर्णय देना है। मानवाधिकारों की सार्वभौमिक घोषणा को क्रियान्वित करने का यह एक महत्त्वपूर्ण प्रयास है।

मानवाधिकार कोष-

मानवाधिकारों के क्रियान्वयन की दिशा में मानवाधिकार कोष की स्थापना का उल्लेख किया जाना प्रासंगिक होगा। 18 दिसम्बर, 1991 को संयुक्त राष्ट्र संघ

की महासभा द्वारा एक स्वैच्छिक मानवाधिकार न्यास कोष की स्थापना की घोषणा की गई। इस कोष में प्राप्त धनराशि का उपयोग गुलामी और दासता में पल रहे मानव समुदाय को उत्पीड़न से मुक्ति दिलाने तथा उन्हें समुचित संरक्षण प्रदान करने के लिये किया जाता है।

मानवअधिकार संरक्षण अधिनियम–

अब हम मानव अधिकार संरक्षण अधिनियम 1993 के उपबंधों पर विचार करते हैं।

अधिनियम का नाम, विस्तार एवं प्रवर्तन–

इस अधिनियम को मानवाधिकार संरक्षण अधिनियम, 1993 के नाम से सम्बोधित किया गया है।

इसका विस्तार सम्पूर्ण भारत पर है। परन्तु जहाँ तक जम्मू एवं कश्मीर का प्रश्न है, यह अधिनियम वहां संविधान की सातवीं अनुसूची की सूची 1 अथवा सूची 3 में वर्णित विषयों के संबंध में ही लागू होगा।

इस अधिनियम को 28 सितम्बर, 1993 से लागू किया गया है। धारा 1 28 सितम्बर, 1993 वह तिथि है जिस दिन राष्ट्रपति द्वारा मानवाधिकार संरक्षण अध्यादेश जारी किया गया था।

यह अधिनियम सन् 1994 का अधिनियम संख्या 10 है तथा इसे राष्ट्रपति की अनुमति दिनांक 8 जनवरी, 1994 को प्राप्त हुई।

उद्देश्य–

अधिनियम के आरम्भ में ही इसका उद्देश्य बताया गया है। इस अधिनियम के मुख्यतया निम्नांकित उद्देश्य हैं–

(1) मानवअधिकारों का बेहतर संरक्षण ;

(2) राष्ट्रीय मानवाधिकार संरक्षण आयोग का गठन ; एवं

(3) राज्यों में राज्य मानवाधिकार संरक्षण आयोगों की स्थापना।

इन्हीं उद्देश्यों को मूर्त रूप प्रदान करने के लिए भारतीय गणराज्य के 44 वें वर्ष में संसद द्वारा यह अधिनियम पारित किया गया।

विधायी इतिहास–

किसी भी अधिनियम का विधायी इतिहास अत्यन्त महत्त्वपूर्ण होता है। कमिश्नर ऑफ इन्कम टेक्स बनाम शम्बुलाल नाथालाल एण्ड कं. के मामले में यह कहा गया है कि वह विधायी इतिहास ही है जो न केवल अधिनियम के उद्देश्यों एवं कारणों पर प्रकाश डालता है, अपितु उसे रिष्टि से भी बचाता है।

विधायी इतिहास से मुख्यतया अधिनियम पारित किये जाने के उद्देश्यों एवं कारणों क जानकारी मिलती है। जब अधिनियम के लिए विधेयक लाया जाता है तब उसमें यह स्पष्ट किया जाता है कि–

(1) वह विधेयक क्यों लाया जा रहा है ;

(2) उसका क्या प्रयोजन है ;

(3) विधानमण्डल का आशय क्या है ; तथा

(4) वे कौन सी परिस्थितियाँ एवं अत्यावश्यकतायें हैं जिनके कारण ऐसा विधेयक लाना पड़ा है?

इन्हीं सब बातों को ध्यान में रखते हुए सर्व प्रथम सन् 1993 में मानवाधिकार आयोग विधेयक विधेयक संख्या 65 लाया गया, लेकिन दलगत राजनीति के कारण यह पारित नहीं हो सका।

इस पर सन् 1993 में ही राष्ट्रपति द्वारा संविधान के अनुच्छेद 123 के अन्तर्गत मानवाधिकार संरक्षण अधिनियम जारी किया गया जिसका मुख्य उद्देश्य राष्ट्रीय मानवाधिकार आयोग तथा राज्यों में राज्य मानवाधिकार आयोगों का गठन करना था।

यहाँ यह उल्लेखनीय है कि जब संसद का अधिवेशन नहीं चल रहा हो और परिस्थितियां ऐसी हों कि उनसे निपटने के लिए कानून की आवश्यकता हो।

तब राष्ट्रपति संविधान के अनुच्छेद 123 के अन्तर्गत अध्यादेश जारी कर सकता है और उस अध्यादेश का वही प्रभाव होता है जो किसी अधिनियम का होता है। यहां संविधान के अनुच्छेद 123 का मूल पाठ दिया जा रहा है–

123. संसद के विश्रांतिकाल में अध्यादेश प्रख्यापित करने की राष्ट्रपति की शक्ति–

(1) उस समय को छोड़कर जब संसद के दोनों सदन सत्र में हैं, यदि किसी समय राष्ट्रपति का यह समाधान हो जाता है कि ऐसी परिस्थितियाँ विद्यमान हैं जिनके

कारण तुरंत कार्रवाई करना उसके लिए आवश्यक हो गया है तो वह ऐसे अध्यादेश प्रख्यापित कर सकेगा जो उसे उन परिस्थितियों में अपेक्षित प्रतीत हों।

(2) इस अनुच्छेद के अधीन प्रख्यापित अध्यादेश का वही बल और प्रभाव होगा जो संसद के अधिनियम का होता है, किन्तु प्रत्येक ऐसा अध्यादेश-

(क) संसद् के दोनों सदनों के समक्ष रखा जाएगा और संसद के पुनः समवेत होने से छह सप्ताह की समाप्ति पर या यदि उस अवधि की समाप्ति से पहले दोनों सदन उसके अनुमोदन का संकल्प पारित कर देते हैं, तो इनमें से दूसरे संकल्प के पारित होने पर प्रवर्तन में नहीं रहेगा; और

(ख) राष्ट्रपति द्वारा किसी भी समय वापस लिया जा सकेगा।

स्पष्टीकरण-जहाँ संसद के सदन, भिन्न-भिन्न तारीखों को पुनः समवेत होने के लिए, आहुत किए जाते हैं वहां इस खंड के प्रयोजनों के लिए, छह सप्ताह की अवधि की गणना उन तारीखों में से पश्चात्वर्ती तारीख से की जाएगी।

(3) यदि और जहाँ तक इस अनुच्छेद के अधीन अध्यादेश कोई ऐसा उपबंध करता है जिसे अधिनियमत करने के लिए संसद इस संविधान के अधीन सक्षम नहीं है तो वहां तक वह अध्यादेश शून्य होगा।

राष्ट्रपति के अध्यादेश के पश्चात् लोक सभा में पुनः मानवाधिकार संरक्षण विधेयक, 1993 लाया गया। अन्ततः यह विधेयक संसद के दोनों सदनों द्वारा पारित कर दिया गया। इस प्रकार मानवाधिकार संरक्षण अधिनियम, 1993 पारित हुआ। इस अधिनियम के पारित हो जाने पर राष्ट्रपति का अध्यादेश निरसित हो गया।

यहाँ संक्षेप में संसद की विधायी प्रक्रिया का उल्लेख करना भी समीचीन होगा। संविधान के अनुच्छेद 107, 108 एवं 111 में सामान्य विधि निर्माण की प्रक्रिया बताई गई है। इनका मूल पाठ इस प्रकार है-

107. विधेयकों के पुनःस्थापना और पारित किये जाने के संबंध में उपबंध-

(1) धन विधेयकों और अन्य वित्त विधयकों के संबंध में अनुच्छेद 109 और अनुच्छेद 117 के उपबंधों के अधीन रहते हुए, कोई विधेयक संसद के किसी भी सदन में आरंभ हो सकेगा।

(2) अनुच्छेद 108 और अनुच्छेद 109 के उपबंधों के अधीन रहते हुए, कोई विधेयक संसद के सदनों द्वारा तब तक पारित किया गया नहीं समझा जाएगा

जब तक संशोधन के बिना या केवल ऐस संशोधनों सहित, जिन पर दोनों सदनों सहमत हो गए हैं, उस पर दोनों सदनों सहमत नहीं हो जाते हैं।

(3) संसद में लंबित विधेयक सदनों के सत्रावसान के कारण व्यपगत नहीं होगा।

(4) राज्य सभा में लंबित विधेयक, जिसको लोक सभा ने पारित नहीं किया है, लोक सभा में विघटन पर व्यपगत नहीं होगा।

(5) कोई विधेयक, जो लोक सभा में लंबित है या जो लोक सभा द्वारा पारित कर दिया गया है और राज्य सभा में लंबित है, अनुच्छेद 108 के उपबंधों के अधीन रहते हुए, लोक सभा के विघटन पर व्यपगत हो जाएगा।

108. कुछ दशाओं में दोनों सदनों की संयुक्त बैठक–

(1) यदि किसी विधेयक के एक सदन द्वारा पारित किए जाने और दूसरे सदन को पारेषित किए जाने के पश्चात्–

(क) दूसरे सदन द्वारा विधेयक अस्वीकार कर दिया गया है; या

(ख) विधेयक में किए जाने वाले संशोधनों के बारे में दोनों संदन अंतिम रूप से असहमत हो गए है; या

(ग) दूसरे सदन को विधेयक प्राप्त होने की तारीख से उसके द्वारा विधेयक पारित किए बिना छह मास से अधिक बीत गए हैं:

तो उस दशा के सिवाय जिसमें लोक सभा का विघटन होने के कारण विधेयक व्यपगत हो गया है, राष्ट्रपति विधेयक पर विचार–विमर्श करने और मत देने के प्रयोजन के लिए सदनों को संयुक्त बैठक में अधिवेशित होने के लिए आहूत करने के अपने आशय की सूचना, यदि वे बैठक में हैं तो संदेश द्वारा या यदि वे बैठक में नहीं हैं तो लोक अधिसूचना द्वारा देगा:

परन्तु इस खंड की कोई बात धन विधेयक को लागू नहीं होगी।

(2) छह मास की ऐसी अवधि की गणना करने में जो, एक (1) में निर्दिष्ट है, किसी ऐसी अवधि को हिसाब में नहीं लिया जाएगा जिसमें उक्त खंड के उपखंड (ग) में निर्दिष्ट सदन सत्रावसित या निरंतर चार से अधिक दिनों के लिए स्थगित कर दिया जाता है।

(3) यदि राष्ट्रपति ने खंड (1) के अधीन सदनों को संयुक्त बैठक में अधिवेशित होने के लिए आहूत करने के अपने आशय की सूचना दे दी है तो कोई भी सदन विधेयक पर आगे कार्यवाही नहीं करेगा, किन्तु राष्ट्रपति अपनी अधिसूचना की तारीख के पश्चात् किसी समय सदनों को अधिसूचना में विनिर्दिष्ट प्रयोजन के लिए संयुक्त बैठक में अधिवेशित होने के लिए आहूत कर सकेगा और, यदि वह ऐसा करता है तो; सदन तदनुसार अधिवेशित होगे।

(4) यदि सदनों की संयुक्त बैठक में विधेयक ऐसे संशोधनों सहित, यदि कोई हों, जिन पर संयुक्त बैठक में सहमति हो जाती है, दोनों सदनों के उपस्थित और मत देने वाले सदस्यों की कुल संख्या के बहुमत द्वारा पारित हो जाता है तो इस संविधान के प्रयोजनों के लिए वह दोनों सदनों द्वारा पारित किया गया समझा जाएगा:

परन्तु बैठक में-

(क) यदि विधेयक एक सदन से पारित किए जाने पर दूसरे सदन द्वारा संशोधनों सहित पारित नहीं कर दिया गया है और उस सदन, को जिसमें उसका आरंभ हुआ था, लौटा नहीं दिया गया है तो ऐसे संशोधनों से भिन्न यदि कोई हों जो विधेयक के पारित होने में देरी के कारण आवश्यक हो गए हैं, विधेयक में कोई और संशोधन प्रस्थापित नहीं किया जाएगा;

(ख) यदि विधेयक इस प्रकार पारित कर दिया गया है और लौटा दिया गया है तो विधेयक में केवल पूर्वोक्त संशोधन और ऐसे अन्य संशोधन, जो उन विषयों से सुसंगत हैं जिन पर सदनों में सहमति हुई है, प्रस्थापित किए जाएँगे;

और पीठासीन व्यक्ति का इस बारे में विनिश्चय अंतिम होगा कि कौन से संशोधन इस खण्ड के अधीन ग्राह्य हैं।

(5) सदनों की संयुक्त बैठक में अधिवेशन होने के लिए आहूत करने के अपने आशय की राष्ट्रपति की सूचना के पश्चात् लोक सभा का विघटन बीच में हो जाने पर भी, इस अनुच्छेद के अधीन संयुक्त बैठक हो सकेगी और उसमें विधेयक पारित हो सकेगा।

111. विधेयकों पर अनुमति–

जब कोई विधेयक संसद के सदनों द्वारा पारित कर दिया गया है तब वह राष्ट्रपति के सक्षम प्रस्तुत किया जाएगा और राष्ट्रपति घोषित करेगा कि वह विधेयक पर अनुमति देता है या अनुमति रोक लेता है:

परन्तु राष्ट्रपति अनुमति के लिए अपने समक्ष विधेयक प्रस्तुत किए जाने के पश्चात् यथाशीघ्र उस विधेयक को, यदि वह धन विधेयक नहीं है तो, सदनों को इस संदेश के साथ लौटा सकेगा कि वे विधेयक पर या उसके किन्हीं विनिर्दिष्ट उपबंधों पर पुनर्विचार करें और विशिष्टतया किन्हीं ऐसे संशोधनों के पुनःस्थापन की वांछनीयता पर विचार करें जिनकी उसने अपने संदेश में सिफारिश की है और जब विधेयक इस प्रकार लौटा दिया जाता है तब सदन विधेयक पर तदनुसार पुनर्विचार करेंगे और यदि विधेयक सदनों द्वारा संशोधन सहित या उसके बिना फिर से पारित कर दिया जाता है और राष्ट्रपति के समक्ष अनुमति के लिए प्रस्तुत किया जाता है राष्ट्रपति उस पर अनुमति नहीं रोकेगा।

विधेयक के उद्देश्य एवं कारण-

उल्लेखनीय है कि 16 दिसम्बर, 1966 को संयुक्त राष्ट्र संघ की साधारण सभा द्वारा आर्थिक, सामाजिक, सांस्कृतिक, सिविल एवं राजनैतिक अन्तर्राष्ट्रीय प्रसंविदाओं को अंगीकृत किया गया। भारत भी इसका एक पक्षकार रहा है। अतः भारत में भी इन प्रसंविदाओं को स्थान देने के लिए समय-समय पर चिन्तन एवं विचार-विमर्श किया गया। मुख्यमंत्रियों का सम्मेलन भी आयोजित किया गया। मानवाधिकारों पर अन्य कोई कॉन्फ्रेन्स एवं सेमिनार भी बुलाये गये। विशद् विवेचन के बाद यह उचित समझा गया कि भारत में भी मानवाधिकारों के संरक्षण के लिए प्रभावी विधि बनाई जाये। यह विधेयक उसी की परिणति है।

परिभाषायें-

अधिनियम की धारा 2 में निम्नांकित शब्दों की परिभाषायें दी गई हैं-

(1) सशस्त्र बल,
(2) अध्यक्ष,
(3) आयोग
(4) मानवाधिकार
(5) मानवाधिकार न्यायालय,
(6) अन्तर्राष्ट्रीय प्रसंविदायें,
(7) सदस्य,
(8) अल्पसंख्यकों के लिए राष्ट्रीय आयोग
(9) महिलाओं के लिए राष्ट्रीय आयोग,
(10) अधिसूचना
(11) विहित,
(12) लोक सेवक, एवं
(13) राज्य आयोग।

यह अधिनियम का व्याख्यात्मक खण्ड है-

धारा 2 अधिनियम का व्याख्यात्मक खण्ड है। इसमें कपितय उन शब्दों की परिभाषायें दी गई हैं जो अधिनियम में स्थान-स्थान पर प्रयुक्त हुए हैं। इसका मुख्य उद्देश्य इन शब्दों का अर्थ स्पष्ट करना तो है ही, साथ ही साथ अर्थान्वयन या निर्वचन के समय इनके मार्ग में आने वाली बाधाओं एवं संदिग्धताओं का निवारण करना भी है।

निर्वचन के नियम-

आगे बढ़ने से पूर्व यहां निर्वचन के नियमों पर संक्षेप में प्रकाश डालना समुचित होगा। निर्वचन के मुख्यतया निम्नांकित नियम हैं-

(क) जहाँ अधिनियम की भाषा स्पष्ट एवं असंदिग्ध हो वहां उसे वही अर्थ दिया जाना चाहिए।

(ख) शब्दों का वास्तविक एवं शाब्दिक अर्थ ही अंगीकृत किया जाना चाहिये।

(ग) शब्दों को वही अर्थ दिया जाना चाहिये जिस संदर्भ में वे प्रस्तुत हैं।

(घ) शब्दों का अर्थान्वयन करते समय दस्तावेज के सार को देखा जाना चाहिये, प्ररूप को नहीं।

(ङ)निर्वचन के समय विधायिका के आशय आदि को ध्यान में रखा जाना चाहिये।

(च) निर्वचन इस प्रकार किया जाना चाहिये कि रिष्टि को स्थान न मिले।

(छ) शब्दों का सामञ्जस्यपूर्ण अर्थापूर्ण किया जाना चाहिये।

जहां किसी कराधान संविधि के दो अर्थ निकलते हों, वहां ऐसे अर्थ को ग्राह्य किया जाना चाहिये जो निर्धारिती के पक्ष में हो।

अनिश्चित अर्थ वाले शब्दों के अर्थ-निर्धारण के लिए शब्द कोष का सहारा लिया जा सकता है।

(क) सशस्त्र बल-

"सशस्त्र बल से नौ सेना थल सेना और वायु सेना बल अभिप्रेत है और इसमें संघ का अन्य कोई सशस्त्र बल सम्मिलित है।" [धारा 2 (1) क]

इस प्रकार सशस्त्र बल में निम्नांकित को सम्मिलित किया गया है-

(1) नौ सेना;

(2) थल सेवा;

(3) वायु सेना; एवं

(4) संघ का अन्य कोई सशस्त्र बल।

संघ के अन्य सशस्त्र बलों में सीमा सुरक्षा बल (बी.एस.एफ) आदि सम्मिलित हैं।

(ख) अध्यक्ष-

"अध्यक्ष से अयोग का अध्यक्ष अथवा राज्य आयोग का अध्यक्ष, यथास्थिति, अभिप्रेत है।" [धारा 2 (1) (ख)]

आयोग से अभिप्राय यहाँ राष्ट्रीय आयोग से है। अतः शब्द "अध्यक्ष" में राष्ट्रीय मानवाधिकार संरक्षण आयोग तथा राज्य मानवाधिकार संरक्षण आयोग के अध्यक्ष दोनों सम्मिलित हैं।

(ग) आयोग-

"अयोग से धारा 3 के अन्तर्गत गठित राष्ट्रीय मानवाधिकार संरक्षण आयोग अभिप्रेत है।" [धारा 2 (1) (ग)]

इस अधिनियम की धारा 3 में राष्ट्रीय मानवाधिकार आयोग के गठन का प्रावधान किया गया है। यह परिभाषा उसी आयोग के संदर्भ में है।

(घ) मानवाधिकार-

इस अधिनियम के प्रयोजनार्थ शब्द "मानवाधिकार" अत्यन्त महत्वपूर्ण है। वस्तुतः यही शब्द इस सम्पूर्ण अधिनियम का केन्द्र बिन्दु है।

"मानवाधिकार से व्यक्ति के जीवन प्राण, स्वतंत्रता, समानता एवं गरिमा से संबंधित ऐसे अधिकार अभिप्रेत हैं जो संविधान द्वारा प्रत्याभूत अथवा अन्तर्राष्ट्रीय प्रसंविदाओं में सन्निहित हैं और भारत के न्यायालयों द्वारा प्रवर्तनीय हैं।" [धारा 2 (1) (घ)]

मानवाधिकारों की यह परिभाषा अत्यन्त व्यापक एवं विस्तृत है। इसमें अन्तर्राष्ट्रीय प्रसंविदाओं एवं अभिसमयों में समाहित तथा भारतीय संविधान द्वारा प्रत्याभूत

जीवन, स्वतंत्रता, समानता और वैयक्तिक गरिमा से सम्बद्ध अधिकारों को सम्मिलित किया गया है। इसका मूल लक्ष्य जीवन मानव जीवन और उसकी गरिमा को सुरक्षा प्रदान करना है।

वस्तुतः ये अधिकार वे ही हैं जो हमारे संविधान द्वारा प्रत्याभूत हैं। संविधान के भाग 3 में इन अधिकारों का उल्लेख किया गया है। लेकिन इनसे भी अधिक महत्वपूर्ण उच्चतम न्यायालयों एवं उच्च न्यायालयों द्वारा समय-समय उद्घोषित न्यायिक-निर्णयों में मान्य किये गये वे अधिकार हैं जो व्यक्ति की गरिमा एवं उसके सम्मानपूर्वक जीवन यापन का समर्थन करते हैं।

विमल चौधरी बनाम नगर निगम, जयपुर के मामले में राजस्थान उच्च न्यायालय द्वारा यहां तक कहा गया है कि जीवन जीने के अधिकार से अभिप्राय है- अर्थपूर्ण जीवन यापन। जिन लोगों के पास रहने को मकान नहीं है और जो फुटपाथों व सड़कों पर सोने के लिए विवश हैं, उनके लिए स्वच्छ टॉयलेट आदि उपलब्ध कराना नगर निगम का दायित्व है। मानव गरिमा युक्त जीवन जीने के अधिकार से कभी समझौता नहीं किया जा सकता।

अतः शब्द "मानवाधिकार" को हम संविधान एवं न्यायिक निर्णयों के प्ररिप्रेक्ष्य में देखेंगे।

संविधान द्वारा प्रत्याभूत अधिकार-

संविधान के भाग 3 में मानवाधिकारों से संबंधित अधिकार मुख्यतया निम्नांकित हैं-

(1) समता का अधिकार अनुच्छेद 14 से 18;

(2) स्वतंत्रता का अधिकार अनुच्छेद 19;

(3) अपराधों के लिए दोषसिद्धि के विरुद्ध अधिकार अनुच्छेद 20;

(4) प्राण और दैहिक स्वतंत्रता का अधिकार अनुच्छेद 21;

(5) गिरफ्तारी और निरोध से संरक्षण का अधिकार;

(6) शोषण के विरुद्ध अधिकार अनुच्छेद 23 एवं 24; आदि।

इनके अतिरिक्त न्यायालयों द्वारा समय-समय पर राज्य की नीति के कतिपय निदेशक तत्वों को भी मूल एवं मानवाधिकारों के समतुल्य माना है।

समता का अधिकार

14. विधि के समक्ष क्षमता– राज्य, भारत के राज्यक्षेत्र में किसी व्यक्ति को विधि के समक्ष समता से या विधियों के समान संरक्षण से वंचित नहीं करेगा।

15. धर्म, मूलवंश, जाति, लिंग या जन्म स्थान के आधार पर विभेद का प्रतिषेध–

(1) राज्य किसी नागरिक के विरुद्ध धर्म, मूलवंश, जाति, लिंग, जन्मस्थान या इनमें से किसी के आधार पर कोई विभेद नहीं करेगा।

(2) कोई नागरिक केवल, धर्म, मूलवंश, जाति, लिंग, जन्मस्थान या इनमें से किसी के आधार पर–

(क) दुकानों, सार्वजनिक भोजनालयों, होटलों और सार्वजनिक मनोरंजन के स्थानों में प्रवेश; या

(ख)पूर्णतः या भागतः राज्य–निधि से पोषित या साधारण जनता के प्रयोग के लिए समर्पित कुओं, तालाबों, स्नानघाटों, सड़कों और सार्वजनिक समागम के स्थानों का उपयोग, के संबंध में किसी भी निर्योग्यता, दायित्व, निर्बंधन या शर्त के अधीन नहीं होगा।

(3) इस अनुच्छेद की कोई बात राज्य को स्त्रियों और बालकों के लिए कोई विशेष उपबंध करने से निवारित नहीं होगी।

(4) इस अनुच्छेद की या अनुच्छेद 29 के खंड (2) की कोई बात राज्य को सामाजिक और शैक्षिक दृष्टि से पिछड़े हुए नागरिकों के किन्हीं वर्गों की उन्नति के लिये या अनुसूचित जातियों और अनुसूचित जनजातियों के लिए कोई विशेष उपबंध करने से निवारित नहीं करेगी।

16. लोक नियोजन के विषय में अवसर की समता–

(1) राज्य के अधीन किसी पद पर नियोजन या नियुक्ति से संबंधित विषयों में सभी नागरिकों के लिए अवसर की समता होगी।

(2) राज्य के अधीन किसी नियोजन या पद के संबंध में केवल धर्म, मूलवंश, जाति, लिंग, उद्‌भव, जन्मस्थान, निवास या इनमें से किसी के आधार पर न तो कोई नागरिक अपात्र होगा और न उससे विभेद किया जाएगा।

(3) इस अनुच्छेद की कोई बात संसद को कोई ऐसी विधि बनाने से निवारित नहीं करेगी जो किसी राज्य या संघ राज्यक्षेत्र की सरकार के या उसमें के किसी स्थानीय या अन्य प्राधिकारी के अधीन वाले किसी वर्ग या वर्गों के पद पर नियोजन या नियुक्ति के संबंध में ऐसे नियोजन या नियुक्ति से पहले उस राज्य या संघ राज्यक्षेत्र के भीतर निवास विषयक कोई अपेक्षा विहित करती है।

(4) इस अनुच्छेद की कोई बात राज्य को पिछड़े हुए नागरिकों के किसी वर्ग के पक्ष में, जिनका प्रतिनिधित्व राज्य की राय में राज्य के अधीन सेवाओं में पर्याप्त नहीं है, नियुक्तियों या पदों के आरक्षण के लिए उपबंध करने से निवारित नहीं करेगी।

अनुच्छेद 16 में दो नये 4क एवं 4ख क्रमशः संविधान संशोधन अधिनियम, 1995 व 2000 द्वारा जोड़े गये हैं जिनमें अनुसूचित जाति, अनुसूचित जनजाति व पिछड़े वर्गों के लिए नियोजन में आरक्षण हेतु विशेष व्यवस्था की गई है।

(5) इस अनुच्छेद की कोई बात किसी ऐसी विधि के प्रवर्तन पर प्रभाव नहीं डालेगी जो यह उपबंध करती है कि किसी धार्मिक या संप्रदायिक संस्था के कार्यकलाप से संबंधित कोई पदधारी या उसके शासी निकाय का कोई सदस्य किसी विशिष्ट धर्म का मानने वाला या विशिष्ट संप्रदाय का ही हो।

17. अस्पृश्यता का अंत–

"अस्पृश्यता" का अंत किया जाता है और उसका किसी भी रूप में आचरण निषिद्ध किया जाता है। "अस्पृश्यता" से उपजी किसी निर्योग्यता को लागू करना अपराध होगा जो विधि के अनुसार दंडनीय होगा।

18. उपाधियों का अंत–

(1) राज्य सेवा या विद्या संबंधी सम्मान के सिवाय और कोई उपाधि प्रदान नहीं करेगा।

(2) भारत का काई नागरिक किसी विदेशी राज्य से कई उपाधि स्वीकार नहीं करेगा।

(3) कोई व्यक्ति, जो भारत का नागरिक नहीं है, राज्य के अधीन लाभ या विश्वास के किसी पद को धारण करते हुए किसी विदेशी राज्य से कोई उपाधि राष्ट्रपति की सहमति के बिना स्वीकार नहीं करेगा।

(4) राज्य के अधीन लाभ या विश्वास का पद धारण करने वाला कोई व्यक्ति किसी विदेशी राज्य से या उसके अधीन किसी रूप में कोई भेंट, उपलब्धि या पद राष्ट्रपति की सहमति के बिना स्वीकार नहीं करेगा।

अनुच्छेद 14 से 18 तक में संविधान प्रत्येक व्यक्ति को "समता का अधिकार" प्रदान करता है। मानवाधिकार से जुड़ा हुआ यह प्रथम अधिकार है। वस्तुतः समता के अधिकार में ही व्यक्ति की गरिमा सन्निहित है। जब तक व्यक्ति-व्यक्ति के बीच समानता का भाव नहीं होगा, तब तक व्यक्ति की गरिमा की परिकल्पना नहीं की जा सकती।

इतिहास इस बात का साक्षी है कि जब-जब व्यक्ति के बीच विभेद की रेखा खींची गई तब-तब वर्ग संघर्ष ने जन्म लिया। समाज के पिछड़े एवं कमजोर कहे जाने वर्ग में असंतोष के भाव का यही एक मुख्य घटक अथवा कारण रहा है। बुराई की इस जड़ को समाप्त करने के लिए ही संविधान में सर्वप्रथम समता के अधिकार को स्थान दिया गया है।

विधि के समक्ष समता-

अनुच्छेद 14 सभी व्यक्तियों को विधि के समक्ष समता एवं विधियों के समान संरक्षण का अधिकार प्रदान करता है। इस अधिकार की जड़ें हमें मानव अधिकार पत्र में मिलती हैं। इसके अनुच्छेद 7 में यह कहा गया है कि "विधि के समक्ष सभी समान हैं और बिना किसी विभेद के सभी विधि के संरक्षण के अधिकारी हैं। "

शब्द "विधि के समक्ष समता" इंग्लैण्ड के संविधान से लिया गया है। प्रोफेसर डायसी जिसे "विधि का शासन" कहते हैं जबकि शब्द "विधि का समान संरक्षण" अमेरिका के संविधान से अंगीकृत किया गया है।

प्रोफेसर डायसी के अनुसार विधि का शासन का अर्थ है-"कोई भी व्यक्ति विधि से ऊपर नहीं है। प्रत्येक व्यक्ति चाहे उसकी अवस्था या पद जो कुछ भी हो, देश की सामान्य विधियों के अधीन और साधारण न्यायालयों की अधिकारिता के भीतर है। राष्ट्रपति से लेकर देश का निर्धन से निर्धन व्यक्ति समान विधि के अधीन है और बिना औचित्य के किसी कृत्य के लिए समान रूप से उत्तरदायी है।"

गुजरात उच्च न्यायालय द्वारा एक मामले में यह अभिनिर्धारित किया गया है कि "समता का सिद्धान्त" एक सकारात्मक अवधारणा है, नकारात्मक नहीं।

हवाला-काण्ड में पुष्टि-

विधि-शासन के इस नियम की पुष्टि देश के बहुचर्चित हवाला काण्ड में उच्चतम न्यायालय द्वारा की गई है। हवाला काण्ड की जांच कर रही सी.बी.आई पुलिस में जब निष्पक्षता का अभाव देखा तो उच्चतम न्यायालय की खण्ड पीठ के न्यायाधीश जे.एस.पी. भड़ूचा एवं एस.सी.सेन को यह कहना पड़ा कि-"सी.बी.आई. सम्पूर्ण मामले की निष्पक्षता से जांच करे। हवाला काण्ड में लिप्त किसी भी व्यक्ति को नहीं बख्से, चाहे वह कितनी बड़ी शख्सियत क्यों न हो।"

उच्चतम न्यायालय का यह अन्तिम आदेश निःसन्देह भारत में विधि-शासन की जड़ों को गहरा करने वाला है। मानवाधिकारों के संरक्षण की दिशा में यह आदेश मील का पत्थर है।

रामप्रसाद बनाम स्टेट आफ पंजाब के मामले में उच्चतम न्यायालय ने विधि शासन शब्द की व्याख्या करते हुए कहा है-"विधि के समक्ष समता का तात्पर्य यह है कि समान परिस्थति वाले व्यक्तियों के बीच समान विधि होनी चाहिये और समान रूप से लागू की जानी चाहिए तथा एक तरह के व्यक्तियों के साथ एक तरह का व्यवहार करना चाहिये। समान कार्य के लिए किसी पर मुकदमा चलाने या अभियोजन चलाने में, धर्म, मूलवंश, सम्पत्ति, सामाजिक स्तर या राजनैतिक हैसियत के आधार पर भेदभाव नहीं किया जाना चाहिए।"

विधि का समान संरक्षण-

विधि के समान संरक्षण का अर्थ है समान परिस्थिति वाले व्यक्तियों को समान विधियों के अधीर रखना तथा समान रूप से लागू करना, चाहे वे विशेषधिकार हों या दायित्व हों। दूसरे शब्दों में, यह कहा जा सकता है कि समान परिस्थति वाले व्यक्तियों में कोई विभेद नहीं किया जाना चाहिए और उन पर एक ही विधि लागू की जानी चाहिये।

यही कारण है कि सभी विधियों के संवैधानिक होने की उपधारणा की जाती है। यदि कोई व्यक्ति किसी संविधि के विभेदकारी होने का कथन करता है तो उसे तथ्य को साबित करना होता है।

समता के इन दोनों सिद्धान्तों ने मानवाधिकारों की रक्षा की है। जब-जब भी अयुक्तियुक्त विभेद के आधार पर मानवाधिकारों का अतिक्रमण किये जाने की चेष्टा की गई तब-तब न्यायालय ने ऐसी चेष्टा को निष्प्रभावी कर दिया। एयर इण्डिया बनाम नरगिस मिर्जा का मामला इसका एक अच्छा उदाहरण है। इस मामले में उच्चतम

न्यायालय ने इण्डियन एयर लाइन्स द्वारा बनाये गये उस नियम को असंवैधानिक घोषित करा दिया जिसमें यह व्यवस्था दी गई थी कि ऐसी वायुयान परिचारिकाओं को अवकाश ग्रहण करना होगा जो पहली बार गर्भवती जो जायें। उच्चतम न्यायालय ने इसे अयुक्तियुक्त एवं विभेदकारी शर्त माना।

धर्म, मूलवंश, जाति, लिंग या जन्म स्थान के आधार पर विभेद का प्रतिषेध–

मानवधिकारों के संरक्षण की दिशा में संविधान में की गई यह एक महत्वपूर्ण व्यवस्था है। अनुच्छेद 15 एवं 16 में यह कहा गया है कि–

(क) केवल धर्म, मूलवंश, जाति, लिंग एवं जन्म स्थान के आधार पर किसी नागरिक को दुकानों, सार्वजनिक भोजनालयों, होटलों और सार्वजनिक मनोरंजन के स्थानों में प्रवेश से नहीं रोका जायेगा;

(ख) इनमें से किसी आधार पर किसी नागरिक को राज्य निधि से पूर्णतः या भागतः पोषित या साधारण जनता के प्रयोग के लिए, समर्पित कुओं, तालाबों, स्नानघाटों, सड़कों और सार्वजनिक समागम के स्थानों के उपयोग से निवारित नहीं किया जायेगा; तथा

(घ) राज्य के अधीन किसी पद पर नियोजन या नियुक्ति से संबंधित विषयों में सभी नागरिकों के लिए अवसर की समता होगी।

इसी व्यवस्था के अनुक्रम में अनुच्छेद 17 में ''अस्पृश्यता के अन्त'' तथा अनुच्छेद 18 में ''उपाधियों के अन्त'' का प्रावधान किया गया है।

समान कार्य के लिए समान वेतन–

समय वहां तक आ पहुंचा कि ''समान कार्य के लिए समान वेतन'' की धारणा बनने लगी। मानवाधिकारों के संरक्षण का इससे अच्छा उदाहरण और कोई हो नहीं सकता। 'रनवीर सिंह बनाम यूनियन ऑफ इण्डिया' के मामले में उच्चतम न्यायालय ने यह स्पष्ट रूप से कहा कि–''यद्यपि समान कार्य के लिए समान वेतन मूल अधिकार नहीं है लेकिन यह एक संवैधानिक लक्ष्य अवश्य है। यदि इस सम्बन्ध में बिना किसी ठोस आधार के दो व्यक्तियों में विभेद किया जाता है तो इससे संविधान के अनुच्छेद 14 का अतिक्रमण होता है।''

ठीक इसी प्रकार का मत 'स्टेट ऑफ हरियाणा बनाम हरियाणा सिविल सेक्रेट्रिएट पर्सनल स्टॉफ एसोसियेशन' के मामले में अभिव्यक्त किया गया है। इस मामले में उच्चतम न्यायालय द्वारा यह अभिनिर्धारित किया गया है कि ''यद्यपि समान

कार्य के लिए समान वेतन पाने का अधिकार कोई मूल अधिकार नहीं है। लेकिन यह एक ऐसा संवैधानिक लक्ष्य है जिसे प्राप्त करने का प्रयास सरकार द्वारा किया जाना है।''

उत्तराखण्ड महिला कल्याण परिषद् बनाम स्टेट ऑफ उत्तर प्रदेश के मामले में पुरुष एवं महिला शिक्षकों के वेतन में भिन्नता को चुनौती दी गई थी। समान पद पर समान कार्य करने वाले पुरुष शिक्षकों को महिला शिक्षकों से अधिक वेतन दिया जाता था। उच्चतम न्यायालय ने इसे असंवैधानिक करार देते हुए समान वेतन देने के आदेश दिये।

'बाबूलाल बनाम नई दिल्ली म्युनिसिपल कमेटी' के मामले में भी उक्त नियम की पुष्टि करते हुए उच्चतम न्यायालय ने समान कार्य के लिए समान वेतन के अधिकार का समर्थन किया।

'फ्रेंक एन्थोनी पब्लिक स्कूल एम्प्लायर्स एसोसियेशन बनाम यूनियन ऑफ इण्डिया' के मामले में उच्चतम न्यायालय ने यह अभिनिर्धारित किया है कि सरकारी सहायता प्राप्त और गैर-सरकारी सहायता प्राप्त अल्पसंख्यक विद्यालयों के शिक्षकों के वेतन एवं अन्य सेवा शर्तों में विभेद करना संविधान के अनुच्छेद 14 का अतिलंघन है।

पिछड़े वर्गों के लिए संरक्षण-

संविधान के अनुच्छेद 16 के अधीन राज्य पिछड़े वर्गों के पक्ष में नियुक्तियों या पदों के आरक्षण के लिए व्यवस्था कर सकता है, यदि-

1. राज्याधीन सेवाओं में ऐसे वर्गों को पर्याप्त प्रतिनिधित्व नहीं मिला हो; एवं

2. ऐसा वर्ग सामाजिक और शैक्षिक दृष्टि से पिछड़ा हो।

इस प्रकार समाज के कमजोर एवं पिछड़े वर्गों के अधिकारों के संरक्षण की दिशा में उठाया गया यह एक और महत्वपूर्ण कदम है।

सत्ता में भागीदारी-

समाज के पिछड़े वर्गों तथा महिलाओं की सत्ता में भागीदारी सुनिश्चित करना इस दशक की एक महान उपलिब्ध है। वस्तुतः सदियों से दासता का जीवन व्यतीत करने वाला यह वर्ग सत्ता से दूर रहा है। उन्हें अपने अधिकारों से वंचित रखा गया है। जब देश में मानवाधिकारों की बात होने लगी तो हमारा ध्यान इन वर्गों को सत्ता

में भागीदार बनाने की ओर गया। सन् 1992 का संविधान का 73वां संशोधन इसका ज्वलंत उदाहरण है। इस संशोधन के माध्यम से न केवल पंचायती राज को संवैधानिक दर्जा दिया गया है, अपितु पंचायती राज संस्थाओं में महिलाओं, अनुसूचित जाति एवं जनजाति के लोगों तथा पिछड़े वर्गों के लिए स्थान भी आरिक्षत किये गये। अब पंचायती राज संस्थाओं के लिए एक-तिहाई तथा अनुसूचित जाति और जनजाति के लोगों के लिए जनसंख्या के अनुपात में स्थान सुनिश्चित हो गये। कुल मिलाकर यह कहा जा सकता है कि समता का मूल अधिकार मानवाधिकारों के लिए सुरक्षा कवच साबित हुआ है।

नैसर्गिक न्याय के सिद्धान्तों का अनुसरण-

नैसर्गिक न्याय के सिद्धान्तों का अनुसरण भी विधि के समक्ष समता के अधिकार का ही एक अंग है। नैसर्गिक न्याय के सिद्धान्तों से अभिप्राय है-प्रत्येक व्यक्ति को सुनवाई का समुचित अधिकार प्रदान किया जाना तथा अपने ही मामले में किसी व्यक्ति का न्यायाधीश के तौर पर कार्य नहीं करना। इनमें भी सुनवाई का अधिकार अत्यधिक महत्वपूर्ण है। किसी मामले के पक्षकार को सुनवाई का समुचित अवसर प्रदान किया जाना आवश्यक है। 'कमिश्नर आफ सेल्स टैक्स बनाम मे. सुभाष एण्ड क.' के मामले में तो यहां तक हा गया है कि सूचना की समुचित तामील नहीं होना भी नैसर्गिक न्याय के सिद्धान्तों का उल्लघंन है।

प्राकृतिक न्याय को 'डू बनाम डू एण्ड लिबूरा' के मामले में सार्वभौम न्याय की संज्ञा दी गई है तो 'जेम्स डन्बर स्मिथ बनाम क्वीन' के मामले में इसे सारभूत न्याय की अपेक्षायें कहकर सम्बोधित किया गया है। इन रि आर.एन. के मामले में मुख्य न्यायाधीश लार्ड पार्कर ने प्राकृतिक न्याय को ऋजुता से कार्य करने के दायित्व के रूप में निरूपित किया गया है।

इस प्रकार कुल मिलाकर आशय यह है कि प्राकृतिक न्याय के सिद्धान्त भी मानव अधिकारों का ही पोषण करते हैं।

स्वतंत्रता का अधिकार-

मानवाधिकारों के संरक्षण की शृंखला में दूसरा महत्वपूर्ण मूल अधिकार स्वतंत्रता का अधिकार है। संविधान के अनुच्छेद 19(1) में नागरिकों के कई महत्वपूर्ण अधिकारों का उल्लेख किया गया है। यहां अनुच्छेद 19 का मूल पाठ दिया जाना उचित होगा।

स्वातंत्र्य-अधिकार-

19. वाक्-स्वातंत्र्य आदि विषयक कुछ अधिकारों का संरक्षण-

(1) सभी नागरिकों को-

(क) वाक्-स्वातंत्र्य और अभिव्यक्ति-स्वातंत्र्य का;

(ख) शांतिपूर्वक और निरायुध सम्मेलन का;

(ग) संगम या संघ बनाने का;

(घ) भारत के राज्यक्षेत्र में सर्वत्र अबाध संरचण का;

(ङ) भारत के राज्यक्षेत्र के किसी भाग में निवास करने और बस जाने का ; और

(छ) कोई वृत्ति, उपजीविका, व्यापार या कारबार करने का;

(2) खंड (1) के उपखंड (क) की कोई बात उक्त उपखंड द्वारा दिए गए अधिकार के प्रयोग पर भारत की प्रभुता और अखंडता, राज्य की सुरक्षा, विदेशी राज्यों के साथ मैत्रीपूर्ण संबंधों, लोक व्यवस्था, शिष्टाचार या सदाचार के हितों में अथवा न्यायालय-अवमान, मानहानि या अपराध-उद्दीपन के संबंध में युक्तियुक्त निर्बंधन जहां तक कोई विद्यमान अधिरोपित करती है वहां तक उसके प्रवर्तन पर प्रभाव नहीं डालेगी या वैसे निर्बंधन अधिरोपित करने वाली विधि बनाने से राज्य को निवारित नहीं करेगी।

(3) उक्त खंड के उपखंड (ख) की कोई बात उक्त उपखंड द्वारा दिए गए अधिकार के प्रयोग पर भारत की प्रभुता और अखंडता या लोक व्यवस्था के हितों में युक्तियुक्त निर्बंधन जहां तक कोई विद्यमान विधि अधिरोपित करती है वहां तक उसके प्रवर्तन पर प्रभाव नहीं डालेगी या वैसे निर्बंधन अधिरोपित करने वाली कोई विधि बनाने से राज्य को निवारित नहीं करेगी।

(4) उक्त खंड के उपखंड (ग) की कोई बात उक्त उपखंड द्वार दिए गए अधिकार के प्रयोग पर भारत की प्रभुता और अखंडता या लोक व्यवस्था या सदाचार के हितों में युक्तियुक्त निर्बंधन जहां तक कोई विद्यमान विधि अधिरोपित करती है वहां तक उसके प्रवर्तन पर प्रभाव नहीं डालेगी या वैसे निर्बंधन अधिरोपित करने वाली कोई विधि बनाने से राज्य को निवारित नहीं करेगी।

(5) उक्त खंड के उपखंड (घ) और उपखंड (ङ) की कोई बात उक्त उपखंडों द्वारा दिए गए अधिकारों के प्रयोग पर साधारण जनता के हितों में या किसी

अनुसूचित जनजाति के हितों के संरक्षण के लिए युक्तियुक्त निर्बंधन जहां तक कोई विद्यमान विधि अधिरोपित करती है वहां तक उसके प्रवर्तन पर प्रभाव नहीं डालेगी या वैसे निर्बंधन अधिरोपित करने वाली कोई विधि बनाने से राज्य को निवारित नहीं करेगी।

(6) उक्त खंड के उपखंड (छ) की कोई बात उक्त उपखंड द्वारा किए गए अधिकार के प्रयोग पर साधारण जनता के हितों में युक्तियुक्त निर्बंधन जहां तक कोई विद्यमान विधि अधिरोपित करती है वहां तक उसके प्रवर्तन पर प्रभाव नहीं डालेगी या वैसे निर्बंधन अधिरोपित करने वाली कोई विधि बनाने से राज्य को निवारित नहीं करेगी और विशिष्टतया उक्त उपखंड की कोई बात-

(1) कोई वृत्ति, उपजीविका, व्यापार या कारबार करने के लिए सहायक आवश्यक वृत्तिक या तकनीकी अर्हताओं से; या

(2) राज्य द्वारा या राज्य के स्वामित्व या नियंत्रण में किसी निगम द्वारा कोई व्यापार, कारबार, उद्योग या सेवा, नागरिकों का पूर्णतः या भागतः अपवर्जन करके या अन्यथा, चलाए जाने से;

जहां तक कोई विद्यमान विधि संबंध रखती है वहां तक उसके प्रवर्तन पर प्रभाव नहीं डालेगी या इस प्रकार संबंध रखने वाली कोई विधि बनाने से राज्य को निवारित नहीं करेगी।

मानवाधिकारों से जुड़ा यह एक अहम् मूल अधिकार है। विख्यात विधिवेत्ता एन.ए. पालखीवाला ने यह कहा है कि-"स्वतंत्रता मानव के हृदय में निवास करती है। मनुष्य की मृत्यु से पूर्व उसकी मृत्यु नहीं हो सकती। जब स्वतंत्रता की मृत्यु हो जाती है तब कोई भी संविधान, विधि अथवा न्यायालय न तो उसे बचा सकता है और न ही कोई सहायता प्रदान कर सकता है।" पालखीवाला के इन विचारों से स्वतंत्रता के मूल अधिकारों का महत्व स्पष्ट हो जाता है। वर्षों की दासता के बाद देशवासियों ने स्वतंत्रता के इन्हीं अधिकारों का सुनहरा स्वप्न संजोया था। इसी स्वप्न को संविधान के अनुच्छेद 19 में साकार किया गया है। अनुच्छेद 19 में नागरिकों को निम्नांकित अधिकार प्रदान किये गये हैं-

(1) वाक् और अभिव्यक्ति की स्वतंत्रता;

(2) सभा बनाने की स्वतंत्रता;

(3) संघ बनाने की स्वतंत्रता;

(4) भ्रमण की स्वतंत्रता;

(5) आवास की स्वतंत्रता; एवं

(6) पेशा, व्यवसाय, वाणिज्य तथा व्यापार की स्वतंत्रता।

यहां यहं कहना गलत नहीं होगा कि अधिकारों की यह शृंखला पूर्ण नहीं है। इनके अलावा भी ऐसे अन्य कई अधिकार हैं जो यद्यपि इस अनुच्छेद की परिधि से बाहर हैं लेकिन मानवाधिकारों से जुड़े होने के कारण व्यक्ति इनका उपयोग-उपभोग करने का हकदार है; जैसे-

(1) जीने का अधिकार;

(2) नागरिकता का अधिकार;

(3) मताधिकार;

(4) चुनाव लड़ने का अधिकार;

(5) राज्य के साथ संविदा करने का अधिकार;

(6) सेवा में बने रहने का अधिकार;

(7) हड़ताल करने का अधिकार; आदि।

और, तो पहले मरने के अधिकार की भी पुष्टि कर दी गई थी।

लेकिन अभी-अभी उच्चतम न्यायालय की संविधान-पीठ ने पूर्व-निर्णयों को उलटते हुए भारतीय दण्ड संहिता, 1860 की धारा 309 को जिसमें आत्म हत्या के प्रयत्न को दण्डनीय अपराध माना गया है, संवैधानिक करार दे दिया है।

वाक् एवं अभिव्यक्ति की स्वतंत्रता-

संविधान द्वारा प्रत्याभूत सर्वाधिक महत्वपूर्ण स्वतंत्रता वाक् एवं अभिव्यक्ति की है। वस्तुत: यही वह स्वतंत्रता है जिस पर लोकतंत्र अवलम्बित है। लोकतंत्र की जड़ों को यही सींचती है। 'रोमेश थापर बनाम स्टेट ऑफ मद्रास' के मामले में उच्चतम न्यायालय ने कहा है कि- "यही वह तार्किक और आलोचनात्मक शक्ति है जिसका अस्तित्व लोकतांत्रिक सरकार के समुचित संचालन के लिए आवश्यक है।"

संविधान में यद्यपि शब्द "वाक् एवं अभिव्यक्ति" को परिभाषित नहीं किया गया है, लेकिन "लावेल बनाम ग्रिफिन" के मामले में दी गई परिभाषा को हम अंगीकृत

कर सकते हैं। इसके अनुसार, "वाक् एवं अभिव्यक्ति से अभिप्राय है शब्दों, लेखों, मुद्रणों, चिन्हों आदि के माध्यम से अपने विचारों को व्यक्त करना। अंक, चिह्न, संकेत आदि क्रियायें अभिव्यक्ति में सम्मिलित हैं।"

उल्लेखनीय है कि संसद सदस्यों की अनुच्छेद 105 के अंतर्गत अभिव्यक्ति की स्वतंत्रता का क्षेत्र अनुच्छेद 19 (1) (क) के अधीन प्रदत्त वाक् एवं अभिव्यक्ति की स्वतंत्रता से व्यापक है।

'श्रीनिवासन बनाम स्टेट ऑफ मद्रास' के मामले में प्रेस की स्वतंत्रता को भी अपने समाहित किया गया है। "जानने का अधिकार" प्रेस से ही फलीभूत हो सकता है।

यदि हम मानवाधिकारों के संदर्भ में वाक् एवं अभिव्यक्ति की स्वतंत्रता का अध्ययन करें तो 'इण्डियन एक्सप्रेस न्यूजपेपर्स बनाम यूनियन ऑफ इण्डिया' मामले में इस स्वतंत्रता के निम्नांकित उद्देश्य परिलक्षित होते हैं-

(क) व्यक्ति की आत्मोन्नति में सहायक होना;

(ख) सत्य की खोज में सहायक होना;

(ग) व्यक्ति की निर्णय लेने की क्षमता को सुदृढ़ करना; एवं

(घ) स्थिरता और सामाजिक परिवर्तन में युक्तियुक्त सामंजस्य स्थापित करने में सहायक होना।

कुल मिलाकर यहा कहा जा सकता है कि वाक् और अभिव्यक्ति की स्वतंत्रता का क्षेत्र अत्यन्त व्यापक है। इसमें विचार अभिव्यक्ति करने के समस्त माध्यम, भाषण, समाचार पत्र, पत्रिकायें, पुस्तिकायें, पोस्टर, शब्द, अंक, चिह्न, संकेत, प्रदर्शन, धरना आदि सन्निहित हैं। किसी व्यक्ति के विचारों को दूसरों के समक्ष रखने की कला ही वाक् और अभिव्यक्ति का साधन है।

'यूनियन आफ इण्डिया बनाम नवीन जिन्दल' के मामले में अपने परिसर पर राष्ट्रीय ध्वज फहराने को वाक् एवं अभिव्यक्ति की स्वतंत्रता का ही एक अंग माना गया है। प्रत्येक व्यक्ति का यह कर्तव्य है कि वह राष्ट्रीय ध्वज का सम्मान करे।

लेकिन लोकतंत्र में चुनाव लड़ने के अधिकार को मूलभूत अधिकार नहीं माना गया है। यह एक संविधिक अधिकार भले ही हो सकता है।

युक्तियुक्त निर्बन्धन-

वाक् एवं अभिव्यक्ति को स्वतंत्रता यद्यपि अत्यन्त महत्वपूर्ण है, लेकिन यह निरपेक्ष नहीं है। अनुच्छेद 19 (2) में इस पर निम्नांकित आधारों पर प्रतिबंध लगाया जा सकता है-

(1) राज्य की सुरक्षा;

(2) विदेशी राज्यों के साथ मैत्रीपूर्ण सम्बन्ध;

(3) शिष्टाचार एवं सदाचार;

(4) लोक व्यवस्था;

(5) न्यायालय की अवमानना;

(6) मानहानि;

(7) अपराध उद्दीपन; तथा

(8) भारत की प्रभुता और अखण्डता।

इन सारे प्रतिबंधों का मुख्य उद्देश्य देश की एकता एवं अखण्डता, न्यायापालिका की गरिमा, सदाचार एवं शिष्टाचार, लोक व्यवस्था, राज्य की सुरक्षा आदि को अक्षुण्ण बनाये रखना है।

सभा करने की स्वतंत्रता-

मानवाधिकार से जुड़ी दूसरी महत्वपूर्ण स्वतंत्रता सभा या सम्मेलन आयोजित करने की है। इस स्वतंत्रता में जुलूस निकालना भी सम्मिलित है। वस्तुतः विचारों की अभिव्यक्ति का आज यह एक सशक्त माध्यम बन गया है। सभाओं एवं सम्मेलनों के माध्यम से विचारों का आदान-प्रदान अत्यन्त आसान हो जाता है। लेकिन आवश्यक यह है कि सभा या सम्मेलन-

(1) शान्तिपूर्ण होने चाहिये;

(2) हथियार-रहित होने चाहिये; तथा

(3) देश की प्रभुता व अखण्डता तथा लोक व्यवस्था को प्रतिकूलतया प्रभावित करने वाले नहीं होने चाहिये।

'बाबूलाल पराटे बनाम स्टेट ऑफ महाराष्ट्र' तथा 'हिम्मतलाल के. शाह बनाम पुलिस आयुक्त' के मामले में यह कहा गया है कि उक्त निर्बन्धनों का मुख्य उद्देश्यों देश की प्रभुता व अखण्डता की रक्षा करना तथा लोक व्यवस्था को बनाये रखना है। आवश्यक मात्र यह है कि ऐसे निर्बन्धन युक्तियुक्त हों।

संघ बनाने की स्वतंत्रता-

इसी से मिलती-जुलती स्वतंत्रता है, संघ बनाने की। प्रत्येक नागरिक हो यह अधिकार है कि वह अपनी स्वेच्छा का कोई संघ बनानये, समाप्त करे, उसमें सम्मिलित हो या न हो।

'स्टेट ऑफ मद्रास बनाम जी.वी.राव' के मामले में यह कहा गया है कि संघ बनाने की स्वतंत्रता को संविधान में स्थान देने का मुख्य उद्देश्य इनके माध्यम से अपनी इच्छाओं एवं आकांक्षाओं को मूर्त रूप प्रदान करना है। दूसरे शब्दों में; यह कहा जा सकता है कि-

(1) समवाय, समिति या साझेदारी के माध्यम से व्यापार करना;

(2) श्रम संगठनों के माध्यम से अपनी मांगों को स्वीकार कराना; तथा

(3) राजनीतिक दलों या दवाब समूहों के माध्यम से राजनीतिक आकांक्षाओं की पूर्ति करना; ऐसे संघों निर्माण का मुख्य लक्ष्य है।

संघ बनाने की स्वतंत्रता पर भी निम्नांकित आधारों पर निर्बन्धन लगाये जाने के अध्यधीन है-

(क) देश की प्रभुता एवं अखण्डता;

(ख) लोक व्यवस्था; तथा

(ग) सदाचार।

भ्रमण की स्वतंत्रता-

संविधान का अनुच्छेद 19 (1) (घ) नागरिकों को भारत के सम्पूर्ण राज्य क्षेत्र में सर्वत्र अबाध रूप से भ्रमण करने का मूल अधिकार प्रदान करता है। 'गुरुबच्चन सिंह बनाम स्टेट ऑफ बम्बई' के मामलों में उच्चतम न्यायालय द्वारा यह अभिनिर्धारित किया गया है कि यह अनुच्छेद न केवल एक राज्य से दूसरे राज्य में अपितु एक ही राज्य में एक स्थान से दूसरे स्थान पर भ्रमण करने की स्वतंत्रता भी प्रदान करता है।

'खड़कासिंह बनाम स्टेट ऑफ उत्तरप्रदेश' के मामले में उन दो दशाओं का उल्लेख किया गया है जिनमें इस स्वतंत्रता पर प्रतिबंध लगाया जा सकता है-

(1) साधारण जनता के हित में; तथा

(2) अनुसूचित जनजाति के हित में।

वस्तुतः ये निर्बन्धन भी मानवाधिकारों के संरक्षण के लिए ही हैं। जन साधारण एवं अनुसूचित जनजाति के हितों की रक्षा करना भी मानव अधिकार के संरक्षण की परिधि में ही आता है।

आवास की स्वतंत्रता-

भ्रमण की स्वतंत्रता से जुड़ी एक और स्वतंत्रता है आवास अर्थात् निवास की स्वतंत्रता। इसके अनुसार भारत का कोई भी नागरिक भारत के किसी भी कोने में बस जाने या निवास करने के लिए स्वतंत्र है। इस स्वतंत्रता को यदि प्रतिबंधित किया जाता है तो केवल जन साधारण के हित के लिए एवं अनुसूचित जनजातियों के हितों के संरक्षण के लिए किया जा सकता है। किसी वेश्या को या आदतन अपराधी को यदि कहीं बसने से रोका जाता है और उसे इस स्वतंत्रता का अतिक्रमण नहीं माना जायेगा। यह व्यवस्था मानवाधिकारों के संरक्षण की दृष्टि से भी उचित है, क्योंकि वेश्याओं एवं आदतन अपराधियों से समाज की रक्षा करना शांति एवं व्यवस्था तथा स्वस्थ समाज निर्माण के लिए आवश्यक है।

लेकिन 'इब्राहीम वजीन बनाम स्टेट ऑफ बम्बई' के मामले में उच्चतम न्यायालय द्वारा यह कहा गया है कि निर्बंधन अयुक्तियुक्त एवं मानना नहीं होना चाहिए। फिर किसी व्यक्ति को किसी स्थान-विशेष से हटाने या निष्कासित करने से पूर्व उसे सुनवाई का अवसर प्रदान किया जाना भी नैसर्गिक न्याय के सिद्धान्तों के संदर्भ में आवश्यक है।

वृत्ति, उप-जीविका, व्यापार एवं कारोबार करने की स्वतंत्रता-

मानवाधिकारों के परिप्रेक्ष्य में यह एक महत्वपूर्ण स्वतंत्रता है। इसी स्वतंत्रता में ''सम्मानपूर्वक जीवन यापन'' करने की स्वतंत्रता समाहित है। इसके अनुसार भारत के प्रत्येक नागरिक को कोई भी वृत्ति, उप-जीविका, व्यापार अथवा कारोबार करने की स्वतंत्रता है। इसका एक ही दुःखद पहलू है कि यह नागरिकों को रोजगार की गारन्टी नहीं देता है। रोजगार के अभाव में यह स्वतंत्रता पूर्ण नहीं लगती। यह सही है कि 'सोडन सिंह बनाम नई दिल्ली म्युनिसिपल कमेटी' जैसे मामलों में फुटपाथों

पर फेरी करने वालों के लिए इसे मूल अधिकार बताया गया है कि लेकिन दूसरी मारुति श्रीपति दूबल बनाम स्टेट ऑफ महाराष्ट्र के मामले में इसका दूसरा पक्ष भी सामने आया है। इस मामले में मारुति श्रीपति दूबल महाराष्ट्र में सिपाही था। एक सड़क दुर्घटना में वह शारीरिक एवं मानसिक रूप से विकृत हो गया जिससे उसका आर्थिक जीवन संकट में पड़ गया था। इस संकट से सम्मानपूर्वक उभरने के लिए उसकी पत्नी सुलोचना ने सब्जी का व्यवसाय प्रारम्भ करने की सोची और सरकार से एक छोटी-मोटी स्टॉल उपलब्ध कराने की प्रार्थना की। अनेक प्रयासों के बावजूद भी जब उसे सफलता नहीं मिली तो 27 अप्रैल 1985 को मारुति श्रीपति दूबल नगर निगम के आयुक्त से मिलने गया लेकिन उसे आयुक्त से नहीं मिलने दिया गया। इसेस दुःखी एवं व्यथित होकर मारुति श्रीपति दूबल ने अपने शरीर पर केरोसिन छिड़क कर आत्महत्या करने का प्रयास किया। उस पर भारतीय दण्ड संहिता, 1860 की धारा 309 के अन्तर्गत आत्महत्या के प्रयत्न का अभियोजन चलाया गया। बम्बई उच्च न्यायालय ने संहिता की धारा 309 को असंवैधानिक घोषित करते हुए कहा कि जीवन के अधिकार का अर्थ है ''सम्मानपूर्वक जीवन जीने का अधिकार।'' सम्मानपूर्वक जीवन जीने के लिए सरकार से कई अपेक्षायें की जाती हैं। सरकार का यह कर्त्तव्य है कि वह प्रत्येक व्यक्ति को जीवन यापन के लिए समुचित साधन जुटाये। यदि सरकार ऐसा नहीं कर पाती है तो संविधान द्वारा प्रदत्त प्राण और दैहिक जीवन का मूल अधिकार मात्र एक मृगतृष्णा है। ठीक इसी प्रकार ''पी.रत्नम् नागभूषण पटनायक ऑफ इण्डिया'' के मामले में उच्चतम न्यायालय ने भारतीय दण्ड संहिता की धारा 309 को असंवैधानिक करार देते हुए महात्मा गांधी के इन विचारों को उद्धृत किया कि-''मृत्यु पीड़ाओं से मुक्ति प्रदान करती है। किसी अपंग हारे हुए व्यक्ति की तरह मरना अच्छा नहीं है'' राष्ट्रपिता का यह विचार सम्मानपूर्वक जीवन जीने का आव्हान करता है। अब समय आ गया है कि सरकार इस बिन्दु पर गंभीरता से विचार करे। आज मानवाधिकारों के संदर्भ में यह सबसे बड़ी चुनौती है। यहां यह उल्लेखनीय है कि अभी-अभी उच्चतम न्यायालय की संविधान-पीठ ने उपरोक्त निर्णय को उलटते हुए भारतीय दण्ड संहिता, 1860 की धारा 309 को, जिसमें आत्महत्या के प्रयत्न को दण्डनीय अपराध माना गया है, संवैधानिक करार दे दिया है।

करारोपण-

व्यापार, व्यवसाय एवं कारबार के संदर्भ में ''कराधान'' का महत्वपूर्ण स्थान है। प्रत्येक व्यक्ति से यह अपेक्षा की जाती है कि वह समुचित कर का संदाय करे। लेकिन 'वीगा होलीडेज एण्ड पार्क्स प्रा.लि.बनाम कूनाथूनाडु ग्राम पंचायत' के मामले

में केरल उच्च न्यायालय द्वारा यह अभिनिर्धारित किया गया है कि-"किसी भी व्यक्ति पर कर केवल तभी अधिरोपित किया जाना चाहिये जब कराधान विधि में ऐसा स्पष्ट प्रावधान हो" इसका अभिप्राय यह हुआ कि किसी भी व्यक्ति पर अनावश्यक करारोपण नहीं किया जा सकता है।

सूचना का अधिकार-

इन दिनों सूचना के 'अधिकार का महत्व अत्यधिक बढ़ गया है। अब तो इसे संशोधन के अनुच्छेद 21 का एक अंग ही मान लिया गया है। शासन प्रशासन की पारदर्शिता बनाये रखने के लिए सूचना का अधिकार आवश्यक है। "एसोसियेशन फॉर डेमोक्रेटिव रिफार्म्स बनाम यूनियन आफ इण्डिया" के मामले में दिल्ली उच्च न्यायालय द्वारा यह अभिनिर्धारित किया गया है कि मतदान के लिए प्रत्याशियों के बारे में जानकारी प्राप्त करना मतदाता का अधिकार है। मतदाता को इस बात से अवगत कराया जाना चाहिये कि प्रत्याशी का पूर्व-व्यक्तित्व कैसा रहा है, वह किस राजनीतिक दल का प्रतिनिधित्व करता है, उसकी क्या नीतियां है आदि। न्यायालय द्वारा निर्वाचन आयोग को निर्देश दिये गये कि वह मतदाताओं को तथाकथित जानकारी उपलब्ध कराने की व्यवस्था करे। 'ओजेर हुसैन बनाम यूनियन आफ इण्डिया' के मामले में दिल्ली उच्च न्यायालय द्वारा यह अभिनिर्धारित किया गया है कि सूचना पाने का अधिकार वाक् एवं अभिव्यक्ति की स्वतंत्रता के अधिकार का एक अंग है। कोई भा खाद्य उत्पाद, प्रसाधन अथवा औषधि शाकाहारी है या नहीं; यह जानना व्यक्ति का मूल अधिकार है।

भिखारियों का पुनर्वास-

आन्ध्रप्रदेश उच्च न्यायालय ने अपने एक महत्वपूर्ण निर्णय में कहा है कि भिखारियों की समस्या पर सहानुभूतिपूर्वक विचार करते हुए उनके पुनर्वास के प्रयास करना सरकार का कर्त्तव्य है। मानवाधिकार संरक्षण की दिशा में यह एक अहम निर्णय है।

अपराधों के लिए दोषसिद्ध के सम्बन्ध में संरक्षण-

मानवाधिकारों की श्रृंखला में संविधान के अनुच्छेद 20 द्वारा प्रत्याभूत दोषसिद्ध के विरुद्ध संरक्षण का भी अपना अहम् स्थान है। यह सही है कि अभियुक्त व्यक्ति को सामान्य व्यक्ति से भिन्न रूप में देखा जाता है। लेकिन यह नहीं भूलना चाहिए कि वह भी समाज का ही एक अभिन्न अंग है। व्यक्ति अपराध किसी न किसी विवशता या हेतु के कारण होता है। कई बार व्यक्ति अपराध करके पश्चाताप भी करता है।

वह प्रायश्चित करता है और उसमें सुधरने का भाव भी होता है। फिर विधिशास्त्र का यह सर्वमान्य सिद्धान्त है कि-"जब तक अभियुक्त को दोषसिद्ध करार नहीं दे दिया जाता तब तक उसे निर्दोष समझा जाना चाहिए।" लेकिन हमारे यहां परम्परा यह है कि किसी व्यक्ति को उस पर दोषारोपण होते ही अभियुक्त या अपराधी मान लिया जाता है और येन-केन-प्रकारेण उसे दण्डित किये जाने की युक्ति सोच ली जाती है। सरासर यह मानवाधिकारों का हनन है। इसी अधिकार की रक्षा अनुच्छेद 20 में की गई है। अनुच्छेद 20 का मूल पाठ इस प्रकार है-

20. अपराधों के लिए दोषसिद्ध के संबंध में संरक्षण-

(1) कोई व्यक्ति किसी अपराध के लिए तब तक सिद्धदोष नहीं ठहराया जाएगा, जब तक कि उसने ऐसा कोई कार्य करने के समय, जो अपराध के रूप में आरोपित है, किसी प्रवृत्त विधि का अतिक्रमण नहीं किया है या उससे अधिक शास्ति का भागी नहीं होगा जो उस अपराध के किए जाने के समय प्रवृत्त विधि के अधीन अधिरोपित की जा सकती थी।

(2) किसी व्यक्ति को एक ही अपराध के लिए एक बार से अधिक अभियोजित और दंडित नहीं किया जाएगा।

(3) किसी अपराध के लिए अभियुक्त किसी व्यक्ति को स्वयं अपने विरुद्ध साक्षी होने के लिए बाध्य नहीं किया जाएगा।

इस प्रकार अनुच्छेद 20 तीन प्रकार के संरक्षणों का उल्लेख करता है-

(1) कार्योत्तर विधियों से संरक्षण;

(2) दोहरे दण्ड एवं अभियोजन से संरक्षण; तथा

(3) स्व-अभिशंसन से संरक्षण।

कार्योत्तर विधियों से संरक्षण-

नैसर्गिक न्याय का यह सिद्धान्त है कि किसी भी व्यक्ति को केवल उसी कार्य के लिए दण्डित किया जाना चाहिये तो तत्सम दण्डनीय अपराध की परिधि में आता है। यदि कोई कार्य करने के समय अपराध नहीं है तो उसे बाद में अपराध घोषित कर दण्डनीय अपराध बनाया जाना न्यायसंगत नहीं है। यही धारणा अनुच्छेद 20 में सन्निहित है। 'राव शिव बहादुर सिंह बनाम स्टेट ऑफ विन्ध्य प्रदेश' के मामले में उच्चतम न्यायालय द्वारा यह स्पष्ट रूप से कहा गया है कि राज्य किसी दण्ड विधि को भूतलक्षी प्रभाव से लागू नहीं कर सकता। ऐसा किया जाना अन्यायोचित एवं

असाम्यिक है। ठीक इसी प्रकार 'चीफ इन्सपेक्टर ऑफ माइन्स बनाम के.सी.थापर' के मामले में उच्चतम न्यायालय द्वारा ही यह अभिनिर्धारित किया गया है कि यदि कोई कार्य उसे किये जाने के समय, अपराध नहीं है तो भविष्य की कोई विधि उसे अपराध नहीं बना सकती। निःसन्देह यह व्यवस्था मानवोचित है और इसके माध्यम से मानवीय अधिकारों को संरक्षण प्रदान किया गया है।

दोहरे दण्ड एवं अभियोजना से संरक्षण-

अपराध के सम्बन्ध में अभियुक्त को प्राप्त यह दूसरा संरक्षण है। इसके अनुसार-"किसी अभियुक्त को एक ही अपराध के लिए एकाधिक बार अभियोजित एवं दण्डित नहीं किया जा सकता है।" इसे "दोहरे खतरे से सुरक्षा" के नाम से भी सम्बोधित किया जाता है।

इस व्यवस्था का मुख्य उद्देश्य अभियोजन की अनिश्चितता को समाप्त करना है। यदि ऐसी व्यवस्था न हो तो एक ही अपराध के लिए अभियोजन का कभी अन्त नहीं होगा और अभियुक्त की गर्दन पर अभियोजन की तलवार सदैव लटकी रहेगी।

'कलावती बनाम स्टेट ऑफ हिमाचल प्रदेश' के मामले में उच्चतम न्यायालय ने इस संरक्षण की प्रयोज्यता के लिए एक शर्त बताई है कि अभियोजन के साथ-साथ अभियुक्त को दण्डित भी किया जाये। यदि अभियुक्त को प्रथम अभियोजन में दण्डित नहीं किया जाता है तो यह व्यवस्था लागू नहीं होगी। वस्तुतः इस व्यवस्था का अर्थात् अनुच्छेद 20 (2) का मुख्य लक्ष्य किसी अभियुक्त को एक ही अपराध के लिए एकाधिक बार दण्डित किये जाने से बचाना है।

'राजा नारायणलाल बंशीलाल बनाम एम.पी.मिस्त्री' के मामले में उच्चतम न्यायालय ने अनुच्छेद 20 (2) की प्रयोज्यता के लिए निम्नांकित मानक निर्धारित किये हैं-

(क) पूर्व-अभियोजन का आपराधिक प्रकृति का रहना;

(ख) सक्षम न्यायालय या न्यायाधिकरण द्वारा विचारण किया जाना;

(ग) विधि द्वारा विहित प्रक्रिया का अनुसरण किया जाना; तथा

(घ) विचारण का विधि द्वारा सृजित अपराध के लिए किया जाना।

कुछ भी हो; यह संरक्षण मानव अधिकारों को सुरक्षा के लिए कम महत्वपूर्ण नहीं है। इससे कमजोर एवं निर्धन अभियुक्त व्यक्तियों की सबल एवं सम्पन्न व्यक्तियों

से सुरक्षा सुनिश्चित होती है। संविधान में यदि ऐसी व्यवस्था नहीं होती तो सबल एवं सम्पन्न व्यक्ति अभियुक्त को एक ही अपराध के लिए कई बार दण्डित कराने की चेष्टा करते।

स्व-अभिशंसन से संरक्षण-

अपराध को साबित करने का भार अभियोजन पक्ष पर होता है। उसे ही अपने मामले को संदेह से परे साबित करना होता है। वह अभियुक्त से अपेक्षा नहीं कर सकता कि वह ऐसी साक्ष्य दे या कथन करे जिससे उसे विरुद्ध लगाये गये आरोप साबित हो जायें। अनुच्छेद 20 (3) में इसी संरक्षण का उल्लेख किया गया है।

संविधान द्वारा प्रदत्त इस संरक्षण के तीन महत्वपूर्ण लक्षण हैं-

(1) यह उस व्यक्ति का अधिकार है जिस पर किसी अपराध का आरोप है अर्थात् वह अभियुक्त है;

(2) यह अभियुक्त को अपने ही विरुद्ध साक्षी बनने से निवारित करती है ; तथा

(3) यह अभियुक्त पर उसके विरुद्ध साक्ष्य देने के दबाव को रोकती है।

'एम.पी.शर्मा बनाम सतीशचन्द्र' के मामले में उच्चतम न्यायालय द्वारा यह अभिनिर्धारित किया गया है कि अनुच्छेद 20 (3) का संरक्षण केवल अभियुक्त को ही प्राप्त है; अन्य किसी को नहीं।

प्राण और दैहिक स्वतंत्रता का संरक्षण-

यह कह दिया जाये तो अतिशयोक्ति नहीं होगा कि प्राण और दैहिक स्वतंत्रता का संरक्षण ही वस्तुतः मानवाधिकारों का संरक्षण है। यह वह अधिकार है जो मानव को सम्मानपूर्वक जीने का हक प्रदान करता है। किसी भी व्यक्ति को विधि द्वारा विहित प्रक्रिया से भिन्न उसकी प्राण और दैहिक स्वतंत्रता से वंचित नहीं किया जा सकता। संविधान के अनुच्छेद 21 में इसी बात की गारन्टी दी गई है। इसका मूल पाठ इस प्रकार है-

21. प्राण और दैहिक स्वतंत्रता का संरक्षण-किसी व्यक्ति को, उसके प्राण या दैहिक स्वतंत्रता से विधि द्वारा स्थापित प्रक्रिया के अनुसार ही वंचित किया जाएगा, अन्यथा नहीं। प्रश्न यहै कि प्राण और देह की स्वतंत्रता क्या है? क्या किसी व्यक्ति का जीवित रहना या उसके जीवित रखना ही प्राण और देह की स्वतंत्रता है? आज के प्ररिपेक्ष्य में इसका उत्तर नकारात्मक मिलना है। आज येन-केन प्रकारेण

जीवन जीना ही प्राण और देह की स्वतंत्रता नहीं रह गया है। वर्तमान परिवेश में अब इसके साथ "सम्मानपूर्वक" शब्द और जुड़ गया है। इसके पीछे आजीविका का प्रश्न खड़ा हो गया है। यह पर्यावरण की शुद्धता की अपेक्षा भी करने लगा है। विस्तृत भाव में यह कहा जा सकता है कि सभी प्रकार के मानवाधिकार एक इस अकेली स्वतंत्रता में समाहित हो गये हैं।

खड़कसिंह के मामले में तो यहां कह दिया गया कि पशुवत जीने की अपेक्षा अपने शरीर के संरक्षण का अधिकार इसमें समाविष्ट है। अनुच्छेद 19(1) में वर्णित स्वतन्त्रताओं के अतिरिक्त अन्य जितना भी स्वतंत्रतायें बची हैं वे सारी इसमें सन्निहित हैं। 'राधा बनाम स्टेट ऑफ उत्तरप्रदेश' के मामले में तो यहां तक कहा गया है कि वेश्याओं को भी सम्मानजनक जीनव जीने का अधिकार है। जनता एवं पुलिस को वेश्याओं के साथ सहानुभूतिपूर्वक व्यवहार करना चाहिये। उन्हें विधि द्वारा विहित प्रक्रिया से भिन्न तरीके से उनके घरों में बेदखल नहीं किया जा सकता है। राज्य का दायित्व है कि वह वेश्याओं के लिए ऐसे व्यावसायिक प्रशिक्षण की व्यवस्था करें जिससे वे सम्मानपूर्वक अपनी आजीविका कमा सकें। 'एल. के. कूलवाल बनाम स्टेट ऑफ राजस्थान' के मामले में तो राजस्थान उच्च न्यायालय ने यहां तक अभिनिर्धारित कर दिया गया है कि आर्थिक स्रोतों के अभाव में भी लोक स्वास्थ्य की अनदेखी नहीं की जा सकती। समय-समय पर न्यायालयों के समक्ष ऐसे कई मामले आये जिनमें प्राण और दैहिक स्वतंत्रता के मूल अधिकार की व्यापक व्यवस्था की गई। ऐसा कोई विषय नहीं बचा जो मानव गरिमा को नहीं छूता हो।

लोक स्वास्थ्य की सुरक्षा-

लोक स्वास्थ्य को कायम रखना जीने के अधिकार में सम्मिलित है। राज्य का यह कर्त्तव्य है कि वह लोक स्वास्थ्य की सुरक्षा के लिए समुचित कदम उठाये ।

सामाजिक न्याय-

सामाजिक न्याय का अधिकार मूल अधिकार है। अनुच्छेद 21 के अधीन प्रदत्त अधिकार से ही जीविकोपार्जन के अधिकार का उद्भव होता है। कर्मकारों का स्वास्थ्य प्राण और दैहिक स्वतंत्रता का एक अनिवार्य तत्व है।

फुटपाथ पर आजीविका कमाना-

फुटपाथ पर व्यापार-व्यवसाय करना संविधान के अनुच्छेद 19 (1) (छ) के अन्तर्गत मूल अधिकार है।

सर्कस आजीविका का साधन है-

पटना उच्च न्यायालय ने एक अत्यन्त महत्वपूर्ण निर्णय सुनाते हुए कहा है कि सर्कस आजीविका का एक मुख्य साधन है। यह संविधान के अनुच्छेद 21 का एक अंग है। इसके लिए शासन-प्रशासन की अनुमति की आवश्यकता नहीं। आवश्यक मात्र यह है कि इसकी पूर्व-सूचना शासन-प्रशासन को दे दी जाये ताकि कानून-व्यवस्था के प्रबन्ध किये जा सकें।

नारी स्वातन्त्र्य-

इलाहाबाद उच्च न्यायालय ने एक महत्वपूर्ण फैसले में यह कहा है कि व्यस्क महिला को अपने मनपसन्द के व्यक्ति के साथ रहने का अधिकार है। विवाह किये बिना ही समागम का भी अधिकार है। न्यायालय ने कहा नैतिकता और कानून में अन्तर है।

पशु वध मानवाधिकार का उल्लंघन है-

आवासीय बस्ती में अनुज्ञप्ति कि बिना पशु-वध का कृत्य व्यवसाय अनुच्छेद 21 का अतिक्रमण है क्योंकि इससे बस्ती के निवासियों के स्वास्थ्य पर प्रतिकूल प्रभाव पड़ता है।

बंधुआ मजदूरों का पुनर्वास-

बंधुआ मजूदरों को मुक्त कराना ही पर्याप्त नहीं है, अपितु उनके पुनर्वास की व्यवस्था भी की जानी चाहिये।

नारी निकेतन का रख रखाव-

पटना का नारी निकेतन दुर्दशा का शिकार था। वहां की निवासिनी महिलायें अमानवीय स्थिति का सामना कर रही थीं। उच्चतम न्यायालय ने इसे सुधारने का आदेश दिया।

स्वच्छ पर्यावरण-

जीने के अधिकार में अच्छे स्वास्थ्य एवं जीवन यापन के लिए स्वच्छ पर्यावरण का अधिकार भी सम्मिलित है।

चिकित्सा एवं स्वास्थ्य का अधिकार-

संविधान के अनुच्छेद 21 के अन्तर्गत प्राण और दैहिक स्वतंत्रता के अधिकार में चिकित्सा एवं स्वास्थ्य का अधिकार भी सम्मिलित है।

पुलिस की गोली से मरे व्यक्तियों के आश्रितों को प्रतिकर-

एक मामले में पुलिस की गोली से मरे दो व्यक्तियों के आश्रितों को एक-एक लाख रुपये प्रतिकर के दिये जाने का आदेश प्रदान किया गया।

झुग्गी-झोपड़ियों को 72 घंटों में हटाने का आदेश अमानवीय है-

एक मामले में बम्बई उच्च न्यायालय द्वारा झुग्गी-झोपड़ियों को 72 घंटों में हटाये जाने का आदेश दिया गया। उच्चतम न्यायालय ने इसे अमानवीय मानते हुए कहा कि झुग्गी-झोपड़ियों को हटाने तथा उनमें निवास करने वाले व्यक्तियों को वैकल्पिक व्यवस्था के लिये पर्याप्त समय दिया जाना चाहिए।

सौंदर्य प्रतियोगिताओं में अश्लीलता एवं नग्न-प्रदर्शन न हो-

जीने के अधिकार से अभिप्राय शालीनता, शिष्टता, गरिमा एवं सदाचारपूर्ण जीवन जीने से है। सौन्दर्य प्रतियोगिताओं में अश्लीलता बरतने एवं नग्न-प्रदर्शन करने की अनुमति नहीं दी जा सकती। सौन्दर्य प्रतियोगिताये ओयोजित करना व्यक्ति का अधिकार है, लेकिन उस पर यह दायित्व भी है कि उसमें अश्लीलता एवं नग्न-प्रदर्शन न किया जाये।

ध्वनि प्रदूषण-

अब तो ध्वनि प्रदूषण से मुक्ति को भी मानवाधिकार का एक अंग मान लिया गया है। ऐसे कई मामले आ चुके हैं जिनमें न्यायालयों द्वारा यह स्पष्ट रूप से कहा गया है कि किसी भी व्यक्ति को अपनी सम्पति में भी ऐसी ध्वनि कारित करने का अधिकार नहीं है जिससे पास-पड़ौस वालों का अथवा जन साधारण को अशांति अथवा न्यूसेन्य कारित हो। जोर-जोर से माईक एवं लाउडस्पीकर बजाना, ढोल-नगाड़े बजाना, घंटे बजाना आदि ध्वनि प्रदूषण है। किसी एक व्यक्ति की स्वतंत्रता के पीछे दूसरे व्यक्ति की स्वतंत्रता की बलि नहीं दी सकती है।

हड़ताल एवं बन्द-

दिन-प्रतिदिन होने वाली हड़तालों एवं बंदों से भी जनजीवन प्रभावित होता है। व्यक्ति घर से बाहर नहीं निकल सकता। भ्रमण नहीं कर सकता। नौकरी अथवा काम पर नहीं जा सकता। बाजार से आवश्यकता का वस्तुयें नहीं खरीद सकता। यह सब व्यक्ति के मूल अधिकारों एवं मानवाधिकारों का अतिक्रमण होने से असंवैधानिक है।

त्वरित विचारण–

मामलों का त्वरित विचारण भी प्राण और दैहिक स्वतंत्रता का एक अंग है। विचारण में अत्यधिक एवं अनावश्यक विलम्ब को क्षम्य नहीं किया जा सकता।

निःशुल्क विधिक सहायता–

निर्धन व्यक्ति न्याय से वंचित न रहे, यह सुनिश्चित करना राज्य का कर्त्तव्य है। अभियुक्त को निःशुल्क विधिक सहायता उपलब्ध कराना राज्य का दायित्व है, अनुकम्पा नहीं।

निर्धन एवं साधनविहीन व्यक्तियों को उनके निःशुल्क विधिक सहायता के अधिकार से अवगत कराना बार एवं बैंच का दायित्व है।

सम्मानजनके अंतिम संस्कार–

'आश्रय अधिकार अभियान बनाम यूनियन ऑफ इण्डिया' के मामले में उच्चतम न्यायालय ने यहां तक अभिनिर्धारित किया है कि–ऐसे व्यक्तियों का जिनका कोई गृह नहीं है। सहारा नहीं है और जो सड़कों पर अपना जीवन यापन करते हैं, की मृत्यु हो जाने पर उनका अंतिम संस्कार सम्मानपूर्वक एवं उनके धार्मिक क्रियाक्रमों के अनुसार किया जाना चाहिये।

अपहरण मानव अधिकार का उल्लंघन है–

'तरुण बोड़ा उर्फ आलोक हाजारिका बनाम स्टेट आफ आसाम' के मामले में उच्चतम न्यायालय द्वारा यह कहा गया कि–अपहरण या व्यपहरण चाहे किसी भी रूप में किया गया हो, संविधान के अनुच्छेद 21 मानवाधिकारों का उल्लंघन है।

भयमुक्त जीवन जीने का अधिकार–

संविधान के अनुच्छेद 21 के अन्तर्गत प्राण एवं दैहिक स्वतंत्रता के अधिकार से अभिप्राय है–भयमुक्त जीवन जीने का अधिकार। भय में पुलिस या सी.बी.आई. का भय भी सम्मिलित है। कुल मिलाकर मूल अधिकारों का दायरा इतना बढ़ गया है कि सभी मानवाधिकार इसमें समाहित हो गये हैं। आज तन्दूर में जलती नारी की देह का मामला हो या टाडा बंदियों का मानवाधिकार का प्रश्न उठ ही जाता है। मानवाधिकारों के संरक्षण के लिए मानवाधिकार आयोग ने तो उच्चतम न्यायालय में दस्तक ही दे दी है। अभी–अभी राष्ट्रीय मानवाधिकार आयोग ने चकमा शरणार्थियों के एक और मामले में उच्चतम न्यायालय की दहलीज पर पैर रखा तथा मांग की कि संविधान के अनुच्छेद 12 एवं 21 का संरक्षण सभी व्यक्तियों को मिलना चाहिये चाहे वे नागरिक

हों या नहीं। न्यायालय ने इस मांग को स्वीकार करते हुए राज्य सरकार को चकमा शरणार्थियों के प्राण और दैहिक स्वतंत्रता की सुरक्षा करने का निर्देश प्रदान किया। इस मामले में जब चकमा शरणार्थी अरूणाचल प्रदेश में बसने लगे तो वहां के विद्यार्थी संगठनों ने उन्हें राज्य से बाहर चले जाने की धमदियां दी थीं।

ख्याति का अधिकार-

कर्नाटक उच्च न्यायालय ने एक मामले में 'ख्याति के अधिकार' को संविधान के अनुच्छेद 21 के अन्तर्गत जीने के अधिकार का एक विभिन्न अंग माना है। वस्तुतः ख्याति का अधिकार मानव अधिकार का ही एक रूप है।

रेल दुर्घटना-

जहां रेल दुर्घटना में यात्री इस कारण मारे जायें कि उन्हें एक प्लेटफार्म से दूसरे प्लेटफार्म पर जाने की सुविधा उपलब्ध न हो, वहां यह रेलवे की लापरवाही मानी जायेगी और पीड़ित व्यक्ति मुआवजा पाने के हकदार होंगे।

निवास पर पहुंचने का अधिकार-

सुखाधिकार अधिनियम के अन्तर्गत किसी व्यक्ति का अपने निवास तक पहुंचने का मार्गाधिकार प्राण एवं दैहिक स्वतंत्रता के अधिकार का ही एक अंग है।

एकान्तता का अधिकार-

प्रत्येक महिला को एकान्तता का अधिकार है। किसी महिला के कौमार्य परीक्षण की अनुमति देना उसके एकान्तता के अधिकार का उल्लंघन है।

10

राज्य मानवाधिकार आयोग

मानवाधिकारों के संरक्षण के लिए जिस तरह केन्द्र में राष्ट्रीय मानवाधिकार आयोग के गठन की व्यवस्था की गई है, उसी प्रकार राज्यों में राज्य मानवाधिकार आयोग के गठन का प्रावधान किया गया है ताकि मानवाधिकार संरक्षण की सफल क्रियान्वित हो सके। इस अध्याय में राज्य मानवाधिकार आयोग के बारे में ही समुचित व्यवस्थायें मिलती हैं।

राज्य मानवाधिकार आयोग का गठन

अधिनियम की धारा 21 में राज्यों के लिए राज्य मानवाधिकार आयोग के गठन का प्रावधान किया गया है। ऐसे आयोग का गठन राज्य सरकार द्वारा किया जायेगा तथा उसे "..........(राज्य का नाम) मानवाधिकार आयोग" के नाम से सम्बोधित किया जायेगा।

यहां यह उल्लेखनीय है कि राज्य सरकार राज्य में मानव अधिकार आयोग का गठन करने या न करने का विनिश्चय करने के लिए स्वतंत्र है। यदि वह राज्य में मानव अधिकार आयोग के गठन का औचित्य नहीं समझती है तो उसे बाध्य नहीं

किया जा सकता है। राज्य मानवाधिकार आयोग की शक्तियां एवं कर्त्तव्य इस अध्याय में आगे वर्णित किये गये है।

आयोग की संरचना

(1) अध्यक्ष ....एक

(2) सदस्य ....चार

अध्यक्ष

अध्यक्ष के लिए वह व्यक्ति पात्र होगा जो उच्च न्यायालय का मुख्य न्यायाधीश का मुख्य न्यायाधीश रह चुका हो।

सदस्य

आयोग में कुल चाल सदस्य होंगे, जिनमें से एक ऐसा व्यक्ति होगा जो उच्च न्यायालय का न्यायाधीश हो या न्यायाधीश रह चुका हो। दूसरा ऐसा व्यक्ति होगा जो राज्य में जिला न्यायाधीश हो या रह चुका हो तथा अन्य दो सदस्य ऐसे व्यक्ति होंगे जिन्हें मानवाधिकारों से सम्बन्धित विषयों का ज्ञान अथवा व्यावहारिक अनुभव हो। उच्च न्यायालय के न्यायाधीशों की पात्रता के सम्बन्ध में प्रावधान संविधान के अनुच्छेद 217 (2) में किया गया है-

(2) कोई व्यक्ति, किसी उच्च न्यायालय के न्यायाधीश के रूप में नियुक्ति के लिए तभी अर्हित होगा जब वह भारत का नागरिक है और-

(क) भारत के राज्यक्षेत्र में कम से कम दस वर्ष तक न्यायिक पद धारण कर चुका है; या

(ख) किसी उच्च न्यायालय का या ऐसे दो या अधिक न्यायालयों का लगातार कम से कम दस वर्ष तक अभिवक्ता रहा है;

स्पष्टीकरण-इस खंड के प्रयोजनों के लिए

(क) भारत के राज्यक्षेत्र में न्यायिक पर धारणा करने की अवधि की संगणना करने में वह अवधि भी सम्मिलित की जाएगी जिसके दौरान कोई व्यक्ति न्यायिक पद धारण करने के पश्चात् किसी उच्च न्यायालय का अभिवक्त रहा है या उसने किसी अधिकरण के सदस्य का पर धारण किया है अथवा संघ या राज्य के अधीन कोई ऐसा पर धारणा किया है जिसके लिए विधि का विशेष ज्ञान अपेक्षित है;

(क) किसी उच्च न्यायालय का अधिवक्ता रहने की अवधि संगणना करने में वह अवधि भी सम्मिलित की जाएगी जिसके दौरान किसी व्यक्ति ने अधिवक्ता होने के पश्चात् न्यायिक पद धारणा किया है या किसी अधिकरण के सदस्य का पद धारण किया है अथवा संघ या राज्य के अधीन कोई ऐसा पर धारण किया है जिसके लिए विधि का विशेष ज्ञान अपेक्षित है;

(ख) भारत के राज्यक्षेत्र में न्यायिक पद धारण करने या किसी उच्च न्यायालय का अधिवक्ता रहने की अवधि की संगणना करने में इस संविधान के प्रारम्भ से पहले की वह अवधि भी सम्मिलित की जाएगी जिसके दौरान किसी व्यक्ति ने, यथास्थिति, ऐसे क्षेत्र में जो 15 अगस्त, 1947 से पहले भारत शासन अधिनियम, 1935 में परिभाषित भारत में समाविष्ट था, न्यायिक पर धारण किया हैं या वह ऐसे किसी क्षेत्र में किसी उच्च न्यायालय का अधिवक्ता रहा है।

(3) यदि उच्च न्यायालय के किसी न्यायाधीश की आयु के बारे में कोई प्रश्न उठता है तो उस प्रश्न का विनिश्चय भारत के मुख्य न्यायमूर्ति से परामर्श करने के पश्चात् राष्ट्रपति द्वारा किया जाएगा और राष्ट्रपति का विनिश्चय अंतिम होगा।

इसी प्रकार जिला न्यायाधीशों की नियुक्ति के सम्बन्ध में व्यवस्था संविधान के अनुच्छेद 233 में की गई है–

233. जिला न्यायाधीशों की नियुक्ति

(1) किसी राज्य में जिला न्यायाधीश नियुक्त होने वाले व्यक्तियों की नियुक्ति तथा जला न्यायाधीशों की पदस्थापना और प्रोन्नति उस राज्य का राज्यपाल ऐसे राज्य के संबंध में अधिकारिता का प्रयोग करने वाले उच्च न्यायालय से परामर्श करके करेगा।

(2) वह व्यक्ति, जो संघ की या राज्य की सेवा में पहले से ही नहीं है, जिला न्यायाधीश नियुक्त होने के लिए केवल तभी पात्र होगा जब वह कम से कम सात वर्ष तक अधिवक्ता या प्लीडर रहा है और उसकी नियुक्ति के लिए उच्च न्यायालय ने सिफारिश की है।

सचिव

आयोग का एक सचिव होगा जो मुख्य कार्यपालक अधिकारी कहलायेगा। वह ऐसी शक्तियों का प्रयोग एवं कर्तव्यों का निर्वहन करेगा जो उसे सौंपे या प्रत्यायोजित किये जायें।

मुख्यालय

आयोग का मुख्यालय ऐसे स्थान पर होगा जो राज्य सरकार द्वारा अधिसूचना जारी कर विनिर्दिष्ट किया जाये।

जांच की अधिकारिता

धारा 21 (5) में आयोग की अधिकारिता सुनिश्चित की गई है। इसके अनुसार राज्य आयोग मानवाधिकारों के उल्लंघन सम्बन्धी ऐसे मामलों की जाँच कर सकेगा जो संविधान की सातवीं अनुसूची की लिस्ट द्वितीय एवं तृतीय में वर्णित है।

लेकिन राज्य आयोग ऐसे किसी मामले की जांच नहीं कर सकेगा जिसकी जांच पहले ही राष्ट्रीय आयोग अथवा विधि द्वारा स्थापित किसी अन्य आयोग द्वारा की जा चुकी है।

जहां तक जम्मू एवं कश्मीर राज्या मानवाधिकार आयोग का प्रश्न है, वह ऐसे मामलों की जांच कर सकेगा जो-

(1) संविधान की सातवीं अनुसूची की लिस्ट तृतीय में वर्णित हैं और जो जम्मू एवं कश्मीर राज्य में प्रयोज्य है; तथा

(2) अन्य ऐसे विषय जिन पर राज्य विधानमण्डल को विधि बनाने की अधिकारिता है।

इस प्रकार स्पष्ट है कि राज्य मानवाधिकार आयोगों की जांच अधिकारिता संविधान की सातवीं अनुसूची की लिस्ट द्वितीय एवं तृतीय में वर्णित विषयों तक रखी गई है।

संविधान की सातवीं अनुसूची के विषय

यहां संविधान की सातवीं अनुसूची की लिस्ट द्वितीय एवं तृतीय का उल्लेख किया जाना समीचीन होगा-

सूची 2- राज्य सूची

1. लोक व्यवस्था किंतु इसके अन्तर्गत सिविल शक्ति की सहायता के लिए [नौसेना, सेना या वायु सेना या संघ के किसी अन्य सशस्त्र बल का या संघ के नियंत्रण के अधीन किसी अन्य बल या उसकी किसी टुकड़ी या यूनिट का प्रयोग] नहीं है।

2. [सूची 1 की प्रविष्टि 2क के उपबंधों के अधीन रहते हुए पुलिस जिसके अंतर्गत रेल और ग्राम पुलिस है]।

3. उच्च न्यायालय के अधिकारी और सेवक ; भाटक और राजस्व न्यायालयों की प्रक्रिया; उच्चतम न्यायालय से भिन्न सभी न्यायालयों में ली जाने वाली फीस।

4. कारागार, सुधारालय, बोर्स्टल संस्थाएं और उसी प्रकार की अन्य संस्थाएं और उनमें निरुद्ध व्यक्ति ; कारागारों और अन्य संस्थाओं के उपयोग के लिए अन्य राज्यों से ठहराव।

5. स्थानीय शासन, अर्थात् नगर निगमों, सुधार न्यासों, जिला बोर्डों, खनन-बस्ती प्राधिकारियों और स्थानीय स्वशासन या ग्राम प्रशासन के प्रयोजनों के लिए अन्य स्थानीय प्राधिकारियों का गठन और शक्तियां।

6. लोक स्वास्थ्य और स्वच्छता; अस्पताल और औषधालय।

7. भारत से बाहर के स्थानों की तीर्थयात्राओं से भिन्न तीर्थयात्राएं।

8. मादक लिकर, अर्थात् मादक लिकर का उत्पादन, विनिर्माण, कब्जा, परिवहन, क्रय और विक्रय।

9. निःशक्त और नियोजन के लिए अयोग्य व्यक्तियों की सहायता।

10. शव गाड़ना और कब्रिस्तान ; शव दाह और शमशान।

11. [विलोपित किया गया]

12. राज्य द्वारा नियंत्रित या वित्तपोषित पुस्तकालय, संग्रहालय या वैसी ही अन्य संस्थाएं ; [संसद द्वारा बनाई गई विधि द्वारा या उसके अधीन] राष्ट्रीय महत्व के [घोषित किए गए] प्राचीन और ऐतिहासिक संस्मारकों और अभिलेखों से भिन्न प्राचीन और ऐतिहासिक संस्मारक और अभिलेख।

13. संचार, अर्थात् सड़कें, पुल, फेरी और अन्य संचार साधन जो सूची 1 में विनिर्दिष्ट नहीं हैं, नगरपालिक ट्राम; रज्जुमार्ग; अंतर्देशीय जलमार्गों के संबंध में सूची 1 और सूची 3 के उपबंधों के अधीन रहते हुए, अंतर्देशीय जलमार्ग और उन पर यातायात; यंत्र नोदित यानों के भिन्न यान।

14. कृषि जिसके अंतर्गत कृषि शिक्षा और अनुसंधान, नाशक जीवों से संरक्षण और पादप रोगों का निवारण है।

15. पशुधन का परिरक्षण, संरक्षण और सुधार तथा जीवजंतुओं के रोगों का निवारण ; पशुचिकित्सा प्रशिक्षण और व्यवसाय।

16. कांजी हाउस और पशु अतिचार का निवारण।

17. सूची 1 की प्रविष्टि 56 के उपबंधों के अधीन रहते हुए, जल, अर्थात् जल प्रदाय, सिंचाई और नहरें, जल निकास और तटबंध, जल भंडारकरण और जल शक्ति।

18. भूमि, अर्थात भूमि में या उस पर अधिकार, भूधृति जिसके अंतर्गत भूस्वामी और अभिधारी का संबंध है और भाटक का संग्रहण; कृषि भूमि का अंतरण और अन्यसंक्रामण; भूमि विकास और कृषि उधार; उपनिवेशन।

[* * *]

21. मात्स्यिकी।

22. सूची 1 की प्रविष्टि 34 के उपबंधों के अधीन रहते हुए, प्रतिपाल्य-अधिकरण; विल्लंगमित और कुर्क की गई संपदा।

23. संघ के नियंत्रण के अधीन विनियमन और विकास के संबंध में सूची 1 के उपबंधों के अधीन रहते हुए, खानों का विनियमन और खनिज विकास।

24. सूची 1 की [प्रविष्टि 7 और प्रविष्टि 52] के उपबंधों के अधीन रहते हुए उद्योग।

25. गैस और गैस संकर्म।

26. सूची 3 की प्रविष्टि 33 के उपबंधों के अधीन रहते हुए, राज्य के भीतर व्यापार और वाणिज्य।

27. सूची 3 की प्रविष्टि 33 के उपबंधों के अधीन रहते हुए माल का उत्पादन प्रदाय और वितरण।

28. बाजार और मेले।

[* * *]

30. साहूकारी और साहूकार; कृषि ऋणिता से मुक्ति।

31. पांथशाल और पांथशालापाल।

32. ऐसे निगमों का, जो सूची 1 में विनिर्दिष्ट निगमों से भिन्न हैं और विश्वविद्यालयों का निगमन, विनियमन और परिसमापन; अनिगमित व्यापारिक, साहित्यिक, वैज्ञानिक, धार्मिक और अन्य सेसाइटियां और संगम; सहकारी सोसाइटियां।

33. नाट्यशाला और नाट्यप्रदर्शन; सूची 1 की प्रविष्टि 60 के उपबंधों के अधीन रहते हुए सिनेमा; खेलखूद, मनोरंजन और आमोद।

34. दावं और द्यूत।

35. राज्य में निहित या उसके कब्जे के संकर्म, भूमि और भवन और भवन।

36. [विलोपित किया गया]

37. संसद द्वारा बनाई गई किसी विधि के उपबंधों के अधीन रहते हुए, राज्य के विधान-मण्डल के लिए निर्वाचन।

38. राज्य के विधान-मंडल के सदस्यों के, विधान सभा के अध्यक्ष और उपाध्यक्ष के और, यदि विधान परिषद् है तो, उसके सभापति और उपसभापति के वेतन और भत्ते।

39. विधान सभा की और उसके सदस्यों और समितियों की तथा, यदि विधान परिषद् है तो, उस विधान परिषद् की और उसके सदस्यों और समितियों की शक्तियां, विशेषाधिकार और उन्मुयुक्तियां; राज्य के विधान-मंडल की समितियों के समक्ष साक्ष्य देने या दस्तावेज पेश करने के लिए व्यक्तियों को हाजिर कराना।

40. राज्य के मंत्रियों के वेतन और भत्ते।

41. राज्य लोक सेवाएं; राज्य लोक सेवा आयोग।

42. राज्य की पेंशनें, अर्थात् राज्य द्वारा या राज्य की संचित निधि में से संदेय पेंशन।

43. राज्य का लोक ऋण।

44. निखात निधि।

45. भू-राजस्व जिसके अंतर्गत राजस्व का निर्धारण और संग्रहण, भू-अभिलेख रखना, राजस्व के प्रयोजनों के लिए और अधिकारों के अभिलेखों के लिए सर्वेक्षण और राजस्व का अन्यसंक्रामण है।

46. कृषि-आय पर कर।

47. कृषि भूमि के उत्तराधिकार के संबंध में शुल्क।

48. कृषि भूमि के संबंध में संपदा-शुल्क।

49. भूमि और भवनों के कर।

50. संसद द्वारा, विधि द्वारा, खनिज विकास के संबंध में अधिरोपित निर्बंधनों के अधीन रहते हुए, खनिज संबंधी अधिकारों पर कर।

51. राज्य में विनिर्मित या उत्पादित निम्नलिखित माल पर उत्पाद-शुल्क और भारत में अन्यत्र विनिर्मित या उत्पादित वैसे ही माल पर उसी दर या निम्नतर दर से प्रतिशुल्क-

(क) मानवीय उपभोग के लिए ऐल्कोहाली लिकर;

( ) अफीम, इंडियन हेंप और अन्य स्वापक औषधियां तथा स्वापक पदार्थ;

किन्तु जिसके अंतर्गत ऐसी औषधियां और प्रसाधान निर्मितियां नहीं है जिनमें ऐल्कोहल का इस प्रविष्टि के उपपैरा (ख) का काई पदार्थ अंतविष्ट है।

52. किसी स्थानीय क्षेत्र में उपभोग, प्रयोग या विक्रय के लिए माल के प्रवेश पर कर।

53. विद्युत के उपभोग या विक्रय पर कर।

[54. सूची 1 की प्रविष्टि 92क के उपबंधों के अधीन रहते हुए, समाचारपत्रों से भिन्न माल के क्रय या विक्रय पर कर।]

55. समाचारपत्रों में प्रकाशित [और रेडियो या दूरदर्शन द्वारा प्रसारित विज्ञापनों] से भिन्न विज्ञापनों पर कर।

56. सड़कों या अंतर्देशीय जलमार्गों द्वारा ले जाए जाने वाले माल और यात्रियों पर कर।

57. सूची 3 की प्रविष्टि 35 के उपबंधों के अधीन रहते हुए, सड़कों पर उपयोग के योग्य यानों पर कर, चाहें वे यंत्र नोदित हों या नहीं, जिनके अंतर्गत ट्रामकार हैं।

58. जीवजंतुओं और नौकाओं पर कर।

59. पथकर।

60. वृत्तियों, व्यापारों, आजीविकाओं और नियोजन पर कर।

61. प्रतिव्यक्ति कर।

62. विलास वस्तुओं पर कर, जिसके अंतर्गत मनोरंजन, आमोद, दांव और द्यूत पर कर हैं।

63. स्टांप-शुल्क की दरों के संबंध में सूची 1 के उपबंधों में विनिर्दिष्ट दस्तावेजों से भिन्न दस्तावेजों के संबंध में स्टांप-शुल्क की दर।

64. इस सूची के विषयों में से किसी विषय से संबंधित विधियों के विरुद्ध अपराध।

65. उच्चतम न्यायालय से भिन्न सभी न्यायालयों को इस सूची के विषयों में से किसी विषय के संबंध में अधिकारिता और शक्तियां।

66. इस सूची के विषयों में से किसी विषय के संबंध में फीस, किन्तु इसके अंतर्गत किसी न्यायालय में ली जाने वाली फीस नहीं है।

सूची 3-समवर्ती सूची

1. दंड विधि जिसके अंतर्गत ऐसे सभी विषय हैं जो इस संविधान के प्रारंभ पर भारतीय दंड संहिता के अंतर्गत आते हैं, किन्तु इसके अंतर्गत सूची 1 या सूची 2 में विनिर्दिष्ट विषयों में से किसी विषय से संबंधित विधियों के विरुद्ध अपराध और सिविल शक्ति की सहायता के लिए नौसेना, सेना, या वायुसेना अथवा संघ के किसी अन्य सशस्त्र बल का प्रयोग नहीं है।

2. दंड प्रक्रिया जिसके अंतर्गत ऐसे सभी विषय हैं जो इस संविधान के प्रारंभ पर दंड प्रक्रिया संहिता के अंतर्गत हैं।

3. किसी राज्य की सुरक्षा, लोक व्यवस्था बनाए रखने या समुदाय के लिए आवश्यक प्रदायों और सेवाओं को बनाए रखने संबंधी कारणों से निवारक निरोध; इस प्रकार निरोध में रखे गए व्यक्ति।

4. बंदियों, अभियुक्त व्यक्तियों और इस सूची की प्रविष्टि 3 में विनिर्दिष्ट कारणों से निवारक निरोध में रखे गए व्यक्तियों का एक राज्य से दूसरे राज्य को हटाया जाना।

5. विवाह और विवाह-विच्छेद; शिशु और अवस्यक; दत्तक-ग्रहण; बिल, निर्वसीयतता और उत्तराधिकार; अविभक्त कुटुंब और विभाजन; वे सभी विषय जिनके

संबंध में न्यायिक कार्यवाहियों में पक्षकार इस संविधान के प्रारंभ से ठीक पहले अपनी स्वीय विधि के अधीन थे।

6. कृषि भूमि .से भिन्न संपत्ति का अंतरण; विलेखों, और दस्तावेजों का रजिस्ट्रीकरण।

7. संविदाएं जिनके अंतर्गत भागीदारी, अभिकरण, वहन की संविदाएं और अन्य विशेष प्रकार की संविदाएं हैं, किन्तु कृषि भूमि संविदाएं नहीं हैं।

8. अनुयोज्य दोष।

9. शोधन अक्षमता और दिवाला।

10. न्यास और न्यासी।

11. महाप्रशासक और शासकीय न्यासी।

[11. क. न्याय प्रशासन; उच्चतम न्यायालय और उच्च न्यायालयों से भिन्न सभी न्यायालयों का गठन और संगठन।]

12. साक्ष्य और शपथ, विधियों, लोक कार्यों और अभिलेखों और न्यायिक कार्यवाहियों को मान्यता।

13. सिविल प्रक्रिया जिसके अन्तर्गत ऐसे सभी विषय हैं जो इस संविधान के़ प्रारंभ पर सिविल प्रक्रिया संहिता के अंतर्गत आते हैं, परिसीमा और माध्यस्थम्।

14. न्यायालय का अवमान, किन्तु इसके अंतर्गत उच्चतम न्यायालय का अवमान नहीं है।

15. आहिंडन; यायावरी और प्रव्राजी जनजातियां।

16. पागलपन और मनोवैकल्य, जिसके अन्तर्गत पागलों और मनोविकल व्यक्तियों को ग्रहण करने या उनका उपचार करने के स्थान हैं।

17. पशुओं के प्रति क्रूरता का निवारण।

[17 क. वन।]

[17 ख. वन्य जीवाणुओं और पक्षियों का संरक्षण।]

18. खाद्य पदार्थों और अन्य माल का अपमिश्रण।

19. अफीम के संबंध में सूची 1 की प्रविष्टि 59 के उपबंधों के अधीन रहते हुए मादक द्रव्य और विष।

20. आर्थिक और सामाजिक योजना।

[20 क. जनसंख्या नियंत्रण और परिवार नियोजन।]

21. वाणिज्यिक और औद्योगिक एकाधिकार, गुट और न्यास।

22. व्यापार संघ; औद्योगिक और श्रम विवाद।

23. सामाजिक सुरक्षा और सामाजिक बीमा; नियोजन और बेकारी।

24. श्रमिकों को कल्याण जिसके अंतर्गत कार्य की दशाएं भविष्य निधि, नियोजक का दायित्व, कर्मकार प्रतिकर, अशक्तता और वार्धक्स पेंशन तथा प्रसूति सुविधाएं हैं।

[25. सूची 1 की प्रविष्टि 63, 64, 65, और 66 के उपबंधों के अधीन रहते हुए शिक्षा जिसके अंतर्गत तकनीकी शिक्षा, आयुर्विज्ञान शिक्षा और विश्वविद्यालय हैं; श्रमिकों का व्यावसायिक और तकनीकी प्रशिक्षण।]

26. विधि वृत्ति, चिकित्सा वृत्ति और अन्य वृत्तियां।

27. भारत और पाकिस्तान डोमिनियनों के स्थापित होने के कारण अपने मूल निवास-स्थान से विस्थापित व्यक्तियों की सहायता और पुर्नवास।

28. पूर्त कार्य और पूर्त संस्थाएं, पूर्त और धार्मिक विन्यास और धार्मिक संस्थाएं।

29. मानवों, जीवजंतुओं या पौधों पर प्रभाव डालने वाले संक्रामक या सांसर्गिक रोगों अथवा नाशकजीवों के एक राज्य से दूसरे राज्य में फैलने का निवारण।

30. जन्म-मरण सांख्यिकी, जिसके अंतर्गत जन्म और मृत्यु रजिस्ट्रीकरण है।

31. संसद द्वारा बनाई गई विधि का विद्यमान विधि द्वारा या उसके अधीन महापत्तन घोषित पत्तनों से भिन्न पत्तन।

32. राष्ट्रीय जलमार्गों के संबंध में सूची 1 के उपबंधों के अधीन रहते हुए, अंतर्देशीय जलमार्गों पर यंत्र नोदित जलयानों के संबंध में पोतपरिवहन और नौपरिवहन तथा ऐसे जलमार्गों पर मार्ग का नियम और अंतर्देशीय जलमार्गों द्वारा यात्रियों और माल का वहन।

[33 क. जहां संसद द्वारा विधि द्वारा किसी उद्योग का संघ द्वारा नियंत्रण लोकहित में समीचीन घोषित किया जाता हैं वहां उस उद्योग के उत्पादों का और उसी प्रकार के आयात किए गए माल का ऐसे उत्पादों के रूप में,

(ख) खाद्य पदार्थों का जिनके अंतर्गत खाद्य तिलहन और तेल हैं;

(ग) पशुओं के चारे का जिसके अंतर्गत खाली और अन्य सारकृत चारे हैं;

( ) कच्ची कपास का, चाहे वह ओटी हुई हो या बिना ओटी हो, और बिनौले का; और

(ङ) कच्चे जूट का;

व्यापार और वाणिज्य तथा उनका उत्पादन, प्रदाय और विरण।]

[33 क. बाट और माप, जिनके अंतर्गत मानकों का नियत किया जाना नहीं है ।]

34. कीमत नियंत्रण।

35. यंत्र नोदित यान जिसके अंतर्गत वे सिद्धान्त हैं जिनके अनुसार ऐसे यानों पर कर उद्गृहीत किया जाना है।

36. कारखाने।

37. बायलर।

38. विद्युत।

39. समाचार पत्र, पुस्तकें और मुद्रणालय।

40. [संसद् द्वारा बनाई गई विधि द्वारा या उसके अधीन] राष्ट्रीय महत्व के [घोषित] पुरातत्वीय स्थलों और अवशेषों से भिन्न पुरातत्वीय स्थल और अवशेष।

41. ऐसी संपत्ति की जिसके अंतर्गत कृषि भूगि है अभिरक्षा, प्रबंध और व्ययन जो विधि द्वारा निष्क्रांत संपत्ति घोषित की जाए।

[42. संपत्ति का अर्जन और अधिग्रहण ।]

43. किसी राज्य में, उस राज्य से बाहर उद्भूत कर से संबंधित दावों और अन्य लोक मांगों की वसूली जिनके अंतर्गत भू-राजस्व की बकाया और ऐसी बकाया के रूप में वसूल की जा सकने वाली राशियां हैं।

44. न्यायिक स्टांपों के द्वारा संग्रहीत शुल्कों या फीसों से भिन्न स्टांप-शुल्क, किन्तु इसके अंतर्गत स्टांप-शुल्क की दरें नहीं है।

45. सूची 2 या सूची 3 में विनिर्दिष्ट विषयों में से किसी विषय के प्रयोजनों के लिए जांच और आंकड़े।

46. उच्चतम न्यायालय से भिन्न सभी न्यायालयों की इस सूची के विषयों में से किसी विषय के संबंध में अधिकारिता और शक्तियां।

47. इस सूची के विषयों में से किसी विषय के संबंध में फीस, किन्तु इसके अंतर्गत किसी न्यायालय में ली जाने वाली फीस नहीं है।

जम्मू-कश्मीर के सम्बन्ध में विशेष व्यवस्था

जम्मू कश्मीर के सम्बन्ध में संविधान के अनुच्छेद 370 में विशेष व्यवस्था अस्थायी उपबंध की गई है-

(क) अनुच्छेद 238 के उपबंध जम्मू-कश्मीर राज्य के संबंध में लागू नहीं होंगे;

(1.) संघ सूची और समवर्ती सूची के उन विषयों तक सीमित होगी जिनको राष्ट्रपति उस राज्य की सरकार से परामर्श करके, उन विषयों के तत्स्थानी विषय घोषित कर दे जो भारत डोमिनियन में उस राज्य के अधिमिलन को शासित करने वाले अधिनियम पत्र में ऐसे विषयों के रूप में विनिर्दिष्ट हैं जिनके संबंध में डोमिनियन विधान-मंडल उस राज्य के लिए विधि बना सकता है; और

(2.) उक्त सूचियों के उन अन्य विषयों तक सीमित होगी तो राष्ट्रपति, उस राज्य की सरकार की सहमति से, आदेश द्वारा, विनिर्दिष्ट करे।

स्पष्टीकरण-इस अनुच्छेद के प्रयोजनों के लिए, उस राज्य की सरकार से वह व्यक्ति अभिप्रेत है जिसे राष्ट्रपति से, जम्मू-कश्मीर के महाराजा की 5 मार्च, 1948 की उद्घोषणा के अधीन तत्समय पदस्थ मंत्रि-परिषद् की सलाह पर कार्य करने वाले जम्मू-कश्मीर के महाराजा के रूप में तत्समय मान्यता प्रात, थीं;

(ग) अनुच्छेद 1 और इस अनुच्छेद के उपबंध उस राज्य के संबंध में लागू होंगे:

(घ) इस संविधान के ऐसे अन्य उपबंध ऐसे अपवादों और उपांतकरणों के अधीन रहते हुए, जो राष्ट्रपति आदेश द्वारा विनिर्दिष्ट करे, उस राज्य के संबंध में लागू होंगे:

परंतु ऐसा कोई आदेश जो उपखंड (ख) के पैरा (1.) में निर्दिष्ट राज्य के अधिनियम पत्र में विनिर्दिष्ट विषयों से संबंधित है, उस राज्य की सरकार से परामर्श करके ही किया जाएगा, अन्यथा नहीं:

परंतु यह और कि ऐसा कोई आदेश जो अंतिम पूर्ववर्ती परंतुक में निर्दिष्ट विषयों से भिन्न विषयों से संबंधित है, उस सरकार की सहमति से ही किया जाएगा, अन्यथा नहीं।

(2) यदि खंड (1) के उपखंड (ख) के पैरा (2) में या उस खंड के उपखंड (घ) के दूसरे परंतुक में निर्दिष्ट उस राज्य की सरकार की सहमति, उस राज्य का संविधान बनाने के प्रयोजन के लिए संविधान सभा के बुलाए जाने से पहले दी जाए तो उसे ऐसी संविधान सभा के समक्ष ऐसे विनिश्चय के लिए रखा जाएगा जो वह उस पर करे।

(3) इस अनुच्छेद के पूर्वगामी उपबंधों में किसी बात के होते हुए भी राष्टपति लोक अधिसूचना द्वारा घोषणा कर सकेगा कि यह अनुच्छेद प्रवर्तन में नहीं रहेगा या ऐसे अपवादों और उपांतरिणों सहित ही और ऐसी तारीख से, प्रवर्तन में रहेगा, जो वह विर्दिष्ट करे:

परंतु राष्ट्रपति द्वारा ऐसी अधिसूचना निकाले जाने से पहले खण्ड (2) में विनिर्दिष्ट उस राज्य की संविधान सभा की सिफारिश आवश्यक होगी।

राज्य आयोग के अध्यक्ष एवं सदस्यों की नियुक्ति

धारा 22 में आयोग के अध्यक्ष एवं सदस्यों की नियुक्ति के बारे में प्रावधान किया गया है। इसके अनुसार अध्यक्ष एवं सदस्यों की नियुक्ति राज्यपाल के हस्ताक्षर वारन्ट द्वारा की जायेगी जिस पर मोहर भी अंकित होगी। ऐसी नियुक्तियां एक समिति के अनुशंसा पर की जायेगी।

समिति का गठन

नियुक्ति की अनुशंसा करने वाली समिति में निम्नांकित व्यक्ति होंगे–

(1.) मुख्यमंत्री	अध्यक्ष
(2.) विधानसभा अध्यक्ष	सदस्य
(3.) राज्य का गृहमंत्री	सदस्य

(4.) विधान सभा में विपक्ष का नेता सदस्य

जहां विधान परिषद् हो, वहां विधान परिषद् का अध्यक्ष तथा उसमें विपक्ष का नेता भी समिति के सदस्य होंगे। उच्च न्यायालय के किसी पीठासीन न्यायाधीश या पीठासीन जिला न्यायाधीश की नियुक्त उस राज्य के उच्च न्यायालय के मुख्य न्यायाधीश के परामर्श से की जायेगी।

समिति में किसी पद के रिक्त होने का प्रभाव

धारा 22 (2) में यह व्यवस्था की गई है कि समिति में किसी पद के रिक्त होने मात्र के आधार पर आयोग के अध्यक्ष या सदस्य की नियुक्ति अविधिमान्य नहीं समझी जायेगी। यह व्यवस्था राष्ट्रीय आयोग के सम्बन्ध में की गई व्यवस्था के अनुरूप ही है।

राज्या आयोग के सदस्यों का हटाया जाना

अधिनियम की धारा 23 अत्यन्त महत्वपूर्ण है। इसमें राज्य आयोग के अध्यक्ष अथवा सदस्य को पद से हटाये जाने के बारे में व्यवस्था की गई है। यह धारा दो भागों में विभक्त है-

(1.) उप-धारा (1) में वर्णित आधारों पर हटाया जाना; तथा

(2.) उप-धारा (2) में वर्णित आधारों पर हटाया जाना।

उप-धारा (1) में वर्णित आधार एवं प्रक्रिया

उप-धारा (1) के अन्तर्गत राष्ट्रपति द्वारा आयोग के अध्यक्ष या किसी सदस्य को निम्नांकित आधारों पर पद से हटाया जा सकता है-

(क) दुर्व्यवहार; एवं

(ख) अक्षमता।

राज्य आयोग का अध्यक्ष या सदस्य अपने कार्यकाल में यदि दुर्व्यवहार का दोषी पाया जाता है अथवा अपने पदीय-कर्त्तव्यों का निर्वहन करने में सक्षम नहीं रह जाता है तो राष्ट्रपति द्वारा उसे पद से हटाया जा सकेगा।

उच्चतम न्यायालय द्वारा जांच

यहां यह उल्लेखनीय है कि उपरोक्त आधारों पर अध्यक्ष या सदस्य को पद से हटाने से पूर्व-

(1.) मामला राष्ट्रपति द्वारा जांच के लिए उच्चतम न्यायालय को निर्देशित किया जायेगा;

(2.) उच्चतम न्यायालय द्वारा तद्निमित्त विहित प्रक्रिया के अनुसार मामले की जांच की जायेगी;

(3.) ऐसी जांच पूर्ण हो जाने पर उच्चतम न्यायालय द्वारा जांच रिपोर्ट राष्ट्रपति को प्रेषित की जायेगी; तथा

(4.) जांच रिपोर्ट में अध्यक्ष या सदस्य के विरुद्ध दुर्व्यवहार अथवा अक्षमता का प्रमाणित होना पाये जाने पर राष्ट्रपति द्वारा उन्हें पद से हटाया जा सकेगा।

उप-धारा (1) में शब्द "विहित प्रक्रिया" का प्रयोग किया गया है। विहित प्रक्रिया में सम्बन्धित व्यक्ति को सुनवाई का युक्ति-युक्त अवसर प्रदान किया जाना सन्निहित है। नैसर्गिक न्याय के सिद्धान्तों की भी यही अपेक्षा है कि किसी भी व्यक्ति को उसके पद से हटाये जाने से पूर्व उसे सुनवाई कर युक्तियुक्त अवसर प्रदान किया जाना चाहिये।

उप-धारा (2) में वर्णित आधार

उप-धारा (2) में उन पांच आधारों का उल्लेख किया गया है कि जिन पर राष्ट्रीय द्वारा राज्य आयोग के अध्यक्ष या किसी सदस्य को पद से हटाया जा सकता है-

(1.) दिवालिया न्यायनिर्णीत हो जाने पर;

(2.) पदावधि के दौरान अपने पदीय-कर्त्तव्यों से भिन्न किसी लाभप्रद नियोजन के स्वीकार कर लिये जाने पर;

(3.) शारीरिक या मानसिक दौर्बाल्य के कारण अपने पद पर बने रहने के लिए अयोग्य हो जाने पर;

(4.) सक्षम न्यायालय द्वारा विकृत चित्त घोषित कर दिये जाने पर; तथा

(5.) किसी ऐसे अपराध में दोषसिद्ध एवं दण्डित किये जाने पर जिसमें राष्ट्रपति की राय में नैतिक अध्यक्षता अन्तर्वलित हो।

विस्तृत टिप्पणी

धारा 23 में किये गये प्रावधान धारा 5 में किये गये प्रावधानों के अनुरूप ही हैं। धारा 5 की व्याख्या में इस विषय पर विस्तार से प्रकाश डाला गया है।

सदस्यों की पदावधि

अधिनियम की धारा 24 में अध्यक्ष एवं सदस्यों की पदावधि का उल्लेख किया गया है।

अध्यक्ष एवं सदस्य की पदावधि उनके कार्यभार संभालने की तिथि से पांच वर्ष अथवा 70 वर्ष की आयु पूर्ण करने तक, इनमें से जो भी पहले हो, होगी।

इस व्यवस्था से दो बातें स्पष्ट होती हैं-

(1.) प्रथमतः यह पदावधि पांच वर्ष की होगी; लेकिन

(2.) 70 वर्ष की आयु पूर्ण हो जाने पर कोई व्यक्ति अध्यक्ष या सदस्य के पद पर बना नहीं रह सकेगा चाहे उसे कार्यभार संभाले अभी पांच वर्ष पूरे नहीं हुए हों।

अध्यक्ष एवं सदस्य के लिए पद पर बने रहने हेतु 70 वर्ष की आयु सीमा 'लक्ष्मण रेखा' है। यदि 70 वर्ष की आयु पूरी नहीं होती है तो अध्यक्ष या सदस्य अपने पद पर पूरे पांच वर्ष तक रह सकता है।

पुनर्नियुक्ति

धारा 24 (2) में विहित व्यवस्था के अनुसार किसी व्यक्ति को सदस्य के रूप में पुनर्नियुक्त किया जा सकता है अर्थात् कोई भी व्यक्ति एकाधिक बार राज्य आयोग का सदस्य नियुक्त हो सकता है। लेकिन यहां भी आयु की वही सीमा लागू होगी अर्थात् पुनर्नियुक्त व्यक्ति भी 70 वर्ष की आयु पूरी हो जाने पर पद पर बना नहीं रह सकेगा।

इस प्रकार 70 वर्ष की आयु सीमा का प्रतिबंध नियुक्ति एवं पुनर्नियुक्ति दोनों दशाओं में लागू होगा।

इससे एक बात और स्पष्ट हो जाती है कि पुनर्नियुक्ति की व्यवस्था केवल सदस्यों के लिए है अध्यक्ष के लिए नहीं। कोई भी व्यक्ति एक बार अध्यक्ष रह लेने पर दोबारा अध्यक्ष के पद पर नियुक्त नहीं किया जा सकता है।

नियोजन पर प्रतिबंध

धारा 24 (3) में वर्णित व्यवस्था के अनुसार कोई भी आयोग का अध्यक्ष या सदस्य रह जाने के बाद भारत सरकार अथवा राज्य सरकार के अधीन नियोजित होने का पात्र नहीं होगा अर्थात् वह अध्यक्ष या सदस्य के पद से निवृत्त हो जाने पर

केन्द्र या राज्य सरकार के अधीन किसी पद पर नियुक्त नहीं हो सकता। यह व्यवस्था इसलिए की गई है ताकि अध्यक्ष एवं सदस्य अपने पदीय कर्त्तव्यों का निर्वहन स्वतंत्रता एवं निष्पक्षता से कर सकें।

विस्तृत टिप्पणी

धारा 24 के प्रावधान धारा 6 के अनुरूप हैं।

कतिपय परिस्थितियों में सदस्य का अध्यक्ष के रूप में कार्य करना अथवा उसके कृत्यों का निर्वहन करना

अध्यक्ष पद पर रिक्त होने पर अथवा उसके अवकाश आदि पर चल जाने पर धारा 25 में दो प्रकार की वैकल्पिक व्यवस्थायें की गई हैं-

(1.) यदि आयोग के अध्यक्ष का पद निम्नांकित में से किसी भी कारण से रिक्त हो जाता है-

(क) मृत्यु से,

(ख) त्यागपत्र से, अथवा

(ग) अन्य किसी कारण से,

तब राज्यपाल अधिसूचना जारी कर किसी सदस्य को तब के लिए जब तक कि नये अध्यक्ष की नियुक्ति नहीं हो जाती, अध्यक्ष के रूप में कार्य करने के लिए प्राधिकृत कर सकेगा।

(2.) यदि आयोग का अध्यक्ष निम्नांकित में से किसी कारण से अपने पदीय-कर्त्तव्यों का निर्वहन करने में असमर्थ हो जाता है-

(क) अनुपस्थिति के कारण;

(ख) अवकाश के कारण; अथवा

(ग) अन्य किसी कारण से;

तब राज्यपाल अधिसूचना जारी कर किसी सदस्य को तब के लिए जब तक कि अध्यक्ष अपना कार्यभार नहीं संभाल लेता है, अध्यक्ष के कृत्यों का निर्वहन करने के लिए प्राधिकृत कर सकेगा। इस प्रकार धारा 25 ऐसी परिस्थितियों में अध्यक्ष के पदीय कर्त्तव्यों का निर्वहन करने के लिए वैकल्पिक व्यवस्था करती है, जब-

(क) अध्यक्ष की मृत्यु हो जाती है; या

(ख) अध्यक्ष त्यागपत्र दे देता है; या

(ग) अध्यक्ष अवकाश पर चला जाता है; या

(घ) अध्यक्ष अनुपस्थित रहता है; या

(ङ) अन्य किसी कारण से अध्यक्ष का पद रिक्त हो जाता है; या

(च) अन्य किसी कारण से अध्यक्ष अपने पदीय कृत्यों का निर्वहन करने में असमर्थ हो जाता है।

"अन्य किसी कारण से"

इस धारा में पदावली "अन्य किसी कारण से" प्रयुक्त की गई है लेकिन यह नहीं बताया गया है कि वे कारण कौन से हो सकते हैं। इस अधिनियम के संदर्भ में ऐसे कारण निम्नांकित हो सकते हैं-

(1.) जब अध्यक्ष को धारा 23 वर्णित आधारों में से किसी आधार पर पद से हटा दिया जाये या

(2.) जब अध्यक्ष बीमारी आदि के कारण अपने कृत्यों का निर्वहन करने में असमर्थ हो जाये।

सदस्यों की सेवा शर्तें

(1) सेवा-शर्तें;

(2) वेतन;

(3) भत्ते; आदि

वे होंगे जो राज्य सरकार द्वारा विहित किये जायें।

ऐसी सेवा शर्तों, वेतन, भत्तों आदि में सदस्यों की नियुक्ति के बाद ऐसा कोई फेरफार या परिवर्तन नहीं किया जायेगा जो उनके लिए अलाभप्रद हो। स्पष्ट है कि एक बार सेवा शर्तें, वेतन, भत्ते, आदि निर्धारित हो जाने पर उनमें कमी नहीं की जा सकती अर्थात् उनमें ऐसा कोई परिवर्तन या फेरफार नहीं किया जा सकता जो सदस्यों के लिए अलाभप्रद हो। इस व्यवस्था का मुख्य उद्देश्य सदस्यों को स्वतंत्रता एवं निष्पक्षता से अपने पदीय कर्त्तव्यों का निर्वहन करने के लिए आश्वस्त करना है।

विस्तृत टिप्पणी

धारा 26 के प्रावधान धारा 8 के अनुरूप हैं। धारा 8 में इस विषय पर विस्तार से प्रकाश डाला गया है, अतः धारा 8 की व्यवस्था का अवलोकन करना सार्थक रहेगा।

राज्य आयोग के अधिकारी एवं कर्मचारिवृन्द

अधिनियम की धारा 27 में राज्य आयोग के लिए अधिकारियों एवं कर्मचारिवृन्दों की व्यवस्था की गई है। राज्य सरकार आयोग को निम्नांकित अधिकारी एवं कर्मचारी उपलब्ध करायेगी–

सचिव

एक सचिव जो आयोग का कार्यपालक अधिकारी होगा एवं राज्य सरकार के सचिव की पंक्ति का होगा।

पुलिस एवं अन्वेषण स्टाफ

पुलिस महानिरीक्षक की पंक्ति से अन्यून अधिकारी के अधीन समुचि संख्या में पुलिस एवं अन्वेषण अधिकारी तथा आयोग के कृत्यों के दक्षतापूर्वक निर्वहन हेतु आवश्यक अधिकारी एवं स्टाफ।

प्रशासनिक एवं तकनीकी स्टाफ

राज्य आयोग आवश्यकतानुसार अपने लिए प्रशासनिक तकनीकी एवं वैज्ञानिक स्टाफ नियुक्त कर सकेगा। ऐसा स्टाफ राज्य सरकार द्वारा बनाये गये नियमों के अध्यधीन होगा। उपरोक्त सभी अधिकारियों एवं स्टाफ की सेवा शर्तें, वेतन, भत्ते आदि वे होंगे जो राज्य सरकार द्वारा विहित किये जायें।

आयोग के वार्षिक एवं विशेष प्रतिवेदन

धारा 28 राज्य आयोग द्वारा प्रस्तुत किये जाने वाले प्रतिवेदनों के बारे में प्रावधान करती है। इसमें प्रतिवेदन दो प्रकार के बताये गये हैं–

(1.) वार्षिक प्रतिवेदन; एवं

(2.) विशेष प्रतिवदेन।

आयोग द्वारा राज्य सरकार को अपना वार्षिक प्रतिवेदन एवं समय-समय पर सामयिक महत्व के अत्यावश्यक मामलों में विशेष प्रतिवेदन प्रस्तुत करना होगा।

ऐसे प्रतिवेदन राज्य सरकार द्वारा विधान मण्डल के सदनों के समक्ष रख जायेंगे। सरकार द्वारा यह ज्ञापन भी रखा जायेगा कि-

(1.) आयोग द्वारा क्या सिफारिशें की गई हैं;

(2.) उन सिफारिशों पर सरकार द्वारा क्या कार्यवाही की गई है; एवं

(3.) यदि सिफारिशों को अस्वीकार किया गया है तो उसके कारण।

राष्ट्रीय आयोग से सम्बन्धित कतिपय प्रावधानों का राज्य आयोग पर लागू होना

धारा 29 में राष्ट्रीय आयोग से सम्बन्धित निम्नांकित प्रावधानों को राज्य आयोग पर लागू किया गया है-

(1) धारा 9: रिक्तयों आदि के कारण आयोग की कार्यवाहियों का अविधिमान्य नहीं होना।

(2) धारा 10: प्रक्रिया का आयोग द्वारा विनियमित किया जाना।

(3) धारा 12: आयोग के कार्य।

(4) धारा 13: जांच के बारे में शक्तियां।

(5) धारा 14: अन्वेषण।

(6) धारा 15: आयोग को किये जाने वाले कथन।

(7) धारा 16: व्यक्तियों को सुनवाई का अवसर प्रदान किया जाना।

(8) धारा 19: शिकायतों में जांच।

(9) धारा 18: जांच के बाद की कार्यवाही।

इन धाराओं में किये गये प्रावधान निम्नांकित परिवर्तनों के साथ राज्य आयोग पर लागू होंगे-

(क) जहां "महासचिव" का उल्लेख किया गया है वहां राज्य आयोग के संदर्भ में "सचिव" पढ़ा जाये।

(ख) जहां शब्द "आयोग" प्रयुक्त हुआ है, वहां राज्य आयोग के संदर्भ में "राज्य आयोग" पढ़ा जाये।

(ग) धारा 12 का खण्ड (च) राज्य आयोग के संदर्भ में विलोपित हुआ माना जाये।

(घ) धारा 17 के खण्ड (1) में प्रयुक्त शब्द "केन्द्र सरकार अथवा अन्य" राज्य आयोग के संदर्भ में विलोपित समझे जायें।

मानवाधिकार संरक्षण अधिनियम 1993 के प्रावधानों का अनुसरण में राज्य सरकार को भी सम्बन्धित राज्य में मानवाधिकार आयोग गठन करने की शक्तियाँ प्राप्त है।

राज्य मानवाधिकार आयोग में अध्यक्ष एवं सदस्य निम्न प्रकार होंगे-

1. .अध्यक्ष जो उच्च न्यायालय का एक मुख्य न्यायाधीश रहा हो;
2. एक सदस्य, जो उच्च न्यायालय का सदस्य है या सदस्य रहा है;
3. एक सदस्य, जो उस राज्य में एक जिला न्यायाधीश है या रहा है;
4. दो सदस्य, जिनकी नियुक्ति उन व्यक्तियों में से की जाएगी जिन्हें मानवाधिकारों से सम्बन्धित मामलों का ज्ञान हो या उसमें व्यावहारिक अनुभव हो।
5. एक सचिव होगा जो राज्य आयोग का मुख्य कार्यपालक अधिकारी होगा तथा राज्य आयोग की ऐसी शक्तियों का प्रयोग करेगा एवं ऐसे कार्य्रों का निर्वचन करेगा जो उसे प्रत्योजित किए जाएँगे।

राज्य आयोग का मुख्य कार्यालय ऐसे स्थान पर होगा, जो राज्य सरकार अधिसूचना द्वारा विनिर्दिष्ट करेगी। राज्य आयोग संविधान की सातवीं अनुसूची-2 एवं सूची-3 में उल्लिखित प्रविष्टियों में किसी से सम्बन्धित मामलों के बारे में ही मानवाधिकारों के उल्लंघन की जाँच करेगा; परन्तु विधि के अधीन विधिवत् गठित किसी अन्य आयोग द्वारा जाँच की जा रही हो तो राज्य आयोग उक्त मामलों में जाँच नहीं करेगा।

परन्तु यह और कि जम्मू एवं कश्मीर मानवाधिकार आयोग के सम्बन्ध में यह, उपधारा इस प्रकार प्रभाव रखेगी जैसे कि मानों शब्दों एवं अंकों के संविधान की सातवीं अनुसूची में सूची एवं सूची-3 को शब्द एवं अंक, संविधान की सातवीं अनुसूची में सूची जो जम्मू एवं कश्मीर राज्य पर तथा उन मामलों के सम्बन्ध में प्रयोज्य है, जिनके सम्बन्ध में उस राज्य के विधानमण्डल को नियम बनाने की शक्ति है, द्वारा प्रतिस्थापित किया गया है।

राज्य आयोग के अध्यक्ष एवं अन्य सदस्यों की नियुक्ति

1. अध्यक्ष एवं सदस्यों की नियुक्ति राज्यपाल द्वारा अपने हस्ताक्षर एवं मुदासहित अधिपत्र द्वारा की जाएगी; परन्तु यह कि इस उपधारा के अधीन प्रत्येक गठित, समिति की, जिसमें निम्नांकित होंगे, सिफारिश प्राप्त करने के बाद की जाएगी-

(i) मुख्यमंत्री -अध्यक्ष

(ii) विधानसभा अध्यक्ष -सदस्य

(ii) उस राज्य में गृह मंत्रालय का प्रभारी मंत्री -सदस्य

(iv) विधानसभा में विपक्ष का नेता -सदस्य

परन्तु यह और कि जहाँ किसी राज्य में विधानपरिषद् है, वहाँ उस परिषद् का सभापति एवं परिषद् में विपक्ष का नेता भी समिति के सदस्य होंगे।

2. राज्य आयोग के अध्यक्ष या सदस्य की कोई नियुक्ति समिति में किसी रिक्ति के कारण अविधिमान्य नहीं होगी।

राज्य आयोग के सदस्य का हटाया जाना

1. उपधारा (2) के उपबन्धों के अध्यधीन रहते हुए, राज्य आयोग का अध्यक्ष या कोई सदस्य को उसके पद से, राष्ट्रपति के आदेश द्वारा, उच्चतम न्यायालय को निर्देश दिये जाने पर, उच्चतम न्यायलय के द्वारा उस सम्बन्ध में विहित प्रक्रिया के अनुसार की गई जाँच पर यह रिपोर्ट देने के बाद कि अध्यक्ष या ऐसा अन्य सदस्य, यथास्थिति को किसी ऐसा सिद्ध कदाचार या अक्षमता के आधार पर हटाया जाना चाहिए, हटाया जाएगा।

2. उपधारा (1) में किसी बात के होते हुए भी, राष्ट्रपति अध्यक्ष या किसी अन्य सदस्य को आदेश द्वारा पद से हटा देगा, यदि अध्यक्ष या ऐसा अन्य सदस्य, यथास्थिति-

(i) दिवालिया न्याय निर्णीत कर दिया गया है, या

(ii) अपने कार्यकाल में अपने पद के कर्त्तव्यों से बाहर किसी अवैतनिक रोजगार में लगता है, या

(iii) मस्तिष्क या शरीर की दुर्बलता के कारण पद पर रहने के लिए अयोग्य है, या

(iv) विकृत चित्त का है एवं सक्षम न्यायालय द्वारा इस प्रकार घोषित कर दिया गया है, या

(v) किसी अपराध के लिए राष्ट्रपति की राय में नैतिक पतन वाला है, सिद्ध दोष हो गया है एवं उसे कारागार की सजा दे दी गई है।

राज्य आयोग के सदस्यों की पदावधि

1. अध्यक्ष के रूप में नियुक्त व्यक्ति उस दिनांक से जिसको वह अपने पद पर प्रवेश करेगा, पाँच वर्ष की अवधि के लिए या जब वह सत्तर वर्ष की आयु का नहीं होगा, इनमें जो भी पूर्व में हो, पद को धारित करेगा।

2. सदस्य के रूप में नियुक्त व्यक्ति उस दिनांक से जिसको वह अपने पद पर प्रवेश करेगा, पाँच वर्ष की अवधि के लिए पद को धारित करेगा तथा पाँच वर्षों की दूसरी अवधि के लिए पुनर्नियुक्ति हेतु पात्र होगा, परन्तु यह कि कोई भी सदस्य सत्तर वर्ष की आयु प्राप्त करने के बाद पर को धारण नहीं करेगा।

3. पद पर नहीं रहने पर, अध्यक्ष या सदस्य राज्य सरकार या भारत सरकार के अधीन आगे ओर भी नियुक्ति के लिए अपात्र होगा।

कुछ परिस्थितियों में सदस्य द्वारा अध्यक्ष के रूप में कार्य करना या उसके कार्यों का निर्वहन करना

1. कि अध्यक्ष की मृत्यु होने, त्यागपत्र देने के कारण या अन्यथा प्रकार से उसका पद रिक्त होने की दिशा में, राज्यपाल, अधिसूचना द्वारा सदस्यों में से किसी एक को अध्यक्ष के रूप में कार्य करने के लिए, उस रिक्ति को भरने के लिए नए अध्यक्ष को नियुक्त किए जाने तक के लिए प्राधिकृत करेगा।

2. जब अध्यक्ष अवकाश पर अनुपस्थिति के कारण या अन्यथा अपने कार्यों का निर्वहन करने में असमर्थ हो, उन सदस्यों में से ऐसा एक जिसे राज्यपाल, अधिसूचना द्वारा, इस सम्बन्ध में प्राधिकृत करे, अध्यक्ष के कार्यों का निर्वहन उस दिनांक तक करेगा, जिसको कि अध्यक्ष अपने कर्त्तव्यों का पुनर्ग्रहण करेगा।

राज्य आयोग के सदस्यों की सेवा शर्तें

सदस्यों को संदेय वेतन एवं भत्ते, एवं उनकी सेवा की अन्य शर्तें एवं निबन्धन, वे होंगी जो राज्य सरकार द्वारा विहित की जाएंगी, परन्तु यह कि किसी सदस्य के न तो वेतन एवं भत्ते और न सेवा की शर्तें एवं निबन्धन उसकी नियुक्ति के बाद उसके लिए अलाभकारी रूप में परिवर्तित नहीं की जाएगी।

राज्य आयोग के अधिकारी एवं अन्य कर्मचारी

1. राज्य सरकार के अधिकारी एवं अन्य कर्मचारी

(i) एक अधिकारी जो राज्य सरकार के सचिव के रेंक से नीचे का नहीं होगा जो राज्य आयोग का सचिव होगा, एवं

(ii) एक ऐसे अधिकारी के अधीन, जो महानिरीक्षक, पुलिस रेंक के नीचे का नहीं होगा, ऐसी पुलिस एवं अन्वेषणकर्त्ता कर्मचारी एवं ऐसे अन्य अधिकारी एवं अन्य कर्मचारी जो राज्य आयोग के कार्यो को कुशलतापर्वूक निष्पादन के लिए आवश्यक हों।

2. राज्य सरकार, राज्य आयोग के वार्षिक एवं विशेष प्रतिवेदनों को, आयोग की सिफारिश पर की गई या की जाने के लिए प्रस्तावित कार्यवाही के ज्ञापन एवं उन सिफारिशों को स्वीकार नहीं करने के कारणों, यदि कोई हो, के साथ राज्य विधानमण्डल के जहाँ इसके दो सदन हों, प्रत्येक सदन या जहाँ विधानमण्डल के जहाँ इसके दो सदन हों, प्रत्येक सदन या जहाँ विधानमण्डल में केवल एक सदन हो, उस सदन के समक्ष प्रस्तुत कराएगी।

राजस्थान राज्य मानवाधिकार आयोग का गठन

राजस्थान राज्य मानवाधिकार आयोग का गठन मानवाधिकार संरक्षण अधिनियम 1993 के प्रावधानों के अनुसार राज्य सरकार की 18 जनवरी 1999 की अधिसूचना से हुआ। आयोग की प्रथम अध्यक्ष सुश्री कांता भटनागर ने 23 मार्च 2000 को पद ग्रहण किया तथा 11 अगस्त 2000 तक इस पद पर रही इसके बाद छः माह तक अध्यक्ष का पद रिक्त रहा तथा 16 फरवरी 2001 को न्यायमूर्ति श्री एस.सगीर अहमद ने अध्यक्ष पद संभाला।

वर्तमान में आयोग में निम्नांकित पदाधिकारी कार्यरत है।

1. न्यायमूर्ति श्री एन के जैन	अध्यक्ष
2. न्याधिपति श्री जगत सिंह	सदस्य
3. श्री धर्मसिंह मीणा	सदस्य
4. श्री पुखराज सिरवी	सदस्य
5. श्री एन मोरिस बाबू	

(पुलिस महानिरीक्षक) सदस्य

6. सचिव (रा.मा.अ.आ.) सदस्य

7. उपसचिव (रा.मा.अ.आ.) सदस्य

राजस्थान राज्य मानवाधिकार आयोग का मुख्यालय जयपुर मे हैं।

मानवाधिकार:सबके अधिकार के मूलमंत्र को लेकर कार्यरत राजस्थान राज्य मानवाधिकार आयोग निरन्तर लोकप्रियता और जनता का विश्वास अर्जित कर रहा है। आयोग के पास आने वाली शिकायतों की बढ़ती हुई संख्या इस तथ्य का स्पष्ट प्रमाण है कि मानवाधिकार आयोग के प्रति लोगों में चेतना बढ़ी है। राजस्थान राज्य मानवाधिकार आयोग के समक्ष आयोग की सूचना के अनुसार दिनांक 29 फरवरी 2008 तक कुल 26,080 प्रकरण पंजीकृत किए गये।

इनमें से 11253 प्रकरणों का प्रथम दृष्ट्या निस्तारण कर दिया गया। 4299 प्रकरणें को बिना प्रतिवेदन प्राथमिक जांच के बाद निर्देश देकर निस्तारित किया गया। 8806 मामले जाँच के बाद निस्तारित किए गए। 744 प्रकरणों में परिवादियों को अनुतोष देने और राज्य सरकार को अनुसंशा के साथ मामले प्रेषित किए गए। इस प्रकार 29 फरवरी 2008 तक 25102 प्रकरणों का निस्तारण कर दिया गया। 1 मार्च 2008 को आयोग के पास 977 मामले विचार के लिए शेष थे।

राज्य में मानवाधिकार आयोग को मिलने वाल शिकायतों में मुख्यतः निम्न विषयों पर शिकायते प्राप्त हुई है।

- महिला उत्पीपड़न के मामले,
- बाल अधिकारों के मामले
- पुलिस उत्पीड़न के मामले
- जेल यातनाओं के मामले
- श्रमिकों के मामले
- प्रदूषण सम्बन्धी मागले
- धर्म एवं समुदाय से सम्बन्धित मामले
- जनस्वास्थ्य सम्बन्धी मामले

राजस्थान राज्य मानवाधिकार आयोग को सर्वाधिक मामले पुलिस उत्पीड़न के संदर्भ में प्राप्त हुए है। पुलिस के विरुद्ध प्राप्त होने वाले मामलों में:-

- पुलिस द्वारा शक्तियों का मनमाना प्रयोग
- अपहरण या व्यवहरण
- शक्तियों का दुरुपयोग
- हत्या का प्रयत्न
- पुलिस हिरासत में मृत्यु
- पुलिस हिरासत में बलात्कार
- पुलिस हिरासत में यातना
- पुलिस हिरासत में हिंसा
- पुलिस गोलीबारी में मृत्यु
- पुलिस मुठभेड़ में मृत्यु
- विधिपूर्ण कार्रवाही करने में असफलता
- मिथ्या आलिप्त करना
- अवैध गिरफ्तारी
- विधि विरुद्ध निषेध
- पुलिस द्वारा प्रेरित घटनाएँ
- बलात्कार

उपरोक्त प्रकार के मामलों में पुलिस के विरुद्ध विशेषतः हिरासत में मृत्यु, बलात्कार, मारपीट, अमानवीय व्यवहार और जेल में यातनाओं से सम्बन्धित मामले ज्यादा प्राप्त हुए है।

राजस्थान राज्य मानवाधिकार आयोग की कार्यप्रणाली तथा छवि दोनों ही विश्वसनीय मानी जाती है। वस्तुतः आयोग ने अपने विगत के पांच वर्षों में आम व्यक्ति के अधिकारों की रक्षा के सार्थक प्रयास किए है। आयोग द्वारा कार्रवाही किए गए बहुत से प्रकरण तो ऐसे भी है जो कि किसी समाचार पत्र में प्रकाशित हुए तथा आयोग ने तत्काल ही समाचार को परिवाद के रूप में लेते हुए कार्रवाही की है। इस

प्रकार के प्रकरणों में महिला छात्रावास के रहने की सुविधाओं में अभिवृद्धि, तेजाब पीड़िता की प्लास्टिक सर्जरी, बाल श्रमिकों का पुर्नवास, शिशु गृह में रह रहे बच्चों की सुरक्षा, हिरासत में घायल हुए व्यक्तियों की सुरक्षा, दोषी पुलिसकर्मियों के विरुद्ध कार्रवाही, पुलिस गोलीकांड में घायल व्यक्ति को छतिपूर्ति, अवैध वाहनों से होने वाले दुर्घटनाओं पर नियंत्रण तथा सार्वजनिक यातायात सुविधा विस्तार, ध्वनि एवं वायु प्रदूषण नियंत्रण, निर्धम एवं असहाय व्यक्तियों की चिकित्सा, सार्वजनिक स्थलों पर धूम्रपान एवं तंबाकू सेवन पर रोक, मिलावटी खाद्य सामग्री पर नियंत्रण, विकलांग या निसक्त व्यक्तियों के कल्याण एवं सुविधा तथा अवसरों में वृद्धि, राज्य के चिकित्सालय में रोगी की लापरवाही में मृत्यु होने पर क्षतिपूर्ति, लिंग काटकर आहत कर अपंग एवं हिजड़ा बनाये गये युवक को क्षतिपूर्ति (**शोधकर्ता को इस विषय पर शोध करने के लिए प्रेरित करने वाली घटना**) तथा लोकसेवको एवं राज्य सरकार की कार्यप्रणाली और शिथिलता के विरुद्ध अनेक प्रगतिशील एवं अभूतपूर्व निर्णय राजस्थान राज्य मानवाधिकार आयोग ने दिए।

शिकायतों की प्रकृति तथा प्रकार से स्पष्ट है कि आयोग का कार्यक्षेत्र अत्यंत विस्तृत तथा बहुआयामी है जिसे समय के साथ और अधिक विस्तार प्राप्त हो रहा है। सभ्य समाज में प्रत्येक व्यक्ति के प्राकृतिक अथवा मानवाधिकार सुरक्षित हो तथा उसे गरिमामय जीवन जीने का स्वाभाविक अवसर मिले यही समय की मांग है और यही मानवाधिकार आयोगों का लक्ष्य और प्रयास है।

11

व्यक्ति की गरिमा और मानव अधिकार

आधुनिक समाज में व्यक्ति की गरिमा का आदर्श मानदण्ड उसके अधिकारों की संरचना है। अधिकार शब्द स्वयं में एक रहस्यमय विषय है। क्योंकि अन्ततोगत्वा अधिकारों का सम्बन्ध व्यक्ति के अं से है और व्यक्ति का अहं तर्क और धारणाओं से परे कोई अनूठा रहस्यमय तत्त्व है। व्यवहार में और वैज्ञानिक परीक्षण के दृष्टिकोण से अधिकारों का सम्बन्ध स्वत्व से होता है। अधिकारों में स्वामित्व अथवा निजीव की भावना है। अतः यह स्पष्ट है कि अधिकारों का जन्म उस युग में हुआ होगा जब किन्हीं दो व्यक्तियों में परस्पर तेरे और मेरे का प्रश्न उठा होगा। इस तेरे और मेरे के चक्र में व्यक्ति के सम्बन्ध में दो विचारधाराएँ पनपीं। एक अतिप्राचीन भारतीय विचारधारा है जिसके अनुसार व्यक्ति का निरन्तर पतन होता जा रहा है और व्यक्ति की गरिमा समाप्त प्रायः सी हो गई है। दूसरी विचारधारा पाश्चात्य है जिसे यूरोपीय कहा जा सकता है जिसके अनुसार मानव का निरन्तर विकास हुआ है और मानव ने अपनी उन्नति के विलक्षण कीर्तिमान स्थापित किये हैं। इस दूसरी विचारधारा को

विकासवाद के नाम से जाना है और इसके विपरीत प्रथम और प्राचीन भारतीय अवधारणा को ह्रासवादी सिद्धान्त माना जा सकता है।

पाश्चात्य विकासवादी धारणा में, सुदूर अतीत में मानव वनों और कंदराओं में निवास करता था और आखेट पर निर्वाह करता था। इस मत में एक नितान्त वानर जेसी जाति से मानव का विकास हुआ और मानव के उस पूर्व-पाषाणकाल से आज की वैज्ञानिक उपलब्धियों और समृद्धजीव की तुलना की जाये तो यह प्रत्यक्ष है कि मानव ने शनैः-शनैः विकास किया है और आज की विकसित अवस्था किसी अविकसित और बेडोल परिस्थिति का परिणाम है।

राज्य के संविदा सिद्धान्त के चिनताकें ने इस विकासवादी विचारधारा को ही अंगीकार किया है और राज्य व्यवस्था को प्राकृतिक अवस्था से ही विकसित हुई अवस्था माना है। हॉब्स के 'लेवियाथन' और लॉक के 'सिविल गवर्नमैन्ट्स' ग्रन्थों में एक प्राचीन युग की कल्पना की गई है जिसमें व्यक्ति राज्यहीन अवस्था में प्राकृतिक जीवन जीता था। रूसो ने भी प्राकृतिक जीवन की कल्पना की है किन्तु उसका उल्लेख उसने अपनी अतिचर्चित पुस्तक 'सोशल कान्ट्रेक्ट' में नहीं किया। रूसो ने प्राकृतिक जीवन का चित्रण अपने एक निबन्ध 'ओरिजिन ऑफ इनइक्वेलिटी' में किया है। इस प्राकृतिक जीवन में जीवन की प्रकृति क्या थी इस विषय में ये तीनों दार्शनिक एकमत नहीं है। हॉब्स के मत में मनुष्य उस समय बर्बर और हिंसक था तथा जीवन क्षणभंगुर और दलित था। लॉक का मत इसके नितान्त विपरीत था लॉक की मान्यता यह थी कि प्राकृतिक जीवन में कोई 'कामन सुपीरियर' नहीं था। कोई भी व्यक्ति सार्वजनिक रूप से सम्पूज्य नहीं था और व्यक्ति स्वयं ही शानत और न्यायोचित जीवन जीते थे। रूसो की विचारधारा में इन दोनों अवस्थाओं के मध्यमान को ग्रहण किया गया है। उस काल में मानव नैतिक और अनैतिक जैसे आदर्शों से अपरिचित था। इसलिए उसके किसी भी कर्म को अवैध कहने का कोई मानदण्ड ही नहीं था, किन्तु व्यक्ति स्वभाव से हिंसक नहीं था। भूख या आत्मरक्षा में ही कोई प्राणी दूसरे प्राणी पर आक्रमण करता था। रूसो के उपर्युक्त निबन्ध का प्रथम भाग विकास की उस अवस्था पर समाप्त होता है जहाँ कोई व्यक्ति भूमि के किसी एक भाग को घेरकर बैठ गया और कहने लगा कि यह मेरी है और अन्य व्यक्तियों ने उसकी यह बात मान ली। जीवन के इस स्वामित्व से परस्पर आदान-प्रदान और व्यवहार में वृद्धि हुई, भले और बुरे के मानदण्ड बने, शनैः-शनैः जीवन की आपाधापी में स्पर्धाएँ और प्रतियोगिताएँ प्रारम्भ हुई और व्यक्ति का व्यक्ति से भेद किया जाने लगा। रूसो ने इससे पूर्व एक निबन्ध कला और विज्ञान पर लिखकर

पारितोषक प्रप्त किया था7 उस निबन्ध में तो यह सिद्ध किया गया था कि कला और विज्ञान की उन्नति से ही मानव भ्रष्ट होता चला गया। यह विचारधारा अपनी विकासवादी अवधारणाओं में भी उसी प्रकार के एक ह्रासवाद का आभास देती है जिसका चित्रण अन्य प्रकार से भारतीय विचारधारा में हुआ है।

इसके विपरीत भारतीय ह्रासवादी विचारधारा में व्यक्ति का ह्रास स्वयं प्राकृतिक कारणों से हुआ है और सृष्टि की व्यवस्था ही ह्रासवादी है, सृष्टि उन्नति से अवनति की ओर आती है। धर्म की ग्लानि होती है और इसी अनुपात में अधर्म का अभ्युदय होता है और तब कोई दैवी शक्ति अवतार लेती है और अधर्म से धर्म का उद्धार करती है। जीवन के चार आश्रमों और समाज के चार वर्णों की भाँति ही काल को चार युगों में विभक्त किया गया हे, जिन्हें क्रमशः सतयुग, त्रेतायुग, द्वापर युग और कलयुग की संज्ञा दी गई। सतयुग में धर्म अपने चारों अंशों में, त्रेता में तीन अंशों, द्वापर में दो अंशों में तथा कलयुग में धर्म का केवल एक अंश रह जाता है और तीन अंशों में अधर्म व्याप्त रहता है। सतयुग में जीवन नितान्त सरल था और प्रकृति व्यक्ति के सर्वथा अनुकूल थी। शनैः-शनैः मानव की प्रकृति ही राग और द्वेष से ग्रस्त हुई और व्यक्ति में तेरे-मेरे की भावना आते ही प्रकृति उससे रूठने लगी। इस प्रकार मानव अपने ह्रास के लिए स्वयं उत्तरदायी है किन्तु यह युगों के परिवर्तन क्रम के नियम से स्वतः होता है और प्रत्येक युग में व्यक्ति का स्वभाव और आचरण प्रकृति से ही भिन्न-भिन्न हुआ करता है।

भारतीय चिन्तन में इसे ह्रासवाद नाम दिये जाने का औचित्य मार्कदण्ड पुराण में दर्शाया गया है। क्रमिक ह्रास को ही यहाँ व्यक्ति के विकास का कारण माना गया है। सतयुग में जीवन नितान्त सरल था और सम्भवतया ऐतिहासिक दृष्टि से यही एकमात्र युग था जहाँ तेरे और मेरे का प्रश्न अस्तित्व में नहीं था। यहाँ न तो व्यक्तिगत स्वत्व था और न ही अधिकार। अधिकार का सम्बन्ध सदैव स्वत्व से होता है, इस युग में स्वत्व न होने के कारण अधिकार का प्रश्न ही नहीं था। अधिकारों की सुरक्षा के लिए कर्त्तव्य आवश्यक होते हैं, अधिकार न होने के कारण इस युग में कर्त्तव्य भी नहीं थे। प्रत्येक व्यक्ति स्वायत्त और आत्मनिर्भर इकाई होता था कारण यह था कि जीवन और प्रकृति की एकरसता के कारण यह मानवीय जीवन के इतिहास का वह काल था जब मानव शरीर में इन्द्रियों का विकासपूर्णतया नहीं हो पाया था। इन्द्रियों की पूर्ति की आवश्यकता नहीं होने के कारण इस युग में व्यक्तियों को क्षुधा और तृषा का आभास नहीं होता था। इस प्रकार व्यक्ति बिना भोजन किये भी 400 वर्ष की आयु तक जीवित रहता था। यही कारण है कि इस युग में किसी युद्ध का

उल्लेखन नहीं है। इच्छाएँ और तृष्णाएँ न होने के कारण युद्ध का कोई प्रश्न ही नहीं था। सत्यवादी हरिश्चन्द्र इसी युग की देन थे और उनके उदाहरण में जो संदेश है वह इसी बात का प्रमाण है कि उस काल में धर्म अर्थात् प्राकृतिक व्यवस्था अपने सम्पूर्ण अंशों में प्रवृत्त थी।

सतयुग के ही पश्चात्वर्ती चरण में व्यक्ति को भूख और प्यास लगी और प्रकृति की ओर से इस प्रकार के वृक्ष धरती पर उत्पन्न हुए जो व्यक्ति की प्रत्येक आवश्यकताओं की पूर्ति करते थे। इन वृक्षों को कल्पवृक्ष कहा जाता था और एक ही वृक्ष से फल, फूल, मधु और यहाँ तक कि दूध भी प्राप्त हो जाता होगा। सम्भव है कि इन्हीं वृक्षों के किसी फल या किसी अन्य अंश में कपास जैसे रेशे भी उत्पन्न होते हों, इस प्रकार इन वृक्षों से भोजन और वस्त्र दोनों की आवश्यकता पूर्ण हो जाती थी। ये वृक्ष प्रचुर मात्रा में थे और जनसंख्या नगण्य रही होगी। अतः यहाँ भी तेरे और मेरे का स्वत्व प्रकट नहीं हुआ होगा।

त्रेता युग में धर्म का चतुर्थांश समाप्त हो गया। इसके परिणामस्वरूप व्यक्ति में वासनाओं का विकास हुआ। परिवार और सम्पत्ति इस युग में बन गई होगी। इस युग में व्यक्ति लोभी और लोलुप हो गया होगा। इस मानसिक विकार के दण्डस्वरूप प्रकृति ने कल्पवृक्ष का उत्पादन बन्द कर दिया और अब कोई इतने समृद्ध वृक्ष नहीं रहे। व्यक्ति की तृष्णा और बढ़ी होगी। समृद्ध वृक्षों के अभाव में और जनसंख्या की वृद्धि के कारण कृषि की आवश्यकता हुई होगी और भूमि ने सम्पत्ति का रूप ले लिया होगा। इसकी रक्षा के लिए राज्य की आवश्यकता हुई होगी और भूमि के स्वत्व को लेकर संघर्ष का सूत्रपात हुआ होगा। एक स्वामी दूसरे स्वामी से भूमि छीनने का प्रयत्न करता होगा और युद्ध का प्रारम्भ इसी बिन्दु से हुआ होगा। यह ऐतिहासिक दृष्टि से नितान्त सत्य सिद्ध होता है। इसीय युग में देवासुर युद्धों का वर्णन है। छांदोग्य और त्रृहदारण्यक उपनिषदों में इन युद्धों के प्रतीकात्मक वर्णन हैं। महाभारत में भी इन युद्धों का उल्लेख है। रामचन्द्र के पिता दशरथ देवासुर संग्राम में सेनापति बने थे और स्वयं राम का रावण से युद्ध देवासुर संग्राम ही था। सम्भवतः रावण ही उस युग में ऐसा प्रतापी असुर हुआ जिसने एक राज्य की स्थापना की। सौभाग्य से उसे लंका का निर्जन द्वीप अपने राज्य की स्थापना के लिए प्राप्त भी हो गया। जो असुर जाति भारत में यत्र-तत्र बिखरी हुई थी वह भूमिहीन रही होगी और इस जाति के व्यक्ति आर्य जाति के व्यक्तियों से भूमि छीनने का प्रयत्न करते होंगे और आर्य जाति सामूहिक रूप से इनसे टक्कर लेती होगी। देवासुर संग्राम की यही ऐतिहासिक पृष्ठभूमि का प्रमाण है।

तात्पर्य यह है कि जैसे-जैसे विषय-वासनाएँ व्यक्ति में विकसित होती गई उसी अनुपात में व्यक्ति की आवश्यकताओं और कर्म का विस्तार हुआ होगा। इस युग में व्यक्ति कंदाराओं और वनों में नहीं रहते थे, घर बनाकर नागरिक जीवन व्यतीत करने लगे थे। राज्य संस्थाओं का जन्म हो चुका था। निर्वाह के लिए भूमि की नितान्त आवश्यकता होने के कारण भूमि की रक्षा और व्यवस्था ही राज्य का प्रारम्भिक कर्त्तव्य बना होगा। भूमि, सम्पत्ति और अन्य ऐश्वर्यों की तृष्णा व्यक्ति से हटकर राजाओं में आ गई होगी और युद्ध के बल पर ही विभिन्न राज्यों का उदय हुआ होगा। द्वापर में धर्म का अर्धांश समाप्त हो चुका था और इस युग में व्यक्ति का अधिक पतन प्रारम्भ हुआ होगा। महाभारत का कौरव-पाण्डव युद्ध दुर्योधन की चरित्रहीनता के कारण घटित हुआ। दुर्योधन का चरित्र इस युग विशेष का चरित्र था और युधिष्ठिर जैसे धर्मात्मा ही इस प्रकार के व्यक्तियों से टक्कर ले सकते थे। अन्यथा जनसाधारण का, इस प्रकार केसमर्थ व्यक्ति, हर प्रकार से शोषण ही करते थे। इसी युग में कंस नाम का राजा इतना अत्याचारी हुआ कि उसे आर्य होते हुए भी राक्षस राजा कहा जाने लगा। यदि कृष्ण जैसा योगेश्वर न हो तो उस युग के कंस और कंस जैसे अन्य दुर्दान्त राजाओं का नाश न हो।

कलयुग तो वर्तमान युग है ही और भ्रष्टाचार, चरित्रहीनता, अन्याय और प्रत्येक प्रकार के अवगुण इस युग में अपने उत्कर्ष पर हैं और इसकी व्यापकता से विश्व का प्रत्येक देश अब चिन्तित प्रतीत होता है।

एक दृष्टिकोण के भेद से ही इस स्थिति का विकावाद भी कहा ज सकता है और ह्रासवाद भी। भौतिक समृद्धि के दृष्टिकोण से यह केवल विकास का ही इतिहास है किन्तु चरित्र और आत्मा के सद्गुणों की दृष्टि से यह भयंकर ह्रास है। पाश्चात्य चिन्तन इसे विकास मानता है और भारतीय चिन्तन इसी स्थिति को ह्रास कहता है। इस विरोधी विचारधारा में यह निर्णय कर पाना सरल नहीं है कि व्यक्ति की गरिमा का वास्तव में विकास हुआ या ह्रास। किन्तु तथ्य यह है कि नैतिक और आत्मिक पतन से संघर्ष का जन्म हुआ और इस संघर्ष ने प्रारम्भ में छोटे-मोटे युद्धों का और बीसवीं सदी में आते-आते भयंकर विश्वयुद्धों का स्वरूप ले लिया। व्यक्ति की गरिमा के क्षेत्र में अधिकारों की प्रधानता, सत्रहवीं शताब्दी में प्रमुख वैज्ञानिक आविष्कारों के पश्चात् उजागर हुई। इससे पूर्व अधिकारों की कोई दार्शनिक विवेचना भारतीय अथवा पाश्चात्य चिन्तन में उपलब्ध नहीं है। समता के सिद्धान्त, पाश्चात्य दर्शन में, यूनान की प्राचीन सभ्यता में भी प्रतिपादित हुए हैं। प्लेटो और अरस्तू दोनों ने ही समता के अपने-अपने मानदण्ड प्रस्तुत किये किन्तु समता के सिद्धान्त को

आदर्श समाज का मूलभूत तत्त्व माना। भारतीय चिन्तन में समता का सिद्धान्त ऋग्वेद काल से मान्य रहा है। ऋग्वेद का एक जाना-माना मंत्र समता के गम्भीर अर्थ से मण्डित है। इसमें समिति, मन्त्रणा और आकृति में समता की प्रार्थना की गई है। समिति से यहाँ तात्पर्य सम्मेलन या सहयोग से है जो समता के आदर्श की मूलभूत धारणा है। दूसरा शब्द मंत्रणा है जिसका अर्थ वैचारिक समता से है। अन्तिम शब्द आकृति का अर्थ मनोवृत्तियों या प्रवृत्तियों से हैं। इस प्रकार यह मंत्र, मन, वचन और कर्म में समता का आदेश देता है। निष्कर्ष यह कि प्राचीनकाल में समता का आदर्श तो था किन्तु अधिकार के रूप में इसकी माँग नहीं थी। सामाजिक और राजनीतिक अधिकारों का उदय समाज के पतन से हुआ। 16वीं शताब्दी तक का समाज दूषित समाज नहीं था। वैज्ञानिक आविष्कारों ने उद्योगों को जन्म दिया और उद्योगों ने जीवन को भौतिकवादी बना दिया। भौतिकवाद के इस आर्थिक पक्ष ने समाज को दो वर्गों में विभक्त कर दिया और संघर्ष का प्रारम्भ हो गया। विश्व की प्रमुख राज्य क्रान्तियाँ सामाजिक, आर्थिक या राजनीतिक अन्याय के प्रतिकार के रूप में घटित हुईं। इस प्रकार औद्योगिक युग के प्रारम्भ के पश्चात् अधिकारों का संरचनात्मक स्वरूप उभरने लगा और नागरिक और राज्य के सम्बन्धों का नियमन व्यक्ति का अधिकारों के आधार पर होने लगा। आधुनिक युग में व्यक्ति की गरिमा का अधिकांश इन्हीं अधिकारों में समाविष्ट है। विश्वयुद्धों ने इन अधिकारों को सार्वभौमिक स्वरूप प्रदान किया, क्रान्तियों ने इन्हें राज्य स्तर पर प्रतिष्ठा दिलायी और विश्वयुद्धों ने इनकी प्रतिष्ठा सार्वभौमिक कर दी। भारत के इतिहास में त्रेतायुग में कोई विश्वयुद्ध नहीं हुआ। देवासुर संग्राम दो जातियों के परस्पर और निरन्तर चलने वाले संघर्ष का नाम है और इसकी वास्तविकता के विषय में भी प्रायः संदेह किया जाता है। व्याकरण के दृष्टिकोण से देवासुर संग्राम के चार अर्थ लगाये जा सकते हैं—प्रथम अर्थ में यह प्राकृतिक शक्तियों का संघर्ष है। प्रकृति का निर्माण करने वाले तत्व परस्पर संघर्षरत रहते हैं और कोई शक्ति उस संघर्ष का दमन करती है। दूसरे अर्थ में यह किसी राष्ट्र के निवासियों द्वारा बाह्य आक्रमणकारियों से युद्ध करने का एक सामान्य संकेत शब्द है। तीसरे अर्थ में यह समाज के साधु-सन्तों का रागाज के दुष्ट तत्त्वों से जूझते रहते का रूपक है, चौथे अर्थ में यह प्रत्येक व्यक्ति के मन का अन्तर्द्वन्द्व है। मन में ही दैवी और असुरी शक्तियाँ क्रमशः न्म लेती हैं और मन की अच्छी-बुरी वृत्तियों में यह संघर्ष निरन्तर चलता रहता है। देवी भागवत और दुर्गा सप्तशती जैसे ग्रन्थों में देवी और असुरों के मध्य जिस भयंकर युद्ध का चित्रण हुआ है, वह युद्ध सप्तशती जैसे ग्रन्थों में देवी और असुरों के मध्य जिस भयंकर युद्ध का चित्रण हुआ है, वह युद्ध सम्भवतः उपर्युक्त चौथे प्रकार का युद्ध है। आर्यों का असुर जाति से या भारत

के मूल आदि निवासियों से जो जातीय युद्ध विद्यमान रहा वह उपर्युक्त तीसरे प्रकार का युद्ध है। यह युद्ध जातीय स्तर पर चलता रहता था और यह मैदान में आमने-सामने का चुनौतीपूर्ण युद्ध नहीं होता था। आर्यों में क्षत्रिय जाति समूहबद्ध होरक असुरों से टक्कर लेती थी। असुर आर्यों को सताना अपना जन्मजात अधिकार मानते थे और आर्य क्षत्रिय असुरों को देखते ही वध कर देना अपना धर्म समझते थे। भगवान श्रीरामचन्द्र ने चित्रकूट से पंचवटी जाते समय मार्ग में यह प्रतिज्ञा की थी कि वे पृथ्वी पर किसी भी असुर को रहने नहीं देंगे। स्पष्ट है कि इस युद्ध में किसी प्रकार के वैयक्तिक प्रश्न सम्मिलित नहीं होते थे और जातीय बैर के आधार पर छुट-पुट या संगठित संघर्ष चलते रहते थे। राम और रावण के युद्ध का विष्य नितान्त वैयक्तिक था अतः वह विश्वयुद्ध का रूप नहीं ले पाया किन्तु ऐसा प्रतीत होता है कि सामरिक संधियाँ उस काल में होने लगी थीं। बालि और रावण में इसी प्रकार की सामरिक संधि थी। इसी कारण राम के लिए बालि वध आवश्यक हो गया था। बालि के वध से ही वे सुग्रीव की सहायता लेकर रावण पर आक्रमण कर सकते थे। अंगद जब दूत बनकर रावण के पास पहुँचा तो रावण ने उसके आगमन को राण और अंगद के पिता बालि के मध्य स्थापित मैत्री के विरुद्ध बताया और अंगद को दौत्यपद को चुनौती दी। विश्वयुद्ध का स्वरूप महाभारत में बन गया था और उस युद्ध में जो नरसंहार हुआ और मानवता का विनाश हुआ वह इतिहास की सर्वथा एकाकी घटना है। यह काल सम्भवचतः ईसा से 30 शताब्दी पूर्व रहा होगा। इसके पश्चात् ईसा की 20वीं शताब्दकी तक किसी विराट युद्ध का वर्णन नहीं है। भारत में विदेशी आक्रमण इससे भी कुछ शताब्दी पूर्व प्रारम्भ हो गए थे, किन्तु ये आक्रमण थे युद्ध नहीं थे। युद्ध और आक्रमण में एक गम्भीर भेद है। आक्रमण का उद्देश्य आतंक उत्पन्न कर आतंकित व्यक्तियों से धन और सम्पत्ति का अपहरण करना होता है। जहाँ आक्रमण किया जाता है उस देश के वासी आत्मसुरक्षा में युद्ध करते हैं। अतः यह युद्ध न होकर केवल आक्रमण और बचाव की आवश्यताओं का प्रदर्शन होता है। यह व्यक्ति की दूषित प्रवृत्ति के कारण घटित होता है। गरिमा का घोरतम पतन किसी अन्य की धन या सम्पत्ति की इच्छा करना होता है। अतः यह प्रवृत्ति मूलतः व्यक्ति की गरिमा के प्रतिकूल है। राज्यों की संरचना प्रारम्भ में केवल आत्मरक्षा के उद्देश्य से ही की गई। आत्मरक्षा के तर्क ने ही किसी शक्तिशाली संगठन की आधारशिला रखी। प्राण और देह का अधिकार, व्यक्ति की गरिमा का अंग, इसी आक्रमण और बचाव के पक्ष को लेकर बना। आत्मरक्षा व्यक्ति के प्राण और उसकी देह की सुरक्षा का तार्किक पक्ष है। राज्य संस्थाओं के जन्म का शुद्ध तर्क आत्मरक्षा ही है। किन्तु युद्ध वहाँ होता है जहाँ तर्क असफल हो जाये। व्यावहारिक युक्तियो और शाब्दिक

आदान-प्रदान से या विचार-विमर्श से जब समस्याओं का समाधान न हो तब शक्ति प्रदर्शन का आश्रय लिया जाता है। इस प्रकार का शक्ति प्रदर्शन स्वयं आत्मा की गरिमा का पक्ष होता है। यदि विपक्ष न्यायपूर्वक निर्धारित निर्णय को न स्वीकार करे तो न्याय के पक्ष को शक्ति के बल पर ही प्रवर्तित करना कर्त्तव्य हो जाता है। भगवान वासुदेव श्रीकृष्ण का गीता में यही उपदेश है। न्याय का लक्ष्य यदि बातों से सिद्ध न हो सके तो उसे बलपूर्वक सिद्ध करना ही धर्म होता है। इस अन्तर को ध्यान में रखते हुए आक्रमण एक नीच और निन्दनीय कृत्य है, किन्तु युद्ध धर्म संगत कृत्य होता है। संस्कृत व्याकरण की दृष्टि से युद्ध शब्द में अन्तिम अक्षर 'ध' धर्म का ही द्योतक है। गीता के अनुसार अन्यायी पक्ष, दुर्योधन के पिता की और से भी इस युद्ध के क्षेत्र को धर्म क्षेत्र माना गया।

20वीं शताब्दी में जो विश्वयुद्ध घटित हुए वे किसी सम्पत्ति या किसी राज्य के भू-भाग को छीन लेने की दृष्टि से नहीं लड़े गये थे। कुछ अन्तर्राष्ट्रीय नीतियाँ इतनी जटिल हो गयी थीं जिनका वार्ता से समाधान सम्भव नहीं रहा था। महाभारत के युद्ध में भी यही विवशता थी। हस्तिनापुर राज्य के सांविधानिक अधिकारी दुर्योधन थे या युधिष्ठिर, इसका समाधान किसी वार्ता से सम्भव न था। अतः युद्ध करने की विवशता थी और यह विवशता ही इसका धार्मिक पक्ष था।

औद्योगिक क्रान्ति से विश्व संकुचित हुआ और व्यापार सम्बन्धों के कारण एक राज्य की आर्थिक गतिविधि का दूसरे राज्य पर प्रभाव पड़ने लगा। अर्थप्रधान होने पर अर्थशास्त्र राजनीति प्रधान हो गया और आर्थिक नीतियाँ और राजनीतिक नीतियाँ एकरूप होने लगीं। परिणाम यह हुआ कि विश्व दो विरोधी विचारधाराओं में विभक्त हो गया—एक पक्ष पूँजी के वैयक्तिक संकेन्द्रण के पक्ष में था, दूसरा पक्ष पूँजी के राष्ट्रीयकरण का समर्थक। प्रथम और द्वितीय, दोनों विश्वयुद्ध इन्हीं वैचारिक संघर्षों के कारण घटित हुए।

इस संघर्ष से ही अधिकारों की चेतना प्रकट हुई और व्यक्ति की सत्ता राज्यों के समानान्तर और स्वायत्त रूप में स्वीकार की जाने लगी। राजनेताओं और राज्यों की कोई भी विचारधारा या सिद्धान्त रहे हों किन्तु व्यक्ति को अपना निर्माण और अपने विचारों का विकास स्वयं करने का अधिकार है। लीग ऑफ नेशन्स का जन्म इसी पृष्ठभूमि में हुआ। इस युद्ध के पश्चावर्ती प्रभावों ने राज्यों के समक्ष जिन दुविधाओं को प्रकट किया, उनके समाधान के लिए एक मंच की आवश्यकता हुई और लीग ऑफ नेशन्स के रूप में इसी मंच का निर्माण किया गया। यह एक संगठन मात्र था और इसका स्वरूप संघ जैसा नहीं था। व्यक्ति के सामाजिक और राजनीतिक

प्रश्नों को इस संगठन के कार्यक्रम का अंग अवश्य बनाया गया किन्तु अधिकारों के किसी सार्वभौमिक रूप का चित्रण इस संगठन में नहीं हो पाया था। इस संगठन में इस सत्य को अवश्य पहचाना गया कि युद्ध व्यक्ति की गरिमा का हनन है और युद्ध की सम्भावना का दैव के लिए अन्त किया जाना चाहिए। इस संगठन के जो राज्य सदस्य बने वे भी इसके प्रति गम्भीर नहीं थे। अमेरिका के राष्ट्रपति बुडरोविल्सन, जो कि वास्तव में इस संगठन के प्रवर्तक थे, उन्होंने अपने राज्य को इसका सदस्य नहीं बनने दिया। कुछ राज्यों को इसकी सदस्यता से वंचित रखा गया था और कुछ राज्य इसमें से तत्पश्चात् निकल गये थे या निकाल दिये गये थे। यह संगठन वस्तुत: विश्वहित में न होकर एक दल विशेष के हित का पोष बन गया और इन्हीं कारणों से यह निर्जीव हो गया।

राजनीतिक अधिकारों का स्वरूप इस काल तक स्पष्ट हो चुका था। प्रजातंत्र की हलहर विश्वभगर में व्याप्त हो चुकी थी और अनेको देश प्रजातांत्रिक हो चुके थे और होते जा रहे थे। उपनिवेशवाद भयंकर चुनौतियों का समाना कर रहा था। पराधीन राष्ट्र स्वाधीनता के लिए संघर्ष कर रहे थे। यूरोपीय देशों की सभ्यता का प्रभाव एशिया में प्रारम्भ हो चुका था और यहाँ के राष्ट्र भी राजनीतिक अधिकारों से न केवल परिचित वरन् उनके प्रति संघर्षरत हो गये थे। लीग ऑफ नेशन्स दूसरे विश्वयुद्ध की टाल न सकी और प्रथम और द्वितीय विश्वयुद्ध के मध्य कोई विशेष अन्तराल नहीं हो पाया। इस युद्ध में विश्नाश का उग्रतम रूप नागासाकी और हिरोशिमा नगरों पर अमेरिका द्वारा अणुबम के प्रयोग से स्पष्ट हुआ। इस प्रयोग का असाधारण प्रभाव दो धाराओं में हुआ एक ओर विश्व में आणविक अस्त्रों की स्पर्धा हो गई तथा सामरिक और सैन्य शक्तियों को आणविक आयुधों से सज्जित रखने का एक अभियान-सा प्रारम्भ हो गया। रॉकेट, मिसाइल और प्रखेपास्त्र बनने लगे और व्यक्ति की दृष्टि अन्तरक्षि तक पहुँच गई। दूसरी ओर मानव युद्ध से भयभीत हो गया और प्रत्येक का यह भरसक प्रयत्न हो गया कि भविष्य में कभी कोई युद्ध न हो। इस अभिप्राय: से अनेकों सामरिक संधियाँ हुई—उत्तर अटलांटिक संधि (नाटो), दक्षिण-पूर्व एशिया संधि संगठन (सीटो), एन्जुस संधि, वारसा संधि, अरब लीग, बगदार समझौता, केन्द्रीय संधि संगठन (सैण्टो) आदि सामरिक संगठनों का उदय हुआ। इस प्रकार दो विरोधी विचारधाराएँ आज तक पनप रही हैं। वचन से प्रत्येक देश युद्ध की वर्जना करता है किन्तु मन और कम से सदैव युद्ध की तैयारी में लगा रहता है। इस विरोधी विचारधारा में भी इस अवधारणा से सभी सहमत थे कि व्यक्ति की गरिमा का युद्ध से प्रत्यक्ष सम्बन्ध है और व्यक्ति की गरिमा के लिए ही युद्ध की समाप्ति सदैव के लिए आवश्यक है।

नागासाकी और हिरोशिमा की दुखान्तिका से त्रस्त विश्व ने द्वितीय विश्व युद्ध के अन्तिम चरण में ही एक विश्व संघ की स्थापना का संकल्प ले लिया और 24 अक्टूबर, 1945 ई. को संयुक्त राष्ट्र संघ का जन्म हो गया।

संयुक्त राष्ट्र संघ और लीग ऑफ नेशन्स की संरचना में मौलिक अन्तर था। लीग ऑफ नेशन्स एक गुटबन्दी के रूप में कल्पित संस्था थी, संयुक्त राष्ट्र संघ राज्यों का एक विश्व संघ था और इसकी वास्तविक सत्ता थी। संगठन और संघ में यही अन्तर होता है कि संगठन की कोई वैधिक सत्ता नहीं होती, जबकि संघ का एक वैधिक व्यक्तित्व होता है। संगठन में सदस्यों की ओर से शक्ति का सम्प्रदान नहीं होता, संघ में घटक सदस्यों की ओर से शक्ति का वास्तविक सम्प्रदान होता है।

व्यक्ति की गरिमा और युद्ध के प्रत्यक्ष सम्बन्ध को संयुक्त राष्ट्र संघ के चार्टर की प्रस्तावना के प्रारम्भ में ही स्वीकार किया गया कि आगामी पीढ़ियों को युद्ध की उन विभीषिकाओं से मुक्त किया जायेगा जिसने दो बार मानव जाति को अकथनीय पीड़ा दी है और आधारभूत मानवीय अधिकारों में मानव की गरिमा एवं महत्तव में, नर-नारियों के समान अधिकारों में तथा बड़े-छोटे राष्ट्रों के समानाधिकारों में आस्था को दृढ़ किया जायेगा। काल के इसी बिन्दु से व्यक्ति की गरिमा अधिकारमण्डित हो गई और मानवीय अधिकार ही व्यक्ति के इसी बिन्दु से व्यक्ति की गरिमा का सर्वस्व मान लिये गये। मानव अधिकार संयुक्त राष्ट्र की गतिविधि का मूल विषय हो गया। 1940 में ही मानव अधिकार आयोग की स्थापना कर दी गई और इसे एक पृथक् और स्वायत्त निकाय का स्तर प्रदान करते हुए इसके निमित्त एक पृथक् चार्टर का निर्माण किया गया। इस चार्टर की प्रस्तावना में यह स्वीकार किया गया कि मानवीय अधिकार विधि के शासन द्वारा संरक्षित होने चाहिए और इस प्रयोजन से संयुक्त राष्ट्र की जनता ने मूल मानवीय अधिकारों और मानवीय व्यक्तित्व की प्रतिष्ठा को संरक्षित करने का संकल्प व्यक्त किया। 10 दिसम्बर, 1948 को घोषित इस चार्टर में 30 अनुच्छेद हैं और प्रत्येक अनुच्छेद में मानव के एक अत्यावश्यक नैसर्गिक अधिकार को परिभाषित करने का प्रयत्न किया गया है। विश्व के जिन संविधानों में अधिकार सम्बन्धी जो घोषणाएँ हैं वे किसी न किसी प्रकार से इसी चार्टर के 30 अनुच्छेदों का पुनर्कथन या सार-संक्षेपण हैं। 1955 से इस आयोग को मानव अधिकारों के उल्लंघन से सम्बन्धित विवादों में जाँच करने का अधिकार भी निहित किया गया। यद्यपि अभी तक यह स्पष्ट नहीं हो पाया कि इस जाँच के निष्कर्षों का प्रवर्तन किस रीति से होगा। आज की राजनीतिक और सांविधानिक विधि का महत्त्वपूर्ण शब्द 'विधि का शासन' संयुक्त राष्ट्र संघ की ही

देन है। विधि के शासन की नीति को संघ के प्रत्येक सदस्य राज्य ने स्वीकार किया है। यद्यपि संयुक्त राष्ट्र संघ का स्वरूप अभी भी एक विश्वराज्य का स्वरूप नहीं है। फिर भी इसकी नीतियों का प्रवर्तन अप्रत्यक्ष रूप से हो जाता है। इस उद्देश्य के लिए प्रयोग की जाने वाली पद्धति यह होती है कि सर्वप्रथम राज्यों के मध्य विश्वस्तरीय समझौते या संविदाएँ कर ली जाती हैं और उन संविदाओं पर हस्ताक्षर करने वाले राज्य अपने-अपने राज्यों में उन्हीं प्रसंविदाओं के अनुरूप विधियों का पारण कर लेते हैं और इस परोक्ष विधि से संघ की नीतियाँ विधि का बल प्राप्त कर लेती हैं। भारत में प्रदूषण सम्बन्धी अधिनियम, समान वेतन अधिनियम और कॉपीराइट अधिनियम आदि विधियाँ अन्तर्राष्ट्रीय समझौतों के पालन में पारित विधियाँ हैं। कतिपय प्रसंविदाएँ इस कोटि की भी हैं जो कालान्तर में स्वयं अन्तर्राष्ट्रीय विधि का स्वरूप ले लेती है। उदाहरणार्थ—2 सितम्बर, 1990 को बाल अधिकारों से सम्बन्धित अन्तर्राष्ट्रीय समझौते ने अन्तर्राष्ट्रीय कानून का रूप ले लिया। बाल अधिकारों के सम्बन्ध में अब तक केवल एकमात्र सूत्र था—1959 की बात अधिकारों की घोषणा। लेकिन यह घोषणा सामान्य सिद्धान्तों का कथन मात्र थी, जिसे सरकारों द्वारा स्वीकृति दी गई, किन्तु इसमें कोई कानूनी बाध्यता नहीं थी। यह कानून 18 वर्ष तक के बच्चों पर लागू होगा।

भारत का स्वाधीनता संघर्ष मानव के विश्वरूप से ही प्रभावित रहा और विश्व रंगमंच पर जिन सूत्रों, अवधारणाओं और प्रस्थापनाओं का दिग्दर्शन हुआ उन्हीं को स्वाधीनता का आधार और स्वाधीन भारत के संविधान का लक्ष्य बनाया। महात्मा गाँधी और जवाहरलाल नेहरू के व्यक्तित्व इसी काल में विकसित हुए और दोनों ही युग निर्माताओं के चिन्तन मानव के सम्बन्ध में अवधारित विश्वमूल्यों से ओत-प्रोत थे। उन्हीं का मौलिक चिन्तन अब नये मोड़ ले रहा है।

गाँधी और नेहरू के चिन्तन में एक मौलिक अन्तर था। विचारक दोनों थे किन्तु गाँधी वीतराग सन्त थे और नेहरू सक्रिय राजनीतिज्ञ। इसी कारण व्यक्ति सम्बन्धी दोनों की धारणाओं में विशाल अन्तर था। गाँधी की व्यक्ति सम्बन्ध धारणाओं में अधिकार और कर्त्तव्य जैसी मान्यताओं का कोई स्थान न था, नेहरू अधिकारों के प्रति सजग थे। गाँधी के लिए स्वराज्य का अर्थ था—व्यक्ति की आध्यात्मिक उन्नति, नेहरू के लिए स्वराज्य का अर्थ था—व्यक्ति की भौतिक उन्नति। गाँधी के स्वावलम्बी समाज में उद्योग की आवश्यकता न थी। नेहरू ने देश को औद्योगीकरण की ओर अग्रसर किया। गाँधी के व्यक्ति में सद्गुणों का होना आवश्यक था। सद्गुणों के विकास में अधिकार और कर्त्तव्यों को कोई महत्त्व प्राप्त नहीं होता। गाँधी के चिनतन का एक विचित्र पक्ष यह था कि व्यक्ति के मौलिक सद्गुणों को उन्होंने प्रायोगिक

रूप प्रदान किया और इस प्रकार गाँधी द्वारा की गई इन मौलिक सद्गुणों की परिभाषा ही पृथक् हो गई। उदाहरणार्थ गाँधी का सत्य सम्बन्धी सिद्धान्त एक प्रयोगपरक सिद्धान्त था। उनके मत में सत्य वह है जिसे आत्मविश्वास और निर्भीकता के साथ व्यवहार में लाया जा सके। इस प्रकार जो अवस्था आत्मविश्वास उत्पन्न कर सके वह सत्य है तथा जिस विषय से निर्भीकता समाप्त हो जाये व सत्य नहीं है। उनके ब्रह्मचर्य की परिभाषा भी सामान्य परिभाषा नहीं थी। ब्रह्मचर्य का अर्थ अविवाहित या कुमार रहना नहीं था, यह आत्मा का व्यापक संयम था। ब्रह्मचर्य का अर्थ ब्रह्म के समान आचार है। विनम्रता, उदारता, अपरिग्रह आदि अन्य सद्गुणों की व्याख्या भी गाँधी की अनूठी थी। उनका अहिंसा का सिद्धान्त साहस और निर्भीकता पर आधारित था। अहिंसा की सीमित अर्थ हिंसा से परे रहना ही नहीं, सत्य के लिए संघर्ष अहिंसा का ही पर्याय था। सत्य और अहिंसा परस्पर पूरक और प्रतिपूरक थे। सम्पत्ति और स्वत्व जैसे विवादों का गाँधी के समाज में कोई अवसर होता था। स्वत्व का यहाँ भी कोई प्रश्न न था। स्पष्ट है कि गांधी की इस विचारधारा का संविधान के परिवेश में कोई योगदान न रहा और स्वाधीनता आन्दोलन में नेहरू जिस दर्शन से अविभूत रहे, वही स्वाधीनता के संघर्ष का आधार और भारत के स्वाधीन संविधान में वही मानव अधिकार के रूप में प्रतिष्ठित हुआ। ब्रिटिश राज का दमन चक्र सबसे अधिक व्यक्ति के अधिकारों पर चला और इसी कारण स्वाधीनता के संघर्ष में व्यक्ति की गरिमा का प्रमुख उद्‌बोधन मानवीय अधिकारों का रहा।

"स्वाधीनता के इस उद्‌बोधन से पूर्व का इतिहास इसका साक्षी है कि राष्ट्र के जीवन के सभी अंगों में, अन्याय और असाम्य का घुन लग रहा था। विचार और अभिव्यक्ति की स्वतन्त्रता का उपनिवेशवादी और साम्राज्यवादी विदेशी सत्ता द्वारा दमन हो रहा था। तिलक और गाँधी पर चलाये गये अभियोगों से, विचार और अभिव्यक्ति के स्वतंत्र्य का मूल्य उजागर हो चुका था। तत्कालीन समाज, समता और बन्धुता तथा राजनीतिक, सामाजिक और आर्थिक न्याय के लिए संघर्ष कर रहा था। ब्रिटिश राज का दमनचक्र निहत्थे सत्याग्रहियों पर बर्बर आक्रमण, कारागार, निर्वासन, बिना अभियोग के ही विरोध तथा प्रेस पर अंकुश आदि, जिनका अनुभव स्वाधीनता के राष्ट्रीय आन्दोलन में किया जा रहा था। वे तत्व थे जिनसे सांविधानिक दर्शन को आकार प्राप्त हो रहा था।" "ब्रिटिश शासन के विकराल दमनकारी प्रयागों से, मूल अधिकारां को प्रत्याभूत करने की माँग प्रबल हो उठी थी। कुछ शीर्षस्थ नताओं ने 1895 में भारत का सांविधानिक विधेयक तैयार किया जिसमें कतपय मूल अधिकारों का सन्निवेश किया गया। मांटेग्यू-चैम्सफोर्ड रिपोर्ट के प्रकाशन के पश्चात् भारतीय राष्ट्रीय कांग्रेस ने, अगस्त 1918 में हुए अपने मुम्बई अधिवेशन में यह माँग की कि

नये भारतीय शासन अधिनियम में, ब्रिटिश नागरिक के रूप में भारत के लोगों के अधिारों की घोषणा हो। उसी वर्ष दिल्ली में कांग्रेस का धिवेशन पुनः हुआ जिसमें सेंकल्प लिया गया कि राजनीतिक प्रश्नों से सम्बन्धित स्वतन्त्र विचार-विमर्श पर प्रतिबन्ध लगाने वाले तथा कार्यपालिका को, भारतीय नागरिकों को विधि की सामान्य प्रक्रिया से परे बन्दी बनाने, निरोध में रखने, निर्वासित करने आदि अधिकार प्रदान करनेवाली समस्त विधियों का निरसन किया जाये। 1926 में जो राष्ट्रीय सभा हुई उसमें आयरलैण्ड के संविधान में सन्निविष्ट मूल अधिकारों की घोषणा को प्रविष्ट किया गया। अल्पसंख्यकों की समस्याओं ने, भारतीय संविधान में मूल अधिकारों के सन्निवेश के तर्क को अग्रसर किया। 1927 में कांग्रेस ने अपने मद्रास अधिवेशन में यह संकल्प लिया कि भारतीय संविधान में अधिकारों की घोषणा तो होनी ही है। 1928 में नेहरू समिति के प्रतिवेदन में यह स्पष्ट किया गया कि भारत के भावी संविधान में मूल अधिकारों की संगणना अवश्य की जायेगी। इस माँग को साइमन कमीशन ने यह कहकर ठुकरा दिया कि जब तक इन्हें प्रभावी करने की इच्छाशक्ति और साधनों का अभाव है, इन कोरी घोषणाओं का कोई अर्थ नहीं। 1932 में कांग्रेस के कराची अधिवेशन में कहा गया कि भारत के भावी संविधान में मूल अधिकारों की घोषणा लिखित प्रत्याभूति सहित की जायेगी। गोलमेज सम्मेलन में भी भारतीय नेतृत्व ने, इसी की पुनरावृत्ति की। इंगलैण्ड की संसद की संयुक्त प्रवर समिति ने इसे भी ठुकरा दिया। सप्रू समिति (1944-45) का यह मत था कि भारत की विशेष परिस्थितियों के सन्दर्भ में, मूल अधिकार, अल्पसंख्यकों की सुरक्षा की प्रत्याभूति के अतिरिक्त कार्यपालिका, व्यवस्थापिका तथा न्यायालयों के आचरण से सम्बन्धित मानदण्डों की स्थापना के लिए भी अनिवार्य थे। इस समिति का विचार यह रहा था कि संविधान निर्माण करने वाले निकाय के विवेक के अनुसार, प्रथम, सभी अधिकारों की संगणना की जाये तत्पश्चात् उनका वर्गीकरण, प्रवर्तनीय और अप्रवर्तनीय अधिकारों के रूप में कर दिया जाये तथा प्रवर्तनीय अधिकारों के प्रवत्तन के निमित्त प्रक्रिया भी सुनिश्चित की जाये। इस विभाजन और वर्गीकरण की पृष्ठभूमि ने ही संविधान की अन्तरात्मा को भाग तीन के मूल अधिकारों तथा भाग चार के नीति-निदेशक तत्त्वों के रूप में द्विविध प्रकार से अभिव्यक्त किया। इस प्रकार अहिंसा और आत्मानुशासन के दर्शन के अतिरिक्त, सांविधानिक दर्शन की अन्य दो विधाएँ, मूल अधिकारों के रूप में मानवीय गरिमा के उन्नयन और नीति-निदेशक तत्त्वों के रूप में, आर्थिक शोषण से संतप्त समाज के परित्राण और अभ्युदय के आदर्शों में स्थापित हुई।'' व्यक्ति की गरिमा के सम्बन्ध में नेहरू के चिन्तन में यही पृष्ठभूमि रही और व्यक्ति की यही छवि संविधान में भली प्रकार चित्रित हुई। सुखी और समृद्ध जीवन

के आधुनिक मानदण्ड ही नेरू के व्यक्ति की गरिमा के लक्षण थे। इस दर्शन ने व्यक्ति की गरिमा को दो दिशाओं में विभक्त कर दिया। एक इसका राजनीतिक पक्ष था द्वितीय इसका सामाजिक और आर्थिक पक्ष था। यही दोनों पक्ष संविधान के भाग तीन व भाग चार में स्पष्टत: अधिनियमित किये गये। स्वाधीनता की उपलब्धि से व्यक्ति का राजनीतिक समाधान तत्काल हो गया और उस क्षेत्र में कुछ करणीय शेष रहा और न कुछ विचारनीय। व्यक्ति की राजनीतिक स्वाधीनता को प्रत्याभूत करने वाले अधिकार संविधान के भाग 3 में प्रवर्तनीय बनाकर तत्काल अधिनियमित कर दिये गये और उनके प्रवर्तन को भी एक राजनीतिक अधिकार और अन्य अधिकारों के समान ही प्रवर्तनीय अधिकार बना दिया। इसके विपरीत सामाजिक और आर्थिक क्षेत्र चुनौतियों से परिपूर्ण था। इस क्षेत्र में तत्काल कुछ भी किया जाना सम्भव न था किन्तु इसके लिए प्रयास और प्रयोग का वचन दिया जा सकता था, यही संविधान के भाग चार में कर दिया गया। इस भाग में व्यक्ति के एक समृद्ध और सम्भ्रान्त जीवन का अनुमान किया गया और राज्य ने यह संकल्पन लिया कि प्रत्येक व्यक्ति को उसी स्तर का जीवन उपलब्ध कराया जायेगा। ऐसे ही अनेक वचनों की तालिका भाग चार में समाविष्ट कर दी गई। इन वचनों की पूर्ति के उद्देश्य से ही नेहरू ने देश का द्रुतगति से औद्योगीकरण किया और इन संकल्पों को चरणबद्ध योजनाओं के माध्यम से पूर्ण करने की प्रक्रिया अपनाई गई। पंचवर्षीय योजनाओं के माध्यम से शनै:-शनै: नेहरू ने संविधान के भाग 4 के संकल्पों को पूर्ण करने का प्रयत्न किया और इन पंचवर्षीय योजनाओं को इन्हीं संकल्पनों पर आधारित और इन्हीं के क्रियान्वयन के प्रति समर्पित किया। संविधान के भाग चार के ये संकल्प राज्य के नीति-निदेशक तत्व हैं। इन नीति-निदेशक तत्त्वों का पालन करना राज्य का दायित्व है। इन संकल्पों के लक्ष्य में ही यह प्रतिध्वनित है कि ये योजनाबद्ध संकल्प हैं और पृथक्-पृथक् इकाइयों के रूप में व्यक्ति विशेषों को इसका लाभ घर-घर जाकर नहीं पहुँचाया जा सकता। ये सामाजिक अधिकार थे, वैयक्तिक अधिकार नहीं। दूसरे पक्ष में ये राज्य के सर्वबन्धी दायित्व थे, व्यक्तिबन्धी कर्त्तव्य नहीं थे। तात्पर्य यह कि इन संकल्पों की पूर्ति के लिए राज्य सम्पूर्ण समाज के प्रति दायी था, किसी व्यक्ति विशेष के प्रति नहीं। अत: इनकी प्रवर्तनीयता का कभी कोई विचार किसी के मस्तिष्क में आया ही नहीं और वह सम्भवत: इसलिए कि स्वयं सविधान में ही इन दोनों तथ्यों का स्पष्ट उल्लेख कर दिया गया था कि ये नीति-निदेशक तत्त्व देश के शासन और देश की विधियसों में मूलभूत होते हुए भी किसी व्यक्ति विशेष्ज्ञ द्वारा किसी न्यायालय में प्रवर्तनीय नहीं होंगे। संविधान के इस अनुच्छेद ने संसद और न्यायालय, दोनों के मार्ग में ही बाधाएँ उपस्थिति कीं। एक ओर तो मूल अधिकारों को प्रवर्तनीय मान

लिया गया किन्तु दूसरी ओर इन मूल सिद्धानतों को अप्रवर्तनीय रखा गया। परिणाम यह हुआ कि सामाजिक सुधार के कार्यक्रम व्यक्ति के मूल अधिकारों का अतिक्रमण करने लगे और मूल अधिकारों के प्रवर्तनीय होने के कारण सामाजिक सुधार के प्रारम्भिक कार्यक्रम असंवैधानिक सिद्ध होने लगे। सर्वप्रथम पटना के उच्च न्यायालय में बिहार के भूमि सुधार अधिनियम को सम्पत्ति के मूल अधिकारों से असंगत होने के आधार पर चुनौती दी गई और कामेश्वरसिंह बनाम बिहार राज्य में इस अधिनियम को असंवैधानिक करार दे दिया गया। तत्काल संविधान में प्रथम संशोधन लाया गया और उसके द्वारा एक ओर तो अनुच्छेद 31 में प्रत्याभूत सम्पत्ति के अधिकार को संकुचित किया गया और दूसरी ओर अनुच्छेद 31 ख और उससे संलग्न एक नवम अनुसूची की स्थापना की गई और यह अधिनियमित कर दिया गया कि नवीं अनुसूची में जिन अधिनियमों का समावेश हे, उन्हें न्यायालय में इस आधार पर चुनौती नहीं दी जा सकेगी कि वे अनुच्छेद 14, 19 या 31 से असंगत हैं या उन्हें छीनते या न्यून करते हैं। मूल आकिारों और नीति-निदेशक त्तवों के दिन-प्रतिदिन के संघर्ष ने भारतीय चिन्तन को एक नया मोड़ दिया।

यह नया मोड़ भारत के ऐतिहासिक सन्दर्भ की एक अनूठी देन थी। अन्य पश्चिमी देशों में या रूस जैसे विकसित साम्यवाद में, यह सम्भव हो गया कि व्यक्ति की गरिमा का राजनीतिक पक्ष उसके सामाजिक पक्ष में सन्तुलित हो गया हो। आर्थिक दृष्टि से विकसित देशों में सामाजिक और राजनीतिक के अन्तर को पाटना अधिक कठिन नहीं होता। ऐसे देशों में व्यक्ति का सामाजिक स्तर उसे राजनीतिक स्तर भी प्रदान करवा देता है। भारत में स्थिति इसके नितान्त विपरीत थी। स्वाधीनता के लिए संघर्ष का नेतृत्व करने वाले महारथी अधिकारों के विषय में अधिक चिन्तित थे। आर्थिक और सामाजिक शून्यता नितान्त स्पष्ट थी और केवल चिनता ही किये जाना उसका कोई समाधान न था। अतः अधिकारों को सर्वप्रथम सुरक्षित किया गया और नागरिक मर्यादा के रूप में अधिकारों पर युक्ति-युक्त निर्बन्धन अभिरोपित करने का राज्य को विधि के अन्तर्गत अधिकार रहा। इस सम्बन्ध में दो बातें अत्यन्त स्पष्ट और महत्त्वपूर्ण थीं—अधिकारों की परिभाषा और अधिकारों के प्रयोग का युक्ति-युक्त मानदण्ड। इस प्रकार अधिकारों के विचरण के क्षेत्र में युक्ति-युक्ता का मानदण्ड न्यायालयों के समक्ष स्पष्ट था। भाग चार के उपबन्धों की स्थिति इससे बिल्कुल विपरीत थी। प्रथम तो ये उपबन्ध प्रवर्तनीय नहीं थे साथ ही इनकी युक्ति-युक्ता के कोई मानदण्ड नहीं थे। दोनों की स्थिति में विरोध होना स्वाभाविक ही था। अधिकारों का सर्वथा सकारात्मक पक्ष था। नीति-निदेशक तत्त्वों का न कोई सकारात्मक पक्ष था न उसकी क्रियात्मकता के कोई मानदण्ड थे। न्यायिक दृष्टि से

नीति-निर्देशक तत्त्वों में न्याय किये जाने योग्य कोई बात थी ही नहीं। यहाँ इस भ्रम का निराकरण परम आवश्यक है कि न्यायालयों ने नीति-निर्देशक तत्त्वों को सदैव उपेक्षित रखा। बयालीसवें संविधान संशोधन अधियिनमय के बाद विवाद में न्यायालयों पर यह आरोप लगागया गया कि वे 'समाजवाद' जैसे शब्द को भूल गये हैं। सत्य यह है कि न्यायालयों में विवादग्रस्त होने योग्य इनमें कोई विषय-वस्तु ही न थी। भाग चार के उपबन्ध विवाद के बिन्दु नहीं हैं, दार्शनिक मान्यताएँ हैं। ग्रैनविल आस्टिन ने संविधान के भाग चार को भी संविधान की अन्तरात्मा माना। ब्राह्मणों और उपनिषदों में जिस प्रकार 'सत्यम् वद धर्मम चर' के रूप में अखण्ड उपदेश हुआ करते थे, उसी प्रकार के साधु वचन संविधान के भाग चार में संजोए गए थे, उनकी न कहीं परिभाषा थी न कोई निर्णायक मानदण्ड। उदाहरणार्थ, अनुच्छेद 39 के खण्ड 'क' का पाठ अवलोकनीय है। यह वह निदेशक तत्त्व है जो राज्य को बाध्य करता है कि पुरुष और स्त्री सभी नागरिकों को समान रूप से जीविका के पर्याप्त साधन प्राप्त करने का अधिकार हो। तार्किक दृष्टि से और विवाद के ध्येय से इस अनुच्छेद की भाषा अविचारपूर्ण है। यहाँ सभी नागरिकों के लिए रोजगार सुनिश्चित किया गया है, किन्तु यह असम्भव बात है। सभी नागरिकों में तो अनेकों पागल, उनमत्त और दिवालिए या विशिष्ट सेवाओं के लिए शारीरिक रूप से विकलांग भी हैं। इसके पश्चात् किस युवक के लिए राज्य के पास कौनसा रोजगार है जो आवश्यकता पड़ने पर किसी भी युवक को उपलबध करा दिया जायेगा। यहाँ यह भी स्पष्ट नहीं है कि कौनसा व्यक्ति किस रोजगार के लिए उपयुक्त होगा। अतः किसी भी मानदण्ड और कसौटी पर यह वचन परीक्षणी नहीं रहता। आदि से अन्त तक इस भाग के प्रत्येक अनुच्छेद का पाठ इसी प्रकार सदुपदेशों और आलंकारिक चमत्कारपूर्ण शब्दों से भरा पड़ा है। कहीं भी कोई ऐसी बात थी ही नहीं जिस पर न्यायालय में विवाद प्रस्तुत किया जा सके। अतः न्यायालयों द्वारा उनका उपेक्षित रहना स्वाभाविक था।

उपर्युक्त उदाहरण की विषय-व्सतु अर्थात् अनुच्छेद 39 का खण्ड 'क' एक मौलिक अधिकार के रूप में एक अनुच्देद 16 के खण्ड एक और दो में प्रस्तुत हुआ है। मौलिक अधिकार के रूप में इस पर युक्ति-युक्ता के सभी मानदण्ड लागू हो जाते हैं। इस अनुच्छेद में रोजगार सुनिश्चित नहीं किया गया वरन्उसके लिए समान अवसर उपलब्ध कराया गया है। अतः यह परीक्ष्ज्ञण करना कि दिया गया अवसर युक्ति-युक्त था या नहीं, न्यायालयों केसमक्ष विवाद का विषय बन गया। परिणाम स्पष्ट है कि जहाँ अनुच्छेद 16 पर न्याय निर्णयों के पृष्ठ पर पृष्ठ उपलब्ध हैं वहीं अनुच्छेद 39 के खण्ड 'क' का उल्लेख यत्र-तत्र दो चार इने-गिने न्याय निर्णयों में किया गया है।

चिन्तन का मोड़ इस प्रकार मूल अधिकार और नीति-निदेशक तत्त्वों के सफल समीकरण की ओर निर्दिष्ट था। यही संघर्ष और संघर्ष की पृष्ठभूमि व्यक्ति की गरिमा के सांविधानिक स्वरूप का इतिहास है।

मूल अधिकारों और नीति-निदेशक तत्त्वों के मध्य टकराव अपने मूल में व्यक्ति की गरिमा के राजनीतिक पक्ष और इसके सामाजिक और आर्थिक पक्ष में टकराव था। इस टकराव का चुम्बकीय क्षेत्र संविधान के भाग चार के अनुच्छेद 39 के खण्ड 'क' और 'ख' और भाग तीन के अनुच्छेद 19(1) च, के उपबन्धों को ग्रस्त किये हुए था। अनुच्छेद 39 का 'ख' उपबन्ध समाजवाद और सामाजिक न्याय की कुंजी था और अनुच्छेद 37 के द्वारा इसे विधि द्वारा देश के शासन में लागू किया जाना आवश्यक था। किन्तु प्राय: जब राज्य इसे विधि बनाकर लागू करने का प्रयत्न करता तभी कोई न कोई व्यक्ति या संस्था उस विधि को अनुच्छेद 14, 19, या 31 से असंगत होने के आधार पर चुनौती दे देती।

संसद ने संविधान में प्रथम संशाधेन लाकर अनुच्छेद 39 'क' और 'ख' का और अनुच्छेद 31 ख का पूरक तत्त्व नवीं अनुसूची का अधिनियम करके सन्तोष कर लिया और लगभग दो दशकों तक संसद का यह सन्तोष सिद्ध हुआ। शंकरीसिंह बनाम यूनियम ऑफ इण्डिया के निर्णय से सज्जनसिंह बनाम राजस्थान राज्य के निर्णय तक न्यायायिक निर्वाचन की दिशा यह रही कि नीति-देशक तत्त्वों के और किसी मूल अधिकार के मध्य संघर्ष की स्थिति में मूल अधिकार को अग्रता और मान्यता प्रदान की जायेगी किन्तु स्वयं मूल अधिकारों को सीमित करने के सम्बन्ध में सांवधानकि विधि लायी जा सकती थी और ऐसी सांविधानिक विधि मूल अधिकारों से असंगत होने के आधार पर शून्य करार नहीं दी जा सकेगी। इस निर्वचन का प्रभाव यह हुआ कि विधि दो वर्गों में विभक्त हो गई—एक सांविधानिक विधि और दूसरी सामान्य विधि। इस निर्वाचन के आधार पर अनुच्छेद 31 'क' और 31 'ख' टिके रहे और नवीं अनुसूची की काया में दिन-प्रतिदिन विस्तर होता रहा। इस काल में व्यक्ति की गरिमा का राजनीतिक पक्ष प्रबल और सामाजिक तथा आर्थिक पक्ष निर्बल बने रहे। संविधान के भाग तीन के उपबन्धों के क्रम की दृष्टि से अनुच्छेद 19 के खण्ड एक का खण्ड 'च' मूल अधिकार था और अनुच्छेद 31 वास्तव में अनुच्छेद 19(1) च के मूल अधिकार का अपवाद मात्र था। अनुच्छेद 31 'क' और 31 'ख' दोनों अपने क्रम में अनुच्छेद 31 के अपवाद थे। अनुच्छेद 31 स्वयं संशोधन के आधार पर अपने व्यास का विस्तार करता रहा और जितना ही इसके व्यास का विस्तर हुआ उतना ही यह निर्बल और पंगु होता रहा। संविधान के सत्रहवें संशोधन

तक आते-आते नवीं अनुसूची में संरक्षित अधिनियमों की संख्या 202 हो गई। 17वें संशोधन अधिनियम को दूसरी बार गोलकनाथ बनाम पंजाब राज्य के विवाद में चुनौती दी गई और सामान्य विधि और सांविधानिक विधि के भेद को समाप्त करने का प्रयत्न किया गया। तर्क और निर्णयों का सार यह था कि मूल अधिकारों को स्वयं सम्प्रभु द्वारा उच्चता प्रदान की गई और यह वर्जना कि इनसे असंगत अन्य कोई विधि मान्य नहीं होगी, स्वयं सम्प्रभु पर भी बाध्यकारी थी। सामान्य अवस्था में सम्प्रभु भी इन अधिकारों को न्यून अथवा अल्प करने में समक्षम है। शंकरीप्रसाद और सज्जनसिंह के निर्णयों में जो न्यायिक मान्यता सामान्य विधि और सांविधानिक विधि के भेद के पक्ष में थी वह निरस्त हो गई। पाँच के प्रति छः के बहुमत ने यह निर्णय दिया कि मूल अधिकारों की स्थिति सर्वोपरि है और इन अधिकारों से असंगत या इन्हें अल्प या न्यून करने वाली संविधानिक या सामान्य विधि दोनों ही असंवैधानिक करार दी जायेंगी। संसद का आक्रोश यहीं से प्रारम्भ हुआ। विचारपूर्वक 1971 में संविधान में चौबीसवाँ और पच्चीसवाँ संशोधन लाया गया। 24वें संशोधन में अनुच्छेद 13 में खण्ड चार का अधिनियमन किया गया और अनुच्छेद 13 का निषेध सांविधानिक विधि पर समाप्त हो गया। सांविधानिक विधि के निर्माण की प्रक्रिया अनुच्छेद 368 में विद्यमान थी। अतः अनुच्छेद 13 के खण्ड चार से अनुच्छेद 368 का अनुकूलन किया गया और चौंसवें संशोधन ने अनुच्छेद 368 को भी विविध प्रकार से संशोधित किया। पच्चीसवाँ संशोधन लाकर अनुच्छेद 31 'ग' का अधिनियम किया गया और इसके प्रभाव से अनुच्छेद 39 के खण्ड 'क' और 'ख' तथा अनुच्छेद 14, 19 या 31 के मध्य प्रायः घटित होने वाले टकराव को समाप्त कर दिया गया। प्रारम्भ में अनुच्छेद 31 ग में यह कथन किया गया—

"अनुच्छेद 13 में किसी बात के होते हुए भी कोई विधि, जो अनुच्छेद 39 के खण्ड 'क' और 'ख' के तत्त्वों को सुनिश्चित करने के लिए राज्य की नीति को प्रभावित करने वाली है। इस आधार पर शून्य नहीं समझी जायेगी कि वह अनुच्छेद 14, 19 या 31 द्वारा प्रदत्त अधिकारों में से किसी से असंगत है या उसे छीनती या न्यून करती है और कोई विधि, जिसमें यह घोषणा है कि वह ऐसी नीति के प्रभवी करने के लिए है, किसी न्यायालय में इस आधार पर प्रश्नगत नहीं की जायेगी कि वह ऐसी नीति को प्रभावी नहीं करती है। परन्तु जहाँ ऐसी विधि किसी राज्य के विधान मण्डल द्वारा बनाई जाती है वहाँ इस अनुच्छेद के उपबन्ध उस विधि को तब तक लागू नहीं होंगे जब तक ऐसी विधि को, जो राष्ट्रपति के विचार के लिए रखी गई है, उसकी अनुमति प्राप्त नहीं हो गई है।"

24वें और 25वें संविधानों के दो परिणाम हुए—प्रथम यह कि गोलकनाथ का न्यायिक निर्णय निरस्त हो गया और सांविधानिक विधि और सामान्य विधि का भेद पुनर्स्थापित हो गया तथा शंकरीसिंह और सज्जनसिंह के न्यायिक मत पुनर्जीवित हो गये, दूसरा यह कि व्यक्ति की गरिमा के राजनीतिक पक्ष पर उसके सामाजिक और आर्थिक पक्ष की विजय हो गई। किन्तु इससे समस्या का समाधान नहीं हुआ वरन् वस्तुस्थिति जटिलतर हो गई। न्यायालय का अब तक अधिकारों के पक्ष में झुका-तुला दण्ड संसद ने बरबस नीति-निदेशक तत्त्वों की ओर झुका दिया और केशवा नन्द बनाम केरल राज्य में उच्चतम न्यायालय को इस स्थिति के पुनरावलोकन के निमित्त विवश होना पड़ा।

संविधान के प्रारम्भ के समय स्वाधीन भारत का राजनीतिक पक्ष निश्चित रूप से बलवान था। शासन की संरचना भारत शासन अधिनियम 1935 के लागू होने के पश्चात् लगभग व्यवस्थित हो चुकी थी। संघीय शासन प्रणाली का स्वरूप परिचित हो गया था। जब से भारतीय सिविल सेवा की परीक्षा भारतवासियों के लिए खुली, तब से भारतवासी शासनतंत्र के शीर्ष पर प्रतिष्ठित पदों को धारण करने लगे थे। द्वितीय विश्व युद्ध में भारतीय सेना ने ब्रिटिश साम्राज्य के पक्ष में युद्ध करना इस नैतिक अनुबन्ध पर स्वीकार किया था कि युद्ध के पश्चात् भारत को स्वाधीनता विधिवत प्रदान कर दी जाये। इस प्रकार नागरिक, प्रशासनिक और सैनिक बल तीनों ही राजनीतिक दृष्टि से परिपक्व थे और भारत के राजनीतिक पक्ष की चेतना में किसी प्रकार की न्यूनता नहीं थी। सत्ता के हस्तान्तरण पर जो परिवर्तन आवश्यक थे, उनके उपबन्ध संविधान में यथास्थल कर दिये गये किन्तु उस समय आर्थिक और सामाजिक पक्ष में रिक्ता थी। स्वाभाविक था कि सामाजिक और आर्थिक पक्ष व्यक्ति के राजनीतिक पृक्ष से टक्कर लेने की स्थिति में ही नहीं थे। संविधान विकास की स्थिति में था और सांविधानिक दर्शन न्यायालयों के लिए भी तत्काल उपलब्ध नहीं था। सामाजिक और आर्थिक दर्शन की निश्चित मान्यताएँ शनैः-शनैः पंचवर्षीय योजनाओं में प्रकट हुई और जैसे-जैसे सामाजिक और आर्थिक दर्शन का विकास हुआ, न्यायालय उनके प्रति संवेदनशील होते गये। संविधान के लागू होते ही इस संवेदनशीलता का कोई अवसर नहीं था। सामाजिक और आर्थिक पक्ष जब पैरों चलने लगा तो स्वाभाविक रूप से न्यायालयों का ध्यान भी उस ओर आकृष्ट हुआ। यही कारण है कि प्रारम्भिक निर्णयों में उच्चतम न्यायालय का दृष्टिकोण नीति निदेशक त्तवों के प्रति स्पष्ट नहीं हो पाया। मद्रास राज्य बनाम चम्पक मदोराय राजन में न्यायालय का यह मत रहा कि मूल अधिकार प्रवर्तनीय हैं। इस कारण नीति-निदेशक तत्त्व प्रधान नहीं है और उन्हें मूल अधिकारों के अनुरूप ही रहना होगा। इससे अन्यथा

कोई मत रखने के लिए न्यायालय ने शीघ्र ही पहचान लिया और केरला एजूकेशन बिल 1959 के निर्देश विवाद में न्यायालय ने यह घोषणा की कि कुछ भी हो, नीति-निदेशक तत्त्वों की मूल अधिकारों के सन्दर्भ में नितान्त उपेक्षा नहीं की जा सकती और कर्त्तव्य यह ह कि दोनों में समन्वय का अर्थ लगाया जाये। गोलकनाथ के निर्णय में भी यह कहीं नहीं कहा गया कि नीति-निदेशक तत्त्वों की उपेक्षा की जा सकती है या उने महत्त्व को अल्प माना जा सकता है। गोलकनाथ की न्यायिक अवधारणा सम्प्रभु और संसद के भेद पर केन्द्रित थी। मान्यता यह थी कि सम्प्रभु के निषेध का संसद द्वारा उल्लंघन नहीं किया जा सकता। संविधान सम्प्रभु की रचना है और यद्यपि संविधान ने अपने संशोधन की सत्ता संसद को प्रत्यायोजित की है, किन्तु वह क्षमता निषेधों के साथ है और ये निषेध सम्प्रभु द्वारा निर्मित होने के कारण इनका प्रत्याहरण सम्प्रभु द्वारा ही किया जा सकता है और सम्प्रभु ऐसी नयी संविधान सभा का गठन करके कर सकता है। गोलकनाथ ने यह कहीं नहीं कहा कि मूल अधिकारों में ह्रास नहीं किया जा सकता है, किन्तु इस बात पर बल दिया गया कि संसद ऐसा नहीं कर सकती। किन्तु 24वें और 25वें संशोधन के आधार पर संसद ने दावा किया कि संसद को ऐसी शक्ति है। न्यायालयों के समक्ष मूल आकिारों से सम्बन्धित विवादों में अब यह स्पष्ट होने लगा कि व्यक्ति का सामाजिक और आर्थिक जीवन उसके राजनीतिक जीवन से भी अधिक महत्त्वपूर्ण है। एक नये दर्शन ने जन्म लिया जिसमें मूल अधिकारों के ही नये आयाम खोजे गये। पंचवर्षीय योजनाओं से जनता को स्वतः यह ज्ञान हो गया कि नीति-निदेशक तत्त्व अपनी गरिमा में इतने समृद्ध हैं कि मूल अधिकार अपने ही विकास के लिए इनसे पूर्ण सामग्री ग्रहण कर सकते हैं। न्यायालयों को यह प्रतीत होने लगा कि नीति-निदेशक तत्त्वों के क्रियान्वयन से व्यक्ति की गरिमा में वृद्धि हो रही है और उसके मूल अधिकारों को नयी दिशाएँ प्राप्त हो रही हैं। सामाजिक और आर्थिक दर्शन के विकास ने स्वयं चिन्तन को इस प्रकार का स्वरूप दे दिया कि न्यायालय इस धारणा से सहमत हो गये थे कि नीति-निदेशक तत्त्वों का क्रियान्वयवन व्यक्ति की गरिमा के विकास में आवश्यक है और स्वयं अपनी गरिमा के हित में व्यक्ति से त्याग की अपेक्षा है। यदि सामाजिक और आर्थिक समृद्धि के किसी प्रयोग से किसी वैयक्तिक हित को किंचित क्षति पहुँचे तो व्यक्ति को उस अंश तक अपने हित का त्याग नैतिक दृष्टि से करना चाहिए। इस दर्शन से सहमत होकर केशवानन्द भारतीय बनाम केरल राज्य में 6 के प्रति 7 के बहुमत से न्यायालय ने स्वयं अपनी ही भूल को स्वीकार कर विशाल हृदयता का परिचय दिया। यह स्वीकार कर लिया गया कि गोलकनाथ के निर्णय में भूल हुई थी और व्यवस्थापिका की इस शक्ति को मान्यता दे दी गई कि जो विधियाँ अनुच्छेद 39 के खण्ड 'क'

और 'ख' की नीतियों के क्रियान्वयन के ध्येय से पारित की जायें उन्हें इस आधार पर न्यायालय में चुनौती नहीं दी जा सकती कि वे या उनके कोई उपबन्ध अनुच्छे, 14, 19 और 31 से असंगत हैं या उन विधियों के कारण उन्हें किसी प्रकार की क्षति हो रही है। इस निर्णय की महत्त्वपूर्ण उपलब्धि यह है कि यद्यपि संसद में सांविधानिक शक्ति का निहित होना स्वीकार तो कर लिया गया और परिणामस्वयप यह भी स्वीकार कर लिया गया कि संसद संविधान के भाग तीन सहित किसी भी भाग में किसी भी प्रकार का संशोधन अनुच्छेद 368 की प्रक्रिया के अनुसार कर सकती है, किन्तु संसद की सर्वोच्चता को स्वीकार नहीं किया गया। भारत में संसद नहीं संविधान सर्वोच्च है और देश का प्रत्येक संस्थान और प्रत्येक निकाय संविधान के अन्तर्गत है किन्तु संविधान से उच्च नहीं। संविधान सर्वोच्च है और राज्य के तीनों अंग—कार्यपालिका, न्यायपालिका और व्यवस्थापिका स्वयं अपनी शक्ति से नहीं, संविधान की शक्ति से संजीवित हैं। संविधान में संशोधन संविधान की मूल संरचना को अक्षुण्ण रखते हुए किया जा सकता है, संविधान की मूल संरचना को क्षतविक्षत नहीं किया जा सकता। केशवानन्द के इस निर्णय से संसद की सर्वोच्च हो जाने की ललक को भीषण आघात लगा और इसी मर्मभूत पीड़ा से 42वाँ संविधान संशोधन लाया गया और एक बार पुनः संसद की सर्वोच्चता का दावा किया गया। व्यक्ति के सामाजिक और राजनीतिक पक्ष कापूर्ण दायित्व संसद ने लेना चाहा और 25वें संशोधन द्वारा अन्तःस्थापित अनुच्छेद 31 'ग' में इस आशय का संशोधन किया गया कि न केवल अनुच्छेद 39 के खण्ड 'क' और 'ख' वरन् संविधान के भाग चार के किसी भी निदेशक तत्त्व के क्रियान्वयन के लक्ष्य से पारित विधि को इस आधार पर चुनौती नहीं दी जा सकती कि वह संविधान के अनुच्छेद 14, 19 और 31 से किसी भी प्रकार असंगत है या उन्हें क्षति पहुँचाती है। इतना करने के पश्चात् संसद समझने लगी कि उसकी सर्वोच्चता सिद्ध हो गई। 25वें संशोधन से ही अनुच्छेद 31 'ग' के बल पर संसद ने अपनी इस शक्ति की भी घोषणा की कि यदि किसी विधि में यह घोषणा कर दी गयी है कि वह विधि संविधान के भाग चार के किसी निदेशक तत्त्व के प्रभावी करने के लिए है तो उसे इस आधार पर चुनौती नहीं दी जायेगी कि वह ऐसी नीति को प्रभावी नहीं करती है। तात्पर्य यह हुआ कि न्यायालयों को उन विधियों की विषयवस्तु कीसम्परीक्षा करने का अधिकार नहीं होगा जिनमें यह घोषणा कर दी गयी है कि वे संविधान के भाग चार की किसी नीति को प्रभावी करने वाली विधि हैं। संसद व्यक्ति के राजनीतिक और आर्थिक क्षेत्र में सर्वोपरि हो जाना चाहती थी और व्यक्ति के सामाजिक और आर्थिक क्षेत्र में लागू की जाने वाली नीतयों की प्रवकृति और प्रभाव को न्यायिक विवाद का विषय बनाना ही नहीं चाहती थी।

मिनर्वा मिल्स बनाम भारत संघ में 25वें और 42वें संशोधन को एक साथ चुनाती दी गई। इन निर्णय में न्यायालय ने संविधान की मूल संरचना के सिद्धान्त को पुष्ट किया और यह स्पष्अ किया कि यद्यपि संविधान सर्वोच्च है तथापि वह एक मर्यादापूर्ण संविधान है और उसकी मर्यादा उसी मूल संरचना है और भाग तीन व भाग चार की संगतिपूर्ण व्यवस्था संविधान की मूल सरंचना का अंग है। मुख्य न्यायमूर्ति वाई. वी. चन्द्रचूड ने यह अवधारित किया कि नीति-निदेशक तत्त्व शासन के लक्ष्य हैं तथापि इनकी उपलबिध भाग तीन की सीमाओं के अन्तर्गत ही सम्भव है। न्यायमूर्ति ने यह भी अवधारित किया कि इस अर्थ में भाग तीन व चार दोनों ही संविधान की आत्मा के अंश हैं। अत: इनके समन्वय को भगं करने वाला किसी भी प्रककार का कृत्य संविधान की मूल संरचना पर आघात माना जायेगा। इसी निर्णय में न्यायमूर्ति (तत्पश्चात् मुख्य न्यायाधीश) पी. एन. भगवती ने संविधान के अनुच्छेद 37 के निर्वचन को एक नई दिशा दी। उन्होंने इस अनुच्छेद की तुलना आयरलैण्ड के संविधान के अनुच्छेद 45 से की किन्तु दोनों में इस मूल भेद की ओर संकेत भी किया कि जहाँ आयरलैण्ड के संविधान के अनुच्छेद 45 में वहाँ के न्यायालयों के लिए नीति-निदेशक न्यायालय में प्रवर्तन वर्जित किया है। वहीं भारत के संविधान के अनुच्छेद 37 में इन तत्त्वों का न्यायालय में प्रवर्तन विर्जत किया है। न्यायालयों द्वारा इनका संज्ञान वर्जित नहीं किया गया है। न्यायाधीश महोदय ने और भी स्पष्टतर शब्दों में अवधारित किया कि किसी भी प्रकार के नीति-निदेशक तत्त्वों को मूल अधिकारों से हीन न समझा जाये और न ही यह माना जाये कि नीति-निदेशक तत्त्व मूल अधिकारों के प्रति समर्पिरहेंगे। दोनों का स्तर समान है और दोनों ही सांविधानिक संरचना में मूलभूत हैं। उन्हेंाने मुक्त कण्ठ से यह भी स्वीकार किया कि न्यायालयों के दृष्टिकोण में परिवर्तन आया है और न्यायालय अब मूल धिकारों के निर्वचन में नीति-निदेशक तत्त्वों की सहायता लेने लगे हैं। डी. एम. नकारा बनाम भारत संघ के निर्णय में यह मान्यता वास्तविक रूप से चरितार्थ हुई जब एक पेंशन की स्कीम को संवैधानिकता के सन्दर्भ में अनुच्छेद 14 व 16 के अन्तर्गत राज्य सेवकों को देय पेंशन को न केवल मूल अधिकार माना वरन् उस अधिकार की व्याख्या अनुच्छेद 39 (ङ), 41 च 43 के नीति-निदेशक तत्त्वों के बल पर की गयी।

मिनर्वा मिल्स के निर्णय में यह तो स्वीकार कर लिया गया कि अनुच्छेद 39 के खण्ड 'क' और 'ख' के तत्त्वों को लगू की जाने वाली विधि अनुच्छेद 14, 19 या 31 के उपबन्धों का उल्लंघन करने पर भी असंवैधानिक नहीं होगी, किन्तु यह स्वीकार नहीं किया गया कि यह सुरक्षा किसी भी नीति-निदेशक तत्त्व को प्रभावी करने वाली विधि को उपलब्ध होगी। यह सुरक्षा केवल उन विधियों को प्राप्त है

जिनकी विषयवस्तु अनुच्छेद 39 के खण्ड 'क' और 'ख' के अन्तर्गत है। इस निर्णय से अनुच्छेद 31 ग में 42वें संशोधन द्वारा उसकी परिधि का प्रत्येक नीति-निदेशक तत्त्व तक विस्तीर्ण होना असंवैधानिक घोषित कर दिया गया और स्थिति वही आ गई जो 25वें संशोधन के द्वारा स्थापित हुई थी अर्थात् केवल वही विधियाँ चुनौती से परे रहीं जो अनुच्छेद 39 के खण्ड 'क' और 'ख' के अन्तर्गत पारित हों। न्यायालय ने अनुच्छेद 31 ग के अस अंश को भी असंवैधानिक करार दिया जिसमें यह उपबन्ध था कि ऐसी किसी विधि के जिसमें यह घोषणा है कि वह अनुच्छेद 39 के खण्ड 'क' और 'ख' की नीति को प्रभावकारी करने के लिए है, किसी न्यायालय में इस आधार पर प्रश्नगत नहीं किया जायेगा कि वह ऐसी नीति को प्रभावी नहीं करी। परिणाम यह है कि न्यायालय ने यह निर्णय करने का विवेक संसद को नहीं दिया कि वो किसी भी प्रकार की विधि को पारित कर दे और कहने लगे कि यह अनुच्छेद 39 के खण्ड 'क' और 'ख' की नीति को प्रभावी करने वाली विधि है। किस विधि की क्या विषय वस्तु है यह निर्णय करने का अधिकार क्षेत्र न्यायालय ने स्वयं धारण कया। इससे पूर्व न्यायालय की यह घोषणा थी कि वो व्यक्ति के मूल अधिकारों का प्रचण्ड प्रहरी है। किन्तु मिनर्वा मिल्स के निर्णय के पश्चात् न्यायालय व्यक्ति के सामाजिक पक्ष ही नहीं वरन् उसका सामाजिक और आर्थिक पक्ष भी मूल अधिकारों की भाँति ही सुरक्षित और प्रत्याभूत हो गया और परोक्ष रूप से अनुच्छेद 37 का निषेध अब कोई वास्तविक निषेध नहीं रहा।

1976 में लाये गये चवालीसवें संविधान संशोधन के बल पर अनुच्छेद 31 और अनुच्छेद 19(1) च का निरसन हो गया और सम्पत्ति का अधिकार मूल अधिकारों की छत्रछाया से निष्कासित हो गया तद्नुसार अनुच्छेद 31 ग में अनुच्छेद 31 के सन्दर्भ को निरस्त कर दिया गया और मूल अधिकार और नीति-निदेशक तत्त्वों के मध्य टकराव की सम्भावनाएँ लगभग समाप्त हो गयीं। क्योंकि टकराव का क्षेत्र अनुच्छेद 39 के खण्ड 'क' और 'ख' का सम्पत्ति के अधिकार से विरोध था। 44वें संविधान संशोधन द्वारा सम्पत्ति के मूल अधिकार का लोप कर दिये जाने के पश्चात् टकराव इस सीमा तक समाप्त हो गया और नीति-निदेशक तत्त्व और मूल अधिकार समन्वित होकर एक-दूसरे के पूरक और प्रतिपूरक हो गये।

संजीव कोक बनाम भारत कोक लिमिटेड में न्यायमूर्ति पी. एन. भगवती ने इस टकराव को नितान्त और पूर्ण रूप से समाप्त कर दिया। उन्होंने तार्किक दृष्टि से अनुच्छेद 39 के खण्ड 'क' और 'ख' तथा भाग चार के अन्य किसी निदेशक तत्त्व में किसी भेद या अन्तर को स्वीकार किया और यह घोषणा की कि जो स्थिति अनुच्छेद 39 के खण्ड 'क' और 'ख' की नीति की है वही भाग चार के शेष उपबन्धों

की भी है और मिनर्वा मिल्स के निर्णय का यही अर्थ लगाया जायेगा कि भाग चार के किसी भी तत्त्व को प्रभावी करने वाली विधि को इस आधार पर चुनौती नहीं दी जा सकती कि वह विधि अनुच्छेद 14 या 19 के उपबन्धों के प्रतिकूल है अथवा उन अनुच्छेदों के अन्तर्गत प्रत्याभूति मूल अधिकारों को न्यून करती है या छीनती है। इस निर्णय के पश्चात् व्यक्ति की गरिमा का राजनीतिक पक्ष तथा उसकी गरिमा के सामाकि और आर्थिक पक्ष समकक्ष हो गये। यह सत्य भी है कि नीति-निदेशक तत्त्व समता के और जीवन के अधिकारों के ही विविध आयाम हैं। अनुच्छेद 39 के अन्तर्गत वर्णित स्वतन्त्रताएँ जीवन के ही मूल अधिकार का अंग हैं। इस प्रकार अनुच्छेद 31 ग का यह निषेध ही निस्सार हो जाता है कि नीति-निदेशक तत्त्वों को प्रभावी करने वाली विधियाँ अनुच्छेद 14 और 19 पर अग्रता रखेंगी, सत्य तो यह है कि भाग चार के कोई भ्झी उपबन्ध व्यक्ति के जीवन और समता के अधिकारों का ही पोषण करते हैं और इन दोनों में परस्पर विरोध सम्भव ही नहीं है। अनुच्छेद 14 और 19 एक परिपूर्ण मानव की कल्पना करते हैं और भाग चार के उपबन्ध एक परिपूर्ण समाज की। समृद्ध समाज में सुखी मानव, यही व्यक्ति की गरिमा का सांविधानिक आदर्श है और यही किसी भी सांविधानिक दर्शन का उपदेश।

"संविधान के भाग तीन के उपबन्ध मानवी व्यक्तित्व की विभूतियाँ हैं। मूल अधिकारों की प्रतिष्ठा से राज्य ने मानव को महिमा मण्डित किया है। अपराधवृत्ति और जघन्य आचरण के पश्चातृ भी मानव मानव है। अपराध वृत्ति विवेक के नाश का प्रतीक है, तथापि विवेक के नाश से मानव की गरिमा का नाश नहीं होता। अपराध का दण्ड भोगते समय भी मानव राज्य का दास नहीं है। कारागार में बन्दी, मानव की गरिमा भी राज्य के लिए सम्पूज्य है। कारावास में बन्दी द्वारा किये गये श्रम का उसे समुचित मूल्य दिया जाता है। संविधान में बन्दियों के प्रति भी जेल अधिकारियों से मानवोचित व्यवहार की अपेक्षा की गई है।" व्यक्ति की गरिमा संविधान की मूल संरचना का भी मूल अवयव है।

❑❑❑

12

सामाजिक, आर्थिक और राजनैतिक न्याय

संविधान की उद्देशिका में 'हम भारत के लोग' अपने सम्पूर्ण प्रभुत्व सम्पन्न समाजवादी पंथ निरपेक्ष लोकतंत्रात्मक गणराज्य को सामाजिक, आर्थिक और राजनीतिक न्याय प्राप्त कराने की ओर दिशा-निर्दिष्ट कर रहे हैं। राज्य का निर्माण न्याय के अभीष्ट से हुआ है। सामाजिक, राजनीतिक और आर्थिक न्याय, साध्य हैं और सम्पूर्ण प्रभुत्व-सम्पन्न समाजवादी पंथ निरपेक्ष लोकतंत्रात्मक गणराज्य उसका साधन है। इस साधन और इस साध्य से जो सिद्धि की गई है, वह है व्यक्ति की गरिमा। जर्मनी के दार्शनिक हीगल (1770-1831) के चिन्तन में, राजय, आदर्श किन्तु साध्य है। भारत के सांविधानिक दर्शन में, राज्य आदर्शोन्मुख और साधन है। यहाँ राज्य को आदर्श के रूप में नहीं, राज्य के ही विशाल आदर्शों को प्रस्तुत किया गया है। यह एक सतत् क्रियाशील राज्य का चित्र है। भारत का राज्य कोई अधिनायक राज्य नहीं, एक सेवाराज्य है। 'हम भारत के लोग' सम्प्रभु होने के नाते सेव्य हैं और उनके द्वारा स्थापित राज्यतंत्र, एक सेवातंत्र है।

अनुच्छेद 38 के खण्ड (1) का यह संवचन कि, "राज्य ऐसी सामाजिक व्यवस्था की, जिसमें सामाजिक, आर्थिक और राजनीतिक न्याय राष्ट्रीय जीवन की सभी संस्थाओं को अनुप्रमाणित करे, भरसक प्रभावी रूप में, स्थापना और संरक्ष्ज्ञण करके लोकल्याण की अभिवृद्धि का प्रयास करेगा।" वस्तुतः संविधान की उद्देशिका में जो संकल्प "समस्त नागरिकों को सामाजिक, आर्थिक और राजनीतिक न्याय प्राप्त कराने के लिए" लिया गया है, उसी की पद-व्याख्या है। उद्देशिका में ही, राज्यादर्श के तीन अन्य आयाम, 'स्वतन्त्रता', 'समता' और 'बन्धुता' ये तीनों शब्द न व्याकरण का कोई चमत्कार हैं और न कोई काव्य की आलंकारिक विद्या। ये तीनों शब्द, जनमानस की संकलित ध्वनि के मुखाग्र (माउथपीस) हैं। विश्व की प्रमुख राज्य क्रान्तियों के बल के, ये कूट केन्द्र हैं। ये तीन शब्द, लोकतंत्र क आदिस्रोत हैं। वस्तुतः ये तीन शब्द, 1789 में हुई फ्रांस की राज्यक्रान्ति की देन हैं, किन्तु व्यक्ति की गरिमा का इतिहास इन्हीं शब्दों ने लिखा है। सामाजिक, राजनीतिक और आर्थिक न्याय की त्रिवेणी इन शब्दों से ही बही है। ये तीन शब्द 'स्वतन्त्रता', 'समता' और 'बन्धुता' (लिबर्टी, इक्वैलिटी, फ्रैटर्निटि) आज भी फ्रांस के सुप्रसिद्ध टाऊनहॉल 'होटलडेविली' के प्रवेश द्वार पर उत्कीर्ण हैं।

इनमें से 'स्वतन्त्रता' शब्द राजनीतिक न्याय के समस्त आयामों का प्रतिनिधित्व करता है। इसी प्रकार, सामाजिक न्याय का समवेत 'समता' शब्द में तालबद्ध है। फ्रैटर्निटी अर्थात् बन्धुता, मानवीय भ्रातृत्व अथवा 'वसुधैव कुटुम्बकम' का संकेन्द्रित स्वर है। स्पष्ट है कि, जहाँ सामाजिक और राजनीतिक न्याय के वाहनों के रूप में 'समता' और 'स्वतन्त्रता' जैसे एकल शब्दों का प्रयोग स्वयं उद्देशिका में ही कर दिया गया। उसी के अनुरूप आर्थिक न्याय की कुंजी के रूप में, किसी अन्य एकल संज्ञा को, उद्देशिका में कोई स्थान प्राप्त नहीं हो सका। इस अभाव को, 1978 के चवालीसवें संविधान संशोधन में लक्ष्य किया गया है तथा अनुच्छेद 38 में खण्ड (2) की अन्तःस्थापना के द्वारा इस अभाव की पूर्ति की गई। इस अन्तःस्थापित खण्ड (2) में कहा गया है कि राज्य, विशिष्टतः आय की असमानताओं को कम करने का प्रयास करेगा और न केवल व्यष्टियों के बीच बल्कि विभिन्न क्षेत्रों में रहने वाले और विभिन्न व्यवसायों में लगे हुए लोगों के समूहों के बीच भी प्रतिष्ठा और सुविधाओं की समानता समाप्त करने का प्रयास करेगा। इसी अन्तःस्थापित खण्ड को आर्थिक न्याय की कुंजी माना जा सकता है। इस प्रकार, सामाजिक न्याय, समता में, राजनीतिक न्याय, स्वतन्त्रता में तथा आर्थिक न्याय, आय की असमताओं की समाप्ति में निवास करता है।

आर्थिक न्याय के चार अन्य सूत्र, अनुच्छेद 39 में भी अभिव्यक्त हैं। इन चार सूत्रों में राज्य की इसे बाध्यता बताया गया है कि वह अपनी नीति का विशिष्टत: इस प्रकार संचालन करेगा कि सुनिश्चित रूप से—

(क) पुरुष और स्त्री सभी नागरिकों को समान रूप से जीविका के पर्याप्त साधन प्राप्त करने का अधिकार हो,

(ख) समुदाय की भौतिक सम्पदा का स्वामित्व और निमन्त्रण इस प्रकार बँटा हो जिससे सामूहिक हित का सर्वोत्तम रूप से साधन हो,

(ग) आर्थिक व्यवस्था इस प्रकार चले जिससे धन और उत्पादन—साधनों का सर्वसाधारण के लिए अहितकारी संकेन्द्रण न हो,

(घ) पुरुषों और स्त्रियों दोनों का समान कार्य के लिए समान वेतन हो।

न्याय का तृतीय बार उल्लेख किया गया है, अनुच्छेद 39 क में जो कि 1976 में, बयालीसवें संविधान संशोधन के द्वारा संविधान के चतुर्थ भाग में अन्त:स्थापित हुआ है।

अनुच्छेद 39 (क) का निर्देश यह है कि राज्य यह सुनिश्चित करेगा कि विधिक व्यवसथा इस प्रकार काम करे कि न्याय समान अवसर के आधार पर सुलभ हो और वह विशिष्टत: यह सुनिश्चित करने के लिए कि आर्थिक या किसी अन्य निर्योग्यता के कारण कोई नागरिक न्याय प्राप्त करने के अवसर से वंचित न रह जाये, उपर्युक्त विधान या स्कीम द्वारा यह किसी अन्य रीति से नि:शुल्क विधिक सहायता की व्यवस्था करेगा।

यद्यपि न्याय का उल्लेख संविधान में मात्र तीन बार हुआ है, तथापि तीनों बार ही इसका उल्लेख उस परिपक्व भाव में हुआ है जिसमें संविधान और समूची राज्य यष्टि ही न्याय के प्रति समपर्ति हो गई है। प्रस्तावना में यदि राज्य का ध्येय ही नागरिकों को न्याय प्राप्त कराना है तो संविधान का चतुर्थ भाग राज्य पर यह प्रारम्भिक दायित्व डालता है कि राज्य इस प्रकार की सामाजिक व्यवसथा करें जिसमें सामाजिक, आर्थिक और राजनीतिक न्याय राष्ट्रीय जीवन की सभी संस्थाओं को अनुप्रमाणित करें। एक ओर न्याय, समस्त नागरिकों को उपलब्ध कराने की संप्रतिज्ञा, तो दूसरी ओर न्याय से ही राष्ट्रीय जीवन की सभी संस्थाओं को अनुप्राणित करने के संवचन, तो तीसरी ओर राष्ट्रीय आदर्श के रूप में, इसका आदर करने के, अनुच्छेद 51 क के खण्ड (क) में, प्रत्येक नागरिक के मूल कर्त्तव्य के माध्यम से, राज्य, नागरिक और समस्त राष्ट्रीय जीवन ही न्याय की सत्ता से शासित हैं। राजनीति, राष्ट्रीय जीवन का ही अंग होने के कारण, समस्त

राजनीति और राजनेता, चाहे किसी भी दल के हों, न्याय के आधार पर ही अपने आचरण को अनुशासित करेंगे। राष्ट्रीय जीवन, राष्ट्र में जन्म लेते ही प्रारम्भ हो जाता है। नागरिकता, स्वयं राष्ट्रीय जीवन की एक सांविधानिक संस्था है। परिवार स्वयं राष्ट्रीय जीवन की एक संस्था है। परिवार, दाम्पत्य से प्रारम्भ होता है। अतः स्वयं दाम्पत्य भी राष्ट्रीय संस्था है। इस प्रकार परिवार के प्रत्येक सदस्यों के पारस्परिक व्यवहार में, पति-पत्नी के पारस्परिक सम्बन्धों में, अभिभावकों और प्रतिपाल्यों के मध्य दायित्व और कर्त्तव्यों में, नागरिकों के परस्पर संव्यवहार में, राज्य सेवकों के जनता के प्रति दृष्टिकोण में, सर्वत्र न्याय का संचरण ही संविधान की आस्था है। जनजीवन के वे कलाप जिनका सामूहिक, सामाजिक महत्त्व है, राष्ट्रीय संस्थाओं के ही स्वरूप है। न्याय संविधान की आस्था ही नहीं, जनजीवन का आधार भी है। न्याय और नागरिक की इस अनन्यता में, न्याय के सम्बन्ध में कुछेक बातें ध्यातव्य हैं।

संविधान की उद्देशिका में सामाजिक, आर्थिक तथा राजनीतिक न्याय का उल्लेख हुआ है। इसी की पुनरावृत्ति अनुच्छेद 38 के खण्ड (1) में की गई है। न्याय का जो सामान्य अर्थ, विधिक न्याय से ग्रहण होता है। उसका उल्लेख संविधान में कहीं नहीं किया गया है। विधिक न्याय को यदि खोजा जा सकता है तो सम्भवतः अनुच्छेद 39 क में, जहाँ यह कहा गया है कि न्याय समान अवसर के आधार पर सुलभ हो और विशिष्टतया, यह कि आर्थिक या किसी अन्य निर्योग्यता के कारण कोई नागरिक, न्याय प्राप्त करने के अवसर से वंचित न रह जाये।

विधिक न्याय के सम्बन्ध में इस मौन का अर्थ यह नहीं है कि संविधान में विधिक न्याय के प्रति कोई उत्साह ही नहीं है। इस मौन का शुद्ध दार्शनिक भाव है। संविधान सामाजिक, आर्थिक और राजनीतिक न्याय से अधिकारित है और विधिक न्याय, सामाजिक, आर्थिक और राजनीतिक न्याय का अनुचर है। सामाजिक, आर्थिक और राजनीतिक न्याय वरिष्ठ हैं, विधिक न्याय कनिष्ठ है। सामाजिक, आर्थिक और राजनीतिक न्याय साध्य हैं, विधिक न्याय उसका साधन।

राज्य के संविदा सिद्धान्त का मूल विधि है। राज्य संविदा का नाम ही संविधान है। अतः संविधान स्वयं विधि, बल्कि सर्वोच्च विधि है। रूसो जो राज्य के संविदा सद्धिानत के गणमान्य दार्शनिक हैं, की यह मान्यता है कि विधायी शक्ति के अतिरिक्त, सम्प्रभु के पास और कोई शक्ति होती ही नहीं। अतः सम्प्रभु सदैव विधि के माध्यम से ही कार्य करता है। रूसो ने सम्प्रभु के सप्राण शरीर में विधायी शक्ति को सम्प्रभु का हदृय तथा कार्यपालिका शक्ति को उसका मस्तिष्क माना है। इस प्रकार मस्तिष्क के विकृत हो जाने के पश्चात् भी व्यक्ति जीवित रह सकता है।

मस्तिष्क की विकृति से जीवन का अन्त नहीं हो जाता, किन्तु हृदय का स्पन्दन समाप्त होते ही प्राणी की मृत्यु हो जाती है। हृदय का जो स्थान प्राणी की देह में है, वही स्थान विधि का सम्प्रभु की देह में है। विधायी शक्ति का अन्त होते ही, सम्प्रभु की लीला समाप्त हो जाती है। जब तक किसी राज्य में विधायी शक्ति विद्यमान है, तभी तक वह सम्प्रभु है। विधायी शक्ति के छीनते ही सम्प्रभुता समाप्त हो जाती है। संविधान की स्थापना का एक श्रेय कृत्य ही सम्प्रभु का कृत्य है। संविधान का मूल स्रोत विधायी शक्ति है। संविधान की स्थापना के पश्चात् अन्य विधायी कार्य तो संविधान की अनुमति और संविधान द्वारा सुनिश्चित प्रक्रिया से राज्य के शासन द्वारा किया जाता है।

स्पष्ट है कि भारत का सम्प्रभु विधायी शक्ति के बल पर ही समस्त नागरिकों को सामाजिक, आर्थिक और राजनीतिक न्याय प्राप्त करायेगा। अतः विधि बनाने में सामाजिक, आर्थिक और राजनीतिक न्याय के तत्त्वों को सर्वदा लागू किया जायेगा। भारत में निर्मित विधियाँ सामाजिक, आर्थिक और राजनीतिक न्याय की वाहक हैं। सामाजिक, आर्थिक और राजनीतिक न्याय को सुनिश्चित करने में विधि की भूमिका एक संयंत्र और उपकरण की है। सामाजिक, आर्थिक और राजनीतिक न्याय, भारत की राजयष्टि की नियति है और विधि का उद्देश्य उस न्याय का नियमन करना है। इसे अनुच्छेद 37 में स्वीकार और यह कहकर अभिव्यक्त किया गया है कि यद्यपि संविधान के भाग चार के उपबन्ध किसी न्यायालय द्वारा प्रवर्तनीय नहीं होंगे, किन्तु फिर भी इस भाग के उपबन्धों में अधिकथित तत्त्व देश के शासन में मूलभूत हैं और विधि बनाने में इन तत्त्वों को लागू करना राज्य का कर्त्तव्य होगा। संविधान का अनुच्छेद 37 इस धारणा का अकाट्य साक्ष्य है कि भारत में विधि का शासन वस्तुतः न्याय का शासन है।

राजनीतिक न्याय के उत्कृष्ट सूत्र संविधान के भाग तीन की अनूठी देन हैं। सामाजिक और आर्थिक न्याय के प्रमुख तत्त्व संविधान के भाग चार में संजोये गये हैं। इन सूत्रों के स्पष्ट अधिकथन के पश्चात् सामाजिक, आर्थिक और राजनीतिक न्याय को परिभाषित करने की आवश्यकता शेष नहीं रहती। आवश्यकता न्याय के स्वरूप को आत्मसात करने की है, किन्तु संविधान ने न्याय की भी कोई परिभाषा प्रस्तुत नहीं की है।

किंचित मनोयोग से संविधान की उद्देशिका के संकल्पों का अवागाहन किया जाये तो यह भी स्पष्ट हो जायेगा कि न्याय की किसी औपचारिक परिभाषा की संविधान में आवश्यकता नहीं है। संविधान का संकल्प न्याय का निर्माण करना

नहीं हैं, संकल्प है, समस्त नागरिकों को न्याय प्राप्त कराना। संविधान ने न्याय को एक शाश्वत और सनातन तत्त्व के रूप में स्वीकार किया है और संविधान न्याय के शाश्वत भाव को ही नागरिकों को प्राप्त कराने का संकल्प लेता है। न्याय तो नैसर्गिक व्यवस्था है। संविधान ने न्याय तत्त्व को अपरिभाषित रखकर, न्याय को नैसर्गिक न्याय के रूप में ग्रहण किया है। नैसर्गिक न्याय समता का न्याय है। वेदों में निःसर्ग की व्यवस्था के मूल में 'ऋत' की सत्ता को स्वीकार किया गया है। ऋत की सत्ता से निःसर्ग में साम्यावस्था स्थापित रहती है। इस साम्यावस्था के प्रभाव से ही निःसर्ग का एक तत्त्व दूसरे तत्त्व पर अतिक्रमण नहीं करता। यदि अतिक्रमण की सम्भावना, कदाचित हो भी तो आन्दोलन और आलोड़न-विलोड़न होने लगता है और ऋत की सत्ता तत्काल सक्रिय होकर उस अतिक्रमण का शमन कर देती है और निःसर्ग अपनी साम्यावस्था को पूर्ववत् धारण कर लेता है। साम्यावस्था का नैसर्गिक न्याय, समता का न्याय है। संविधान में जिस न्याय की प्रतिष्ठा है वह समता का न्याय है। सामाजिक न्याय, सामाजिक साम्यवस्था की राजनीतिक न्याय, राजनीतिक साम्यावस्था की और आर्थिक न्याय, आर्थिक साम्यावस्था की प्रतिष्ठा है। सामाजिक, आर्थिक और राजनीतिक न्याय, भारत की राज्यष्टि में सामाजिक, आर्थिक और राजनीतिक सता की प्रतिष्ठा में अन्तःलीन है। किन्तु समता, समानता का पर्याप्त नहीं है समता के भाव में निरपेक्ष समानता का कोई स्थान नहीं है। समता का अर्थ युक्ति-युक्त समानता है। समता समानता का नहीं युक्ति-युक्तता का पर्याय है। समता को संविधान की उद्देशिका में ही गौरवान्वित कर देने के पश्चात् न्याय की औपचारिक परिभाषा आवश्यक नहीं रहती।

न्यायधिपति (तत्पश्चात् मुख्य न्यायाधिपति) पी. एन. भगवती के शब्दों में विधिक और दार्शनिक दोनों ही अधारों पर युक्ति-युक्ता संविधान के अनुच्छेद 14 का स्थायी और सर्वचेताभाव है। समता के पावन अधिकार की प्रतिष्ठा अनुच्छेद 14 में की गयी है। युक्ति-युक्ता समता के विधिक और दार्शनिक दोनों पक्षों को समाहित किये हुए है। ई. जी. रोयप्पा बनाम तमिलनाडु राज्य में मुख्य न्यायाधिश ए. एन. रे ने मनमानेपन को समता का 'कट्टर शत्रु' माना है। मनमानेपन का स्थान किसी निरंकुश नरेश के राज्य में हो सकता है किन्तु किसी लोकतंत्रात्मक गणराज्य में नहीं। युक्ति-युक्ता को समता का स्थायी भाव और मनमानेपन को समता का जन्मजात बैरी मान लेने पर युक्ति-युक्ता का ही एक अर्थ विचारपूर्णता या विवेक सिद्ध होता है। विवेक का भाव मनमानेपन को समाप्त कर देता है। विवेक सद्भाव पर आश्रित होता है। अतः द्वेष और दुर्भाव ये दोनों भी समता के शत्रुओं की श्रेणी में आ जाते हैं। इस आशय में युक्ति-युक्ता के दो पक्ष सिद्ध होते हैं, सकारात्मक और नकारात्मक।

सकारात्मक भाव में युक्ति-युक्ता विवेक और सद्भाव का नाम है। नकारात्मक पक्ष में युक्ति-युक्ता के भाव में मनमानेपन और द्वेष या दुर्भाव का अभाव है।

इस मीमांसा को निगमनशास्त्र के तर्कवाक्यों में घटित करने पर, निष्कर्ष का कथन इस प्रकार होगा कि—संविधान में आशयित न्याय, नैसर्गिक न्याय है, नैसर्गिक न्याय समता का न्याय है, समता का अर्थ युक्ति-युक्ता है, युक्ति-युक्ता का अर्थ सद्भाव और विवेक है। प्रश्न यह है कि युक्ति-युक्ता क्या है? संविधान में युक्ति-युक्ता को भी परिभाषित नहीं किया गया है किन्तु वस्तुतः इसे भी संविधान में परिभाषित करने की आवश्यकता नहीं थी। क्योंकि न्यायदान तो अन्ततः न्यायपालिका का ही कार्य है। संविधान में न्याय के प्रति अटूट आस्था अभिव्यक्त करने का अनन्य अर्थ है, न्यायपालिका में अटूट आस्था। अतः युक्ति-युक्त वही है जिसे न्ययपालिका युक्ति-युक्त माने। इस प्रकार युक्ति-युक्ता को अपरिभाषित रखकर न्यायपालिका को विधायी पूर्वाग्रहों से सर्वथायुक्त रखा गया है। संविधान के अन्तर्गत न्यायपालिका की इस तेजोमय स्थिति के कारण ही भारत में विधि के शासन का अर्थ न्याय का शासन है। प्रत्येक प्रकार के पूर्वाग्रहों से युक्त और दुराग्रहों से सदैव मुक्त, स्वतन्त्र और निर्द्वन्द्व न्यायपालिका का वचन सम्पूज्य और सर्वोपरि है। न्यायपालका का विनिश्चय ही आप्तवाक्य होकर न्याय का परम प्रमाण है।

भारत के षट्दर्शन में न्याय एक स्वतन्त्र दर्शन के रूप में प्रतिष्ठित है। इस दर्शन में न्यायशास्त्र को वस्तुतः प्रमाण-शास्त्र माना गया है। इस दृष्टि से न्याय सत्य का प्रमाण है। संविधान में राष्ट्रीय सत्य के तीन भाव हैं—सामाजिक, राजनीतिक और आर्थिक, इस प्रकार सामाजिक, राजनीतिक और आर्थिक न्याय इस त्रिविधि सत्य का ही प्रमाण हैं।

व्याकरण मनीषि पाणिनी ने न्याय को दो प्रकार से परिभाषित किया है—एक अर्थ में, पाणिनी ने कहा है कि जो नियति का संवरणकरे वह न्याय है। 'नियन्ति संहरंत्यस्मिन्निति' अटल और ध्रुव सत्य का नाम ही नियति है। इस अर्थ में नियति का नियम ही सत्य का प्रमाण है। द्वितीय अर्थ में, पाणिनी ने 'नियमने ईयते इतिः' कहकर यह सिद्ध किया है कि 'नियम जिसका अनुसरण करे, वह न्याय है।' इस अर्थ में, विधि न्याय का अनुसरण करती है, न्याय विधि का अनुसरण नहीं करता। अस्तु व्याकरण के बल पर भी विधि के शासन का अर्थ न्याय न्याय का शासन सिद्ध होता है। भारत के संविधान में इसीलिए 'विधि के अनुसार न्याय' के सामान्य कथन का अधिक महत्त्व नहीं है। संविधान के दृष्टिकोण से विधि के अनुसार न्याय नहीं, वरन् न्याय के अनुसार विधि का सूत्र फलित होता है। विधि के अनुसार न्याय तभी

सम्भव है, जबकि विधि न्याय के अनुकूल हो। यदि विधि न्याय के प्रतिकूल हो तो विधि के अनुसार न्याय नितान्त निष्पल न्याय है। मात्र विधि के पालन की बाध्यता तो एक पक्षीय और बलात् न्याय है। मात्र विधि के पालन की बाध्यता को ही न्याय मान लिया जाये, तब तो भयंकर निरंकुश तंत्र में भी अन्याय को लक्ष्य करना असम्भव हो जायेगा। निरंकुश नरेशों, अधिनायकवादी सत्ताधीशों और तानाशाही शासकों के राज्य में भी विंधियों का अस्तित्व तो रहता है। न्यायाधिपति (तत्पश्चात् मुख्य न्यायाधिपति) पी. एन. भगवती के शब्दों में कटुतम तानाशाही राज्यों में भी विधि का पालन तो किया ही जाता है तथा राजकाज वहाँ भी विधि के अनुसार ही होता है, तथापि भेद यह है कि ऐसे देशों में तानाशाही की इच्छा और आज्ञा ही विधि होती है और नागरिकों के परस्पर सम्बन्धों का विनिश्चय उसी के अनुसार होता हे, किन्तु यह विधि का नहीं उस तानाशाह व्यक्ति का शासन है। इसलिए न्यायमूर्ति भगवती के शब्दों में, ''विधि के शासन का आवश्यक तत्त्व यह है कि विधि मानमानी और अविवेकपूर्ण न हो वरन् वह विवेक की कसौटी पर खरी उतरी हो।'' इन्हीं न्यायमूर्ति के निर्वाचनुनसार विधि के शासन के तीन आवश्यक तत्त्व ये हैं कि सर्वप्रथम विधि का निर्माण लोकतंत्र के आधार पर निर्वाचित विधायकों से गठित विधानमण्डल के हाथ में हो, विधानमण्डल के सत्तासीन न होने की दशा में अध्यादेश द्वारा अथवा विधि के प्राधिकार के अन्तर्गत प्रत्यायोजित नियम निर्माण के द्वारा विधायन इसके अपवाद हैं। द्वितीय यह कि ऐसे निर्वाचित विधानमण्डल की विधायन शक्ति भी निस्सीम और नितान्त अनिर्बन्धित न हो और तृतीय यह कि विधायिका और कार्यपालिका दोनों ही किसी प्रकार की अति न कर सकें और ऐसी किसी अति से नागरिकों को सुरक्षित रखने वाली स्वतन्त्र न्यायपालिका हो। गर्व की बात यह है कि भारत के संविधान में विधि के शासन के ये तीनों लक्ष्य वर्तमान हैं।

विधि के शासन में विधि का मर्यादित होना आवश्यक है। न्याय की सत्ता ही विधि को मर्यादा की सीमाओं में रखती है। विधि की इस मर्यादा से ही विधि का शासन अन्ततः न्याय का शासन सिद्ध होता है। विधि की मर्यादा ही विधि की युक्ति-युक्ता है। संविधान के अन्तर्गत वही विधि मर्यादापूर्ण मानी जायेगी जो अनुच्छेद 14 में प्रत्याभूत समता तथा समता के अन्तर्वासी भाव युक्ति-युक्ता की कसौटी पर खरी उतरे। मेनका गाँधी बनाम भारत संघ में तो यह मान्यता इस सीमा तक पहुँच गई है कि न केवल सामान्य विधियाँ वरन् संविधान के भाग तीन में प्रत्याभूत मूल अधिकारों का निर्बन्धन करने वाली विधियाँ भी तभी संवैधानिक होंगी जब और जिस सीमा तक वे समता के सिद्धान्त की सम्परीक्षा से उत्तीर्ण हो जायें। अतः समता का यह महामंत्र न केवल स्वयं मूल अधिकार है, वरन् अन्य सभी मूल

अधिकारों का अग्रज है और जिन विधियों का आशय किसी मूल अधिकार को क्षीण अथवा निर्बन्धित करता है, उन्हें भी समता के नैसर्गिक न्याय के अनुकूल रहना होगा।

भारतीय संस्कृति में न्याय के शासन का उत्तम उपमान 'रामराज्य' को माना गया है। महात्मा गाँधी ने आदर्श समाज के स्वरूप को 'रामराज्य' का ही नाम दिया है, यद्यपि गाँधी के रामराज्य का अशय भगवान श्री मरामचन्द्र के राज्य से न होकर, अहिंसामूलक और स्वावलम्बी, परिपूर्ण व्यक्तियों की व्यष्टि से है, जहाँ अन्ततः राज्य की आवश्यकता नहीं रहती। किन्तु संविधान ने राज्य के अस्तित्व और आवश्यकता को मुक्तकण्ठ से स्वीकार किया है। राज्य की भूमिका व्यक्ति को परिपूर्ण बनाने में ही है। इसी उद्देश्य से संविधान के चतुर्थ भाग के उपबन्ध यों तो इन गिने हैं, तथापि इसका प्रत्येक उपबन्ध, एक महाविटप है जिसकी शाखा-प्रशाखाओं का कोई अन्त नहीं। प्रत्येक उपबन्ध की भाषा-सौष्ठव के बल पर, उसकी शाखा-प्रशाखाओं की सम्भावना से राज्य के ये दायित्व असंख्य हो जाते हैं। सामाजिक, आर्थिक और राजनीतिक न्याय की प्रतिष्ठा से, संविधान ने, एक सर्वांगीण समाज और मानवी व्यक्तित्व के परिपूर्ण विकास को आत्मसात् किया है। सामाजिक, आर्थिक और राजनीतिक क्षेत्रों में संविधान का न्याय पक्ष, एक अनूठे 'रामराज्य' का वित्रण करता है जहाँ राजनीतिक न्याय को संविधान के भाग तीन में नगारिक के मूल अधिकारों और सामाजिक और आर्थिक न्याय को संविधान के भाग चार में राज्य के प्रभूत दायित्वों के रूप में लेखबद्ध कर दिया गया है। आध्यात्म रामायण में रामराज्य के सामाजिक और आर्थिक न्याय को 'वसुधा सस्य सम्पन्ना' और 'जनसाधर्मपरसर्वे' के दो सूत्रों में ग्रन्थित किया गया है अर्थात् रामराज्य में वसुधा शस्य-सम्पन्न और सभी जन धर्मपरायण थे। धर्मपरायणता अधिकार और कर्त्तव्यों का मध्यमान है। संविधान ने मानवी अधिकार भाग तीन में और मानवी कर्त्तव्य भाग चार (क) में रखकर अनुच्छेद 19 में अधिकारों पर युक्ति-युक्त निर्बन्धन अधिरोपित करने के राज्याधिकार से इस मध्यमान को संजीवित किया है। वसुधा की सस्य सम्पन्नता के दो जाने-माने घटक कृषि और पशुधन हैं। इन्हीं को लक्ष्य कर संविधान के अनुच्छेद 48 में वसुधा की शस्य-सम्पन्नता के संकल्प को, इस प्रकार व्यक्त किया गया है कि राज्य कृषि और पशुपालन को आधुनिक और वैज्ञानिक प्रणालियों से संगठित करने का प्रयास करेगा और विशिष्टतः गायों और बछड़ों तथा अन्य दुधारू और वाहक पशुओं की नस्ल के परिक्षण और सुधार के लिए उनके के लिए कदम उठायेगा। तुलसीदास ने रामचरितमानस के उत्तरकाण्ड में राम के राज्य में नागरिकों के स्तर को 'नहिं दरिद्र कोउ दुःखी न दीना' कहकर व्यक्त किया है। यह उक्ति आर्थिक, सामाजिक और राजनीतिक न्याय को एक साथ उजागर करती है। सामाजिक न्याय, दुःख से त्राण

में, आर्थिक न्याय दारिद्रय के नाश में तथा राजनीतिक न्याय दैन्य के अभाव में निवास करता है। संविधान ने न्याय के ये तीनों पक्ष ग्रहण कर दु:ख, दारिद्रय और दैन्य के तीनों दैत्यों से नागरिकों को त्राण प्राप्त कराने का संकल्प व्यक्त किया है।

दैन्य का सम्बन्ध अधिकारों के अभाव से है। दीन वही है जिसके कोई अधिकार न हों। अधिकारों के अभाव से विवश हुआ मानव ही दीन है। अधिकार मण्डित मानव मस्तक ऊँचा करके चलता है और अधिकारों के बल पर दीनता का अनुभव नहीं करता। अधिकारविहीनता असमर्थता का ही एक अन्य नाम है। यह असमर्थता ही दीनता है। अत: जहाँ अधिकार हैं, वहाँ दीनता का प्रवेश नहीं है। संविधान के भाग तीन में मानव को सभी सामाजिक और नैतिक अधिकारों से अवमण्डित किया गया है। राज्य द्वारा इन अधिकारों की सुरक्षा ही राजनीतिक न्याय का मंगलाचरण है। दु:ख के नाश के लिए अनुच्छेद 41 के उपबन्ध प्रकटतया परिपूर्ण हैं। इस अनुच्छेद में कहा गया है कि राज्य अपनी सामर्थ्य और विकास की सीमाओं के भीरत काम पाने के, शिक्षा पाने के और बेकारी, बुढ़ापा, बीमारी और नि:शक्तता तथा अन्य अनर्ह अभाव की दशाओं में लोक सहायता पाने के अधिकार को प्राप्त कराने का प्रभावी उपबन्ध करेगा।

दारिद्रय के उन्मूलन के लिए अनुच्छेद 43 से 47 क द्विविध संकल्प हैं। अनुच्छेद 43 के अन्तर्गत राज्य ने अपना दायित्व ग्रहण करते हुए यह प्रतिज्ञा की है कि वह उपयुक्त विधान या आर्थिक संगठन द्वारा या किसी अन्य रीति से कृषि के, उद्योग के या अन्य प्रकार के सभी कर्मकारों को काम, निर्वाह मजूदरी, शिष्ट जीवन स्तर और अवकाश का सम्पूर्ण उपभोग सुनिश्चित करने वाली काम की दशाएँ तथा सामाजिक और सांस्कृतिक अवसर, प्राप्त कराने का प्रयास करेगा और विशिष्टत: ग्रामों में कुटरी उद्योगों को वैयक्तिक या सहकारी आधार पर बढ़ाने का प्रयास करेगा। अनुच्छेद 47 के दायित्व में राज्य का वह वचन विवक्षित है कि वह लोगों के पोषाहार स्तर और जीवन स्तर को ऊँचा करने और लोकस्वास्थ्य के सुधार को अपने प्राथमिक कर्त्तव्यों में मानेगा और यह कि विशिष्टतया मादक पेयों और स्वास्थ्य के लिए हानिकर औषधियों के औषधीय प्रयोजनों से भिन्न उपभोग के प्रतिषेध का प्रयत्न करेगा। सामाजिक, राजनीतिक और आर्थिक न्याय का त्रिवाच, सगृद्ध समाज में परिपूर्ण मानव को लक्ष्य करता है। नागरिकता और सामाजिकता के दोनों सन्दर्भों की एकाकारिता में न्याय की इस त्रिवेणी का प्रवाह सामाजिक, राजनीतिक और आर्थिक न्याय के तटों को एक-दूसरे पर अतिव्याप्त और तीनों को परस्पर अन्तवय्राप्त कर रही है। सामाजिक, राजनीतिक और आर्थिक न्याय के इस त्रि-वर्ग में राजनीतिक और आर्थिक न्याय वस्तुत: सामाजिक न्याय की ही व्यावर्ती जातियाँ हैं। तीनों की ही

उपादेयता सामाजिक परिधि में होने के कारण आर्थिक और राजनीतिक न्याय, सामाजिक न्याय के वृत्त के ही अन्तर्वृत्त हैं। 'सामाजिक न्याय' के 'सामाजिक' शब्द में समाज के समस्त आयाम परिलक्षित हैं। राज्य का अर्थतंत्र संसाधनों और उत्पादन के विभाजन के सिद्धान्तों पर संचालित होता है। इन सिद्धान्तों के न्यायपूर्ण होने पर आर्थिक व्यवस्था स्वयमेव न्यायपूर्ण हो जाती है। अर्थतंत्र समाज का ही एक पक्ष है। राजनीतिक संरचना इस भौतिक धराधाम से परे किसी स्वर्गलोग की निष्पत्ति नहीं वरन् नागरिकों के ही सुसंगठित समाज की विवक्षा है। आर्थिक व्यवस्था की भाँति राजनीतिक व्यवस्था भी इसी समाज का प्रयास है।

आर्थिक न्याय का जीवन की भौतिक अवस्थाओं से सम्बन्ध है। सामाजिक असमानताओं का अधिकांश भौतिक अवस्थाओं में असमताओं का ही स्वाभाविक परिणाम है। आर्थिक न्याय मूल है, सामाजिक न्याय इसी मूल के आधार पर विकसित विटप है। सामाजिक संरचना के भीतर चलने वाले संघर्ष को ही वर्ग-संघर्ष के नाम से जाना जाता है। सामाजिक उपभोग्य का सम्यक् वितरण ही समाजवाद है। मार्क्स का समाजवाद समाज की ही एक आलोचना है जो राज्य और सामाजिक जीवन की भौतिक अवस्थाओं का अन्योन्याश्रित सहअस्तितव है। आर्थिक न्याय किसी एक व्यक्ति अथवा एक व्यक्ति समूह की सम्पन्नता न होकर, सम्पूर्णदलित वर्ग की समृद्धि का संकल्प है। राज्य की लोककल्याणकारी नीति के व्यापक भाव में सामाजिक और आर्थिक दोनों ही न्याय परस्पर पूरक और पूर्तेय हैं।

राजनीतिक न्याय के विषय में भी ठीक यही बात लागू होती है। संगठित समाजयष्टि ही राजयष्टि में परिणत होती है। राज्य समाज का ही राजनीतिक न्याय है। राजनीतिक चेतना के अभ्युदय से, आचरण और सामाजिक समागम के नियम, विधि बनकर प्रतिष्ठित हो जाते हैं और जब ये नियम व्यक्ति की इच्छा से सापेक्ष न होकर, निरपेक्ष रूप से सभी पर लागू होने लगें तभी समाज राजय का रूप ले लेता है।

शासित समाज का ही नाम राज्य है। मानव की बलवती और द्रतगति से विकसित होती आवश्यताओं से विवश होकर ही मानव ने समाज को राज्य में परिणत किया। राज्य और समाज में तात्विक भेद नहीं है। सरकार अवश्य ऐसी संस्था है जो राज्य और समाज दोनों से भिन्न है। सरकार वह निकाय है जो कि विधियों को लागू और प्रवृत्त करके राज्य के प्रशासकीय संयंत्र को संचालित रखती है। राज्य द्वारा निर्धारित नीतियों का क्रियान्वयन सरकार ही करती है किन्तु ये सभी नीतियाँ सामाजिक दर्शन से सम्प्रेरित होती हैं। राज्य की प्रत्येक नीति के मूल में किसी न

किसी रूप में समाजदर्शन विद्यमान रहता है। कल्याणकारी राज्य के सिद्धान्त ने राज्य की गतिविधियों के क्षेत्र को असीम व्यापक बना दिया है जिसके प्रभाव से राजनीति और समाजनीति एकाकार हो गई है। आधुनिक समाज का कोई भी पक्ष राजनीति से अछूता नहीं है। समाज और मानव के अधिकांश संव्यवहारों में राज्य का नियन्त्रण व्याप्त हो गया है। भोजन, जीविका, वृत्ति, आश्रय और विश्राम ही नहीं, मानव की अन्य आवश्यकताओं को विनियमित करने के उद्देश्य से विधायी शक्ति द्रूतगति से सक्रिय हो रही है। संचार, परिवहन, शिक्षा, आमोद यहाँ तक कि सार्वजनिक सेवा या उपयोग की अथवा मानव की मूलभूत आवश्यकताओं की पूर्ति के निमित्त उपयोगी सभी संगठन और संस्थान या तो राज्य के एकाधिकार में आते जा रहे हैं या उन पर राज्य का नियन्त्रण दिन-प्रतिदिन अधिक व्यापक हो रहा है और ऐसे नियन्त्रण के प्रति राज्य की सक्रिय भूमिका को भूरि-भूरि सराहा भी जा रहा है। जिन उद्योगों और व्यापारों के लिए निजी पूँजी नहीं प्राप्त हो रही हहै, उनमें राज्य सार्वजकिन पूँजी के विनिधान के लिए समुद्यत रहता है। जलप्रदाय उपभोक्ता सामग्री के वितरण और नगर स्वास्थ्य एवं स्वच्छता आदि के अतिसामान्य क्षेत्रों में भी राज्य की उपयोगिता सिद्ध हो चुकी है। स्थानीय निकायों, सामाजिक संस्थाओं और शिक्षा के केन्द्रों तक में राजनीतिक प्रशासन के विकेन्द्रीकरण के कारण स्वायत्तता का अधिक विकास हो रहा है और इन सभी का प्रशासन राज्य निर्मित विधियों से विनियमित हो रहा है। इस प्रकार, मानव जीवन का लगभग सारा ही परिवेश और उसके लगभग सभी आयाम, राजनीति की चपेट में आ गए हैं। क्लबों, समितियों और सहकार संस्थाओं, विद्यालयों तथा अन्य सामाजिक तन्त्रों तक का शासन भी निर्वाचित पदाधिकारियों द्वारा चलाया जा रहा है। राज्य सेवा या अन्य विशाल उद्योगों में जहाँ प्रबन्ध सरकारी अधिकारियों अथवा निजी प्रबन्धकों के हाथ में है वहाँ प्रबन्ध नीतियों का क्रियान्वयन कर्मचारियों अथवा कार्यकारों के हितवर्धन के दृष्टिकोण से ही किये जाने और तन्निमित्त प्रबन्धकों को प्रभावित करने के उद्देश्य से कर्मचारियों के विभिन्न संघ और कर्मकारों के ट्रेड यूनियन विद्यमान हैं और विकसित हो रहे हैं। अनुच्छेद 43 (क) में, उद्योगों के प्रबन्ध में कर्मकारों की भागीदारी के लिए तो विशेष उपबन्ध यह किया जा चुका है कि विधान द्वारा या किसी अन्य रीति से किसी उद्योग में लगे हुए उपक्रमों, स्थापनों या अन्य संगठनों के प्रबन्ध में कर्मकारों का भाग लेना सुनिश्चित किया जायेगा। पंचायतों और जिला परिषदों के निर्धारित अभियानों ने लोकतंत्र को ही नहीं राजनीति को जन-जन तक पहुँचा दिया है। यही नहीं प्रमुख धार्मिक संस्थाओं या उनके प्रभागों के शासन के निमित्त भी कतिपय विधियाँ हैं तथा अनुच्छेद 25 के खण्ड (2) के अन्तर्गत ऐसे संस्थानों के आर्थिक, वित्तीय, राजनीतिक

या अन्य लौकिक क्रियाकलापों के विनियमन या निर्बन्धन के लिए विधि लाई जा सकती है। जन-जीवन राजनीति रंजित हो गया और होता जा रहा है। इस दृष्टिकोण से व्यक्ति की आवश्यकताओं की पूर्ति अथवा उसकी समस्या के निदान के निमित्त जन निकायों, तंत्रों अथवा संस्थानों का प्रादुर्भाव हुआ है। उन सभी के प्रशासन और प्रबन्ध में सम्बन्धित व्यक्तियों द्वारा प्रत्यक्ष या अप्रत्यक्ष भाग लिये जाने की सुनिश्चित प्रक्रिया ही राजनीतिक न्याय है। राजनीतिक न्याय एक सामाजिक अपेक्षा होकर सामाजिक न्याय का ही एक उपांग है।

सामाजिक, राजनीतिक और आर्थिक न्याय, न्याय की त्रिधार न होकर, न्याय की एकल धारा में ही त्रिविध तरंगे हैं यही कारण है कि न इनके पृथक्करण का ही प्रयास किया गया है और न ही इनकी पृथक्-पृथक् परिभाषा सम्भव हो सकी है। न्याय-निर्णयों में, राजनेताओं के भाषणों में, संसद और विधान मण्डलों के वाद-विवादों में और विद्यालयों के पाठ्यक्रमों में सामाजिक, आर्थिक और राजनीतिक न्याय जैसे कमनीय शब्दों के सन्दर्भ, उल्लेख और उद्धरण एक अभ्यास अवश्य है, किन्तु इन्हें सुपरिभाषित करने का अवसर प्रायः आता ही नहीं है। आर्थिक और राजनीतिक न्याय को तो किसी न्यया निर्णय में विधिवत परिभाषित किया ही नहीं गया तथा सामाजिक न्याय की परिभाषा में भी न्यायालयों को भी असुविधा ही प्रतीत हुई है।

ए. के. गोपालन बनाम मद्रास राज्य में मुख्य न्यायाधिपति पंतजलि शास्त्री ने संविधान की उद्देशिका का सन्दर्भ देकर यह सम्प्रेक्षित किया कि संविधान में लोकतंत्र के आदर्श ने नागरिक के गौरव और अन्यान्य मानवी मूल्यों को मानवी व्यक्तित्व के पूर्ण विकास और अभिव्यक्ति के साधन के रूप में सुनिश्चित किया है। इस सम्प्रेषण के बल पर सामाजिक, आर्थिक और राजनीतिक न्याय मानवीय मूल्य हैं। गोलकनाथ बनाम पंजाब राज्य में न्यायाधिपति (पश्चात् मुख्य न्यायाधिपति) ने संविधान को एक संगठनकारी प्रलेख से अधिक एक सामाजिक प्रलेख माना और संविधान के भाग तीन और चार को क्रमशः राज्याधिकार की परिसीमा और एक शुभ और सामाजिक सरकार के दायित्वों के रूप में लक्ष्य किया। इसी निर्णय में न्यायाधिपति (पश्चात् मुख्य न्यायाधिश) सुब्बाराय ने यह व्यक्त किया कि संविधान में ऐसी सामाजिक व्यवस्था के लिए आग्रह किया है जिसमें सामाजिक, आर्थिक और राजनीतिक न्याय राष्ट्रीय जीवन की सभी संस्थाओं को अनुप्राणित करें और एक ऐसे समतावादी समाज की रचना में अग्रसर करे जहाँ धन का संकेन्द्रण न हो, जहाँ पर्याप्तता हो और शिक्षा, और जीविका के लिए सभी को समान अवसर रहे और जहाँ सामाजिक न्याय विद्यमान हो।

मैसूर राज्य और स्वर्ण खदानों के कर्मकार मामले में न्यायाधिपति (पश्चात् मुख्य न्यायाधिपति) ने यह सम्प्रेक्षित किया कि सामाजिक और आर्थिक न्याय, क्रान्ति के आशय से युक्त जीवन्त अवारणाएँ हैं जिनसे विधि के शासन का पोषण होता है और जिससे लोककल्याणकारी राज्य का आदर्श अर्थवान होकर अपना महत्त्व प्रदर्शित करता है। जे. के. काटन एण्ड स्पिनिंग मिल्स बनाम लेबर अपीलेंट ट्रिब्युनल में उच्चतम न्यायालय ने यह स्पष्ट किया कि सामाजिक न्याय की अवधारणा संकीर्ण, एक-पक्षीय और पाण्डित्यजन्य न होकर एक सर्वांगीण प्रयोग है जिसका आधार सामाजिक और आर्थिक समता है और इसका उद्‌देश्य सामाजिक और आर्थिक असमताओं का परिहार करना है। इस प्रकार यह अवधारणा औद्योगिक विवादों के न्याय निर्णय तक ही सीमित नहीं है। हाँ, औद्योगिक न्याय निर्णयन में इस अवधारणा की क्रियात्मक भूमिका है जिसके द्वारा श्रम और पूँजी में समन्वय स्थापित करके उद्योगों को श्रम और पूँजी दोनों के ही हित मे रत किया जा सके।

मयूर मिल्स कं. लि. बनाम सूती मिल मजदूर संघ में उच्चतम न्यायालय ने यह स्वीकार किया कि सामाजिक न्याय एक प्रच्छन्न और अनिश्चित अभिव्यक्ति है जिसकी ऐसी परिभाषा कठिन है जो सभी अवस्थाओं को समाहित कर सके। इस वाद में विपक्ष के अधिवक्ता श्री आइजक ने एक परिभाषा इस प्रकार प्रस्तुत की कि सामाजिक न्याय का अर्थ राज्य की सामाजिक और आर्थिक संरचना में नैतिक और आर्थिक आधारों पर समन्वय की स्थापना के प्रयोजन से किये गए समायोजनाओं का अधिशेष है। न्यायालय ने इस परिभाषा को मान्य न करते हुए मात्र यह सम्प्रेक्षित किया कि सामाजिक न्याय की अवधारणा किसी निर्णायक की रुचि के विचारों से प्रसूत नहीं होती। अतः इस अवधारणा के लिए ठोस और दृढ़ आधारों की आवश्यकता है। न्यायाधिपति सत्यसांची मुखर्जी ने साधूराम बंसल बनाम पुलिन बिहारी सरकार में सामाजिक न्याय को न्यायालयों के प्रति नहीं वरन् समाज के प्रति एक चुनौती के रूप में लक्ष्य किया। न्यायाधिपति वी. आर. कृष्णअय्यर ने आर. एस. जोशी बनाम अजित मिल्स में यह आख्यात किया कि संविधान की उद्‌देशिका में न्याय के जिस भेद को देदीप्यमान किया गया है। उसी की सहायता से निर्वचन के कार्य में विधि के सामाजिक उद्‌देश्य की खोज करना अभीष्ट है। उपर्युक्त साधूराम बंसल बनाम पुलिन बिहारी सरकार में न्यायाधिपति फज्लअली ने यह व्यक्त किया कि सामाजिक न्याय के मूल में न कोई अनुष्ठान है और न कोई यांत्रिक आकर्षण किन्तु दो पक्षों के मध्य हुए किसी संव्यवहार के सम्बन्ध में यदि कोई विवाद है तो न्यायालय उनमें से दुर्बलतर पक्ष के हित का इस प्रकार ध्यान रखे कि समाज के दुर्बल वर्ग को लाभ किन्तु सबल पक्ष को भी किसी प्रकार की हानि न हो।

न्यायमूर्ति डी. ए. देसाई और आर. एस. मिश्र को म्युनिसिपल बोर्ड परतापगढ़ बनाम महेन्द्रसिंह चावला में सामाजिक न्याय का अर्थ यह प्रतीत हुआ कि विधियसों के निर्वचन में किसी विधि के क्रियान्वयन से उस विधि के क्षेत्र में आने वाले व्यक्तियों पर पड़ने वाले प्रभाव को दृष्टि से दूर नहीं किया जा सकता। क्योंकि विधि को मानव जीवन से पृथक् नहीं किया जा सकता है और वह इसिलए कि विधि का प्राण तर्क नहीं अनुभव है। इस आधार पर किसी निर्णय के प्रकटत: अवैध होने पर भी। यदि इस निर्णय का प्रभाव साम्य के अनुकूल हो तो उस निर्णय को अपास्त करने के स्थान पर उसे स्थिति के अनुसार अवरूपति कर लिया जाये। इससे पूर्व पंजाब बीवरेज प्रा. लि. चण्डीगढ़ बनाम सुरेशचन्द में उच्चतम न्यायालय का यही मत था कि जब तक न्याय की ऐसी वांछा न हो, मात्र इसी आधार पर कि कोई आदेश विधि के नितान्त अनुकूल नहीं हे, उसे अपास्त करने की न्यायालय पर कोई बाध्यता नहीं है, कारण कि सामाजिक न्याय की अपेक्षाएँ सर्वोपरि हैं। इसी निर्णय का अनुसरण करते हुए मध्यप्रदेश राज्य बनाम रामरतन में उच्चतम न्यायाल ने एक पदच्युत कर्मचारी के पुन: स्थापन के उच्च न्यायालय द्वारा दिये गये निर्णय को त्रुटिपूर्ण मानते हुए भी, उस कम्रचारी को पिछले वेतन की राशि के संदाय का आदेश दिया। क्योंकि उस कर्मचारी की सेवा की अवधि समाप्त हो जाने के कारण उसका पुन: स्थापन भौतिक दृष्टि से असम्भव हो गया था। इस निर्णय के गुणधर्म पर स्वयं न्यायालय ने ही स्वीकार किया कि यदि ऐसे निर्णयों की किंचित आलोचना भी हो तो ऐसी आलोचना को उच्चतम न्यायालय की अधिकारिता के प्रति संकीर्ण दृष्टिकोण माना जायेगा।

उपर्युक्त चार निर्णयों के बल पर सामाजिक न्याय को उच्चतम न्यायालय की उस अधिकारिता के समकक्ष माना जा सकता है जिसके अन्तर्गत न्यायालय, तात्विक न्याय के आदान में विधि के किसी तकनीकी नियम की अवहेलना भी कर सके। किन्तु ऐसा तभी जब परिस्थ्ज्ञिति विशेष्ज्ञ में ऐसा नियम तात्विक न्याय के प्रतिकूल जा रहा हो तथा उस नियम की अवहेलना से दूसरे पक्ष को न हानि हो रही हो और न उसके अधिकारों पर कोई प्रतिकूल प्रभाव पड़ता हो।

न्यायाधिपति वी. आर. कृष्णअय्यर के भत में 'सामाजिक न्याय' में सामाजिक शब्द 'समाज' संज्ञा का विशेषण है। अत: ऐसे समाज का तात्पर्य सम्पूर्ण समाज से है जिसमें सम्पन्न और विपन्न, निर्बल और सबल, साक्षर एवं निरक्षकर, नेता और अनुयायी सभी सम्मिलित हैं। इसलिए न्याय को यदि दलित और दीनों के निमित्त ही सीमित रखा जाये तो इसका सामाजिक पक्ष समाप्त ही हो जायेगा और फिर 'नरेश कोई भूल नहीं करता' के समान ही 'दीन दलित सब सही करता है'

के एक अन्य सूत्र का निर्माण करना अनिवार्य हो जायेगा जो एक आदर्श प्रतिमान न होकर दीन और दलित वर्ग से वोट संग्रह करने के निमित्त शासनदल की एक कुचाल मात्र कही जायेगी।

स्पष्ट है कि उपर्युक्त न्याय निर्णयों के आधार पर 'सामाजिक न्याय' जैसे कोमल शब्द की परिभाषा सम्भव नहीं है, तथापि यह सत्य है कि समाज दर्शन की नित-नूतन धारणाओं को आत्मसात कर, न्यायाधीश प्रश्नगत विषय में स्वयं अपने अनुभूत अध्ययन और सुचिन्तित विचार से निर्धारित करेंगे कि प्रश्नगत विषय में सामाजिक न्याय की क्या विवक्षाएँ हैं। उच्चतम न्यायालय और उच्च न्यायालयों ने इस विषय में जागरूकता दिखाकर, लोकहितवाद का एक नवीन अधिकार क्षेत्र उन्मुक्त कर दिया है, जो सुने जाने के परम्परागत अधिकार की धारणा जिसमें कि स्वयं पीड़ित व्यक्ति के ही समावेदन पर, न्यायदान की परम्परा थी से मार्गान्तरण कर, किसी भी लोकहितैषी व्यक्ति या संस्था को सामाजिक अन्याय से पीड़ित किसी वर्ग के हित में न्यायालय के समक्ष समावेदन कर उस वर्ग के पक्ष में न्यायदान की याचना के अधिकार को मान्यता प्रदान की है।

लोकहितवाद की इस नवीन अवधारणा में जो पीड़ित वर्ग, शैक्षिक, सामाजिक या अन्य आर्थिक असमर्थता के कारण, न्यायालय में पुकार न कर सकें, उनके हित में कोई भी लोकहितैषी व्यक्ति या निकाय या संस्था, केवल पत्र लिखकर न्यायालय की प्रक्रिया का समारम्भ कर सकता है। राजस्थान के उच्च न्यायालय ने तो रामप्यारी बनाम भारत संघ में ऐसे एक वाद का दैनिक समाचार पत्र में प्रकाशित समाचार के आधार पर ही संज्ञान लेकर, आजाद हिन्द सेना के एक सैनिक की विधवा को पेन्शन दिलाये जाने के आदेश पारित किये थे।

परिभाषित न होने पर भी सामाजिक न्याय की मान्यताएँ सर्वविदित हो चुकी हैं। सामाजिक न्याय सामाजिक समता का ध्वजवाहक है। सामाजिक न्याय सामाजिक आचरण का सामाजिक उद्देश्य से अनुकूलन है। सामाजिक न्याय में व्यक्ति का व्यक्तियों के वर्ग के वैयक्तिक स्तर के नहीं, वरन् सामाजिक स्तर के अधिकारों का प्रवर्तन होता है अर्थात् इस क्षेत्र में उन अधिकारों का प्रवर्तन नहीं होता जो कि वादी के व्यक्तिगत हों वरन् उन अधिकारों का प्रवर्तन होता है जिनका वादी सामाजिक आदर्श के प्रतिमान पर, सामज के अन्य सभी व्यक्तियों के साथ उपभोग करता है। ऐसे सामाजिक अधिकारों के सूत्र संविधान के भाग चार में हैं। एक पक्ष का दायित्व ही दूसरे पक्ष का अधिकार है। अतः संविधान के भाग चार में जो राज्य के दायित्व हैं, उने आधार पर सामाजिक अधिकारों की सृष्टि स्वयंमेव हो गई हैद्ध संविधान के

भाग तीन के अधिकारों की प्रकृति वैयक्तिक है, जबकि भाग चार के अधिकारों की प्रकृति सामाजिक है। ये अधिकार समाजवादी दर्शन से अनुप्राणित हैं। सामाजिक न्याय, समाजवादी दर्शन का सावसर प्रवर्तन है। सामाजिक न्याय, समाजवाद से कोई भिन्न तत्त्व नहीं है।

सामाजिक न्याय

संविधान (बयालीसवां संशोधन) अधिनियम, 1976 के उद्देश्य और कारणों के कथन में यह अभिव्यक्त किया गया था कि—

> "सामाजिक और आर्थिक क्रान्ति जिसका उद्देश्य दरिद्रता, अज्ञान, रोग और अवसर की असमानता का अन्तर करना था, की उपलब्धि में जो कठिनाइयाँ उत्पन्न हुई उनके निराकरण के प्रश्न पर कुछ समय से सरकार और जनता का सक्रिय ध्यान लगा हुआ था....अतएव समाजवाद के उच्च आदर्शों को शब्दशः अभिव्यक्त करने तथा नीति-निदेशक तत्त्वों को अधिक व्यापक बनाने के निमित्त संविधान के संशोधन का प्रस्ताव है।"

समाजवाद सामाजिक मूल्यों को आत्मसात करने वाला दर्शन है। विश्व की प्रमुख क्रान्तियाँ इन्हीं मूल्यों की उपलब्धि के उद्देश से घटित हुई। भेद यह कि भारत में इस क्रान्ति का सूत्रपात अहिंसा के आधार पर हुआ था। कारण स्पष्ट था कि विश्व के अन्य देशों में सामाजिक और आर्थिक क्रान्ति, राज्य के विरुद्ध था। भारत में यह क्रान्ति राज्य द्वारा ही लाई जानी थी। सामाजिक और आर्थिक क्रान्ति के इन सूत्रों को संविधान के भाग चार में संजोया गया था। इस प्रकार उपर्युक्त उद्देश्य और कारणों में सामाजिक और आर्थिक क्रान्ति का कथन नीति-निदेशक तत्त्वों से ही सन्दर्भित है। समतावादी समाज में सामाजिक मूल्यों की सामाजिक स्तर पर उपलब्धि के निमित्त अवसर की सामाजिक स्तर पर समानता के लक्ष्य में समता के व्यक्तिगत मूल अधिकार की संगति नहीं हो पा रही थी। अनुच्छेद 14 में विधि के समक्ष समता और विधियों के संरक्षण की समता, व्यक्ति के हित में प्रत्याभूत थी जबकि अवसर की सामजिक समता, संविधान के भाग चार के अन्तर्गत लाई जाने वाली अन्यान्य विधियों के द्वारा उपलब्ध की जानी थी। समात के अधिकार के वैयक्तिक और सामाजिक पक्षों में द्वन्द्व के कारण वे कठिनाइयाँ अनुभव की गई जिनका कि उपर्युक्त उद्देश्य और कारणों के कथन में संकेत है। दरिद्रता, अज्ञान और रोग का अन्त करने के सम्बन्ध में राज्य से जो अपेक्षाएँ थीं। उन्हें अनुच्छेद 41, 43, 46 या 47 के उपबन्धों में पूर्वतः अनुबन्धित किया जा चुका था। अस्तु, दरिद्रता, अज्ञान और रोग के अन्त का मन्तव्य भी, नीति-निदेशक तत्त्वों से ही सन्दर्भित है। अन्ततः उद्देश्य

और कारणों के कथन में ही इसे भी स्पष्ट कर दिया गया कि समाजवाद के उच्च आदर्श की शब्दतः अभिव्यक्ति का उद्देश्य नीति निदेशक तत्त्वों को अधिक व्यापक बनाना है। अस्तु बयालीसवें संशोधन से पूर्व, संविधान का जो भाग सामाजिक न्याय के प्रति अनुबद्ध था, वही उस संशोधन के पश्चात् समाजवाद से अनुबद्ध हो गया।

समाजवाद और सामाजिक न्याय का अन्तर समष्टि और व्यष्टि का अन्तर है। समाजवाद लाने का संकल्प समष्टिगत है। सामाजिक न्याय प्राप्तव्य है। राज्य, व्यापक स्तर पर जिन समाजवादी नीतियों का उद्घोष करेगा उन्हीं का क्रियान्वयन नागरिक के वैयक्तिक स्तर पर होगा। समाजवाद सामाजिक न्याय का कारक है। सामाजिक न्याय समाजवाद का परिणाम है। समाजवाद राज्य का अभीष्ट है, सामाजिक न्याय नगारिक की उपलब्धि। समाजवाद राज्य की व्यावहारिक अनुभूति है सामाजिक न्याय नागरिक का वास्तविक अनुभव। समाजवाद कल्पवृक्ष है, सामाजिक न्याय उसका अमरफल। समाजवाद राज्य का तप है, सामाजिक न्याय नागरिक की तृप्ति। समाजवाद अवधारणा है, सामाजिक न्याय उसका नागरिक द्वारा अवधारण। यही कारण है कि 'समाजवाद' शब्द को 'राज्य' शब्द का विशेषण बनाकर प्रयुक्त किया गया है जबकि सामाजिक न्याय को नागरिकों की प्राप्ति का विषय बनाया गया है। समाजवाद प्रतिज्ञा है, सामाजिक न्याय उसकी प्रक्रिया।

समाजवाद उद्गम है। उसी उद्गम से निसृत जलराशि, सामाजिक, आर्थिक और राजनीतिक न्याय की त्रिधार में विभक्त होती है। समाजवाद सामाजिक, आर्थिक और राजनीतिक न्याय का समग्र कोष है। सामाजिक, आर्थिक और राजनीतिक न्याय उसी का नागरिकों में वितरण है। भाग चार के अन्तर्गत लाई जाने वाली विधियाँ समाजवादी विधियाँ कही जायेंगी। उन विधियों के नागरिकों द्वारा पृथक्-पृथक् प्रवर्तन से नागरिकों को जो प्राप्त होगा वह सामाजिक, आर्थिक अथवा राजनीतिक न्याय होगा। सामाजिक, आर्थिक और राजनीतिक न्याय समाजवाद के कर्म की ही त्रिविधि क्रियाएँ हैं। समाजवाद राज्य का अनुष्ठान है। सामाजिक, राजनीतिक और आर्थिक न्याय उस अनुष्ठान के परम प्रसाद का नागरिकों में वितरण है।

जहाँ तक राजनीतिक न्याय का प्रश्न है, वह एक ओर नागरिक का राज्य के शासन में साझा तो दूसरी ओर मूल अधिकारों की राज्य के विरुद्ध प्रवर्तनीयता है किन्तु अनुच्छेद 37 में सामाजिक और आर्थिक न्याय के उपबन्धों को प्रवर्तनीय बताया गया है। अतः नीति-निदेशक तत्त्वों की अप्रवर्तनीयता की अब नये दृष्टिकोण से समीक्षा आवश्यक है। 19 नवम्बर, 1948 को संविधान की उद्देशिका के सम्बन्ध में संविधान सभा में अनुच्छेद 37 के पाठ पर जो वाद-विवाद, नीति-निदेशक तत्त्वों

की प्रवर्तनीयता के सन्दर्भ में हुआ उसके तीन पक्ष थे। सैय्यदकाजी करीमुद्दीन का प्रस्ताव यह था कि सभी नीति-निदेशक तत्त्वों को प्रवर्तनीय मानक ऐसे उपबन्धों का समावेश भी किया जाये जिससे कि ये उपबन्ध दस वर्ष के काल में, स्वयंमेव क्रियान्वित हो जायें। इस प्रस्ताव पर श्री अनन्तशयनम आयंगार द्वारा यह आपत्ति प्रस्तुत की गई कि इन्हें प्रवर्तनीय बना देने पर, प्रवर्तन के सम्बन्ध में किसी न्यायालय द्वारा पारित डिक्री का निष्पादन होना असम्भव होगा। क्योंकि राज्य द्वारा उस डिक्री का निषपादन न किये जाने की स्थिति में उच्चतम न्यायालय द्वारा भी किसी आसीन सरकार को प्रतिस्थापित करना सम्भव न होगा।

प्रोफेसर के. टी. शाह का यह संशोधन था कि इन तत्त्वों को प्रवर्तनीय बनाया जाकर यह उपबन्ध किया जाये कि प्रत्येक तत्त्व के सम्बन्ध में लाई जाने वाली विधि में ही, उस रीति और उस प्राधिकारी का उल्लेख किया जाये जिसके द्वारा इनका प्रवर्तन समीचीन समझा जाये। प्रवर्तनीय के अभाव में तो ये तत्त्व ''उस चैक के समान हैं जिनका भुगतान बैंक जब चाहे तब करे।'' उपर्युक्त संशोधन स्वयं एक विरोधाभास से ग्रस्त था। विधि बन जाने के पश्चात् तो प्रवर्तन किसी नीति-निदेशक तत्त्व का न होकर प्रवृत्त विधि का उसी सामान्यरीति से होगा जिस रीति से अन्य विधियों का होता है। अतः राज्य ऐसी विधि बनाये या न बनाये और कब बनाये, इस प्रश्न का समाधान इस संशोधन में था ही नहीं। श्री शिब्बनलाल सक्सेना का यह मत था की इन उपबन्धों का प्रत्येक विधानमण्डल द्वारा सम्मान किया जायेगा तथा विधान मण्डल के प्रत्येक अध्यक्ष को उस विधेयक को निरस्त करने का अधिकार होगा जिसमें इन तत्त्वों के प्रतिकूल कोई बात हो। उपर्युक्त वाद-विवाद के पश्चात् भी अन्ततः अनुच्छेद 37 में इन तत्त्वों को अप्रवर्तनीय ही रखा गया। संविधान सभा में नीति-निदेशक तत्त्वों की प्रवर्तनीयता के उपर्युक्त तीनों पक्ष ही निःसार थे। भारत की राज्यष्टि राज्य के संविदा सिद्धान्त पर आधारित है। संविधान एक सर्वोत्कृष्ट संविदा है। प्रतिफल के अनस्तित्व में की गई संविदा शून्य होती है। अतः किसी भी संविदा के विधिक अस्तित्व के लिए, किसी नीतियुक्त प्रतिफल का होना अनिवार्य है। संविधान की उद्देशिका में उल्लिखित तत्त्व राज्य संविदा के प्रतिफल हैं। किसी भी सविदा के प्रवर्तन में, जो वस्तु प्रवर्तनीय होती है, वह है उसका प्रतिफल। प्रतिपऊल की प्रवर्तनीयता ही संविधान का प्रवर्तन है। प्रतिफल के विषय में विधिक सिद्धान्त यह है कि प्रतिफल, भूतकालिक, तात्कालिक और भविष्यलक्षी तीनों ही प्रकार से विधिक संविदा की सृष्टि करने में समर्थन है। भूतकालिक और तात्कालिक प्रतिफल से युक्त संविदा निष्पादनीय (एक्सीक्यूटड) संविदा की श्रेणी में किन्तु भविष्यलक्षी प्रतिफल से युक्त संविदा निष्पादनीय (एक्सीक्यूटर) संविदा की श्रेणी में आती है।

विधिक संविदा अंशत: भूतलक्षी या तात्कालिक और अंशत: भविष्यलक्षी प्रतिफल की वर्जना नहीं करती। सामाजिक और आर्थिक न्याय के तत्त्वों को छोड़कर उद्देशिका के अन्य सभी तत्त्व तात्कालिक प्रतिफल हैं और उन अंशों तक संविधान की संविदा निष्पादित है, जबकि आर्थिक और सामाजिक न्याय के प्रतिफल के सन्दर्भ में यह संविदा निष्पादनीय है। भविष्यलक्षी प्रतिफल की प्रकल्पना केवल इसी लक्ष्य से की जाती है कि पक्षकार संविदा तो तत्काल करना चाहते हैं, किन्तु प्रतिफल की तात्कालिक सामर्थ्य किसी एक पक्ष में नहीं है। अत: यह तत्काल विद्यमान नहीं होती। ऐसी अवस्था में उस पक्ष को समय देकर, दूसरे पक्ष द्वारा अर्पित प्रतिफल का लाभ उसे उठाने दिया जाता है, जबकि दूसरा पक्ष उसे प्राप्त होने वाले प्रतिफल की प्रतीक्षा करता है। उदाहरणार्थ—'क' 'ख' को 'ख' द्वारा 'क' को किसी नामित माल के तीन मास के भीतर प्रदान किये जाने के लिए तत्काल 1000 रुपये का सन्दाय कर देता है। यहाँ 'ख' के लिए प्रतिफल तात्कालिक किन्तु 'क' के लिए प्रतिफल भविष्यलक्षी है, किन्तु संविदा विधिपूर्ण है।

सामान्य संविदा और संविधान की संविदा में अन्तर केवल यह है कि सामान्य संविदाएँ समयसाध्य होती है और समय का निश्चय उनकी प्रवर्तनीयता के लिए आवश्यक है, जबकि संविधान की संविदा में नैरन्तर्य का भाव होता है। अत: वहाँ समय के निश्चय का कोई अर्थ ही नहीं है। क्योंकि संवदिा के समय पर पालन न होने से प्रतिफल का प्रवर्तन न होकर प्रतिकर का प्रवर्तन होता है, जबकि संविधान के भंग होने की स्थिति में संविधान ही प्रतिस्थापित होता है, प्रतिकर का कोई प्रश्न नहीं रहता।

भारत के सम्प्रभु ने संविधान के भाग चार के उपबन्धों को आस्थागत प्रतिफल के रूप में, राज्य की शक्ति और सामर्थ्य के अनुसार, उस प्रतिफल को शनै:-शनै: निष्पादित किये जाने के विकल्प को स्वयं स्वीकार किया था किन्तु अब बयालीसवें संशोधन के पश्चात् यह प्रतिफल आस्थागत नहीं रहा, वरन् तात्कालिक हो, गया है। उच्चतम न्यायालय ने लोकहितवाद की नवीन अधिकारिता के द्वारा उन्मुक्त कर सामाजिक और आर्थिक न्याय के सूत्रों के प्रवर्तन का बीड़ा स्वयं उठा लिया है और मूल अधिकारों के निर्वचन में, इन्हीं सूत्रों का सम्पुट देकर इनका प्रवर्तन मूल अधिकारों के सहायक बल के रूप में करना प्रारम्भ कर दिया है। अनुच्छेद 21 के निर्वचन में जीवन के मूल अधिकार का अर्थ व्यापक हो चुका है। ओल्गा टैलिस बनाम मुम्बई म्युनिसिपल कॉर्पोरेशन के निर्णय में उच्चतम न्यायालय ने जीविका के अधिकार को जीवन के मूल अधिकार का अंग मानकर वैयक्तिक जीवन को व्यक्ति केसामाजिक जीवन के स्तर पर ला दिया है और विधि की प्रक्रिया के बिना किसी

के जीवन का अन्त न करने के समादेश को जीवन के अधिकार का केवल एक पक्ष माना है। इसी निर्णय में अनुच्छेद 39 (क) और अनुच्छेद 41 के जीवन के अधिकार के पोषक उपबन्धों के रूप में स्वीकार किया गया है। रणधीरसिंह बनाम भारत संघ में अनुच्छेद 39 (घ) के स्त्री-पुरुषों में समान कार्य के लिए समान वेतन को अनुच्छेद 14 का अंग माना लिया है। डी. एस. नकारा बनाम भारत संघ में राज्य कर्मचारियों को दी जाने वाली पेन्शन को राज्य की ओर से दान-दक्षिणा न मानकर उसे अनुच्छेद 41 का अंग माना और अनुच्छेद 14 के अन्तर्गत प्रवर्तित किया गया।

भारत के संविधान का अनुच्छेद 37, आयरलैण्ड के संविधान के अनुच्छेद 45 के सदृश्य है तथापि दोनों में एक महत् भेद है जिसे न्यायाधिपति (तत्पश्चात् मुख्य न्यायाधिपति) पी. एन. भवगती ने मिनर्वा मिल्स बनाम भारत संघ में दर्शित करते हुए यह स्पष्ट किया जहाँ अनुच्छेद 45 आयरलैण्ड के न्यायालयों को उस अनुच्छेद में उपबन्धित सामाजिक नीति के संज्ञान से ही वर्जित करता है। भारत के अनुच्छेद 37 की यह वर्जना नहीं है अर्थात् नीति-निदेशक तत्त्व भले ही अप्रवर्तनीय हों किन्तु न्यायालय द्वारा उनके संज्ञान की कोई वर्जना नहीं है। अत: न्यायालय उन तत्त्वों का संज्ञान लेकर विधिक के किसी भी उपबन्ध को उन तत्त्वों के विरुद्ध अथव प्रतिकूल होने की दशा में प्रश्नगत उपबन्ध को अविधि मान्य कर सकने में समर्थ है।

दो न्याय निर्णयों के सम्प्रेक्षण इस सम्बन्ध में द्रष्टव्य हैं—

(1) मुख्य न्यायाधीश वाई. वी. चन्द्रचूड—"जीविका के उपयुक्त साधन यसा नागरिकों को काम उपलब्ध कराने के निमित्त यद्यपि सकारात्मक रूप से राज्य को बाध्य नहीं किया जा सकता, तथापि विधि द्वारा स्थापित सम्यक् और ऋजु प्रक्रिया के बिना किसी नागरिक को उसकी जीविका के अधिकार से वंचित किये जाने की दशा में उस अपवंचन को, वह नागरिक अनुच्छेद 21 के अन्तर्गत प्रदत्त अधिकार का अपघात होने के आधार पर चुनौती दे सकता है।"

(2) न्यायाधिपति मुरारीमोहन दत्त—"अनुच्छेद 37, वास्तव में अन्य बातों के साथ-साथ यह उपबन्ध करता है कि इन सिद्धान्तों को विधि बनाने में लागू करना राज्य का कर्त्तव्य है। अनुच्छेद 39 (घ) के समान कार्य के लिए समान वेतन वाले उपबन्ध पर विचार न भी किया जाये तो भी यदि उसे किसी राज्य कर्मचारियों के एक वर्ग के समान ही समान योग्यता धारण करते हुए समान अथवा सदृश्य पद पर उसी प्रकार का कार्य करने पर भी किसी अन्य वर्ग के पक्ष में प्रभावी नहीं किया गया है तो, इसे विभेद कारक और संविधान के अनुच्छेद 14 व 16 का उल्लंघन माना जायेगा।"

मूल अधिकारों और नीति-निदेशक तत्त्वों की प्रकृति का एक साथ अध्ययन करने से इसमें कोई सन्देह नहीं रहता कि अनुच्छेद 14 व 21 क्रमशः समता और जीचवन के वैयक्तिक अधिकार की रक्षा करते हैं। वही संविधान के भाग चार के उपबन्ध समता और जीवन के सामाजिक अधिकार को सुरक्षित करने के निमित्त राज्य को समुचित विधियों के निर्माण का समादेश देते हैं। फलतः नीति-निदेशक तत्त्व व्यक्ति की गरिमा के ही बिम्ब हैं और उसी का प्रसार मात्र है। उपर्युक्त दोनों निर्णयों में इसे तो स्वीकार कर ही लिया गया है कि यदि राज्य के किसी कार्य या अकार्य से किसी नीति-निदेशक तत्त्व का उल्लंघन होता है और उस उल्लंघन से किसी व्यक्ति विशेष पर प्रतिकूल प्रभव होता है तो वह कार्य या अकार्य उस व्यक्ति के सम्बन्ध में उसके अनुच्छेद 14 या अनुच्छेद 21 के अन्तर्गत प्रत्याभूत अधिकार का उल्लंघन माना जायेगा और वह व्यक्ति विशेष सम्बन्धित नीति-निदेशक तत्त्व का भी अपने मूल अधिकार के प्रवर्तन की छत्रछाया में प्रवर्तन करा सकेगा और ऐसा प्रवर्तन सकारात्मक और प्रत्यक्ष प्रवर्तन ही माना जायेगा। फिर भी इन उपबन्धों के अप्रत्यक्ष प्रवर्तन का उपक्रम प्रथम तो स्वयं अनुच्छेद 37 के पाठ में अन्तर्विष्ट है तथा द्वितीय प्रमुख न्याय निर्णयों में इन्हें प्रवर्तनीय न सही मूल अधिकारों के प्रवर्तन के प्रेरक के रूप में तो स्वीकार किया ही गया है।अनुच्छेद 37 के अनुसार, संविधान के भाग चार में अधिकथित तत्त्व देश के शासन में मूलभूत हैं और विधि बनाने में इन तत्त्वों को लागू करना राज्य का कर्त्तव्य होगा। यद्यपि ये उपबन्ध न्यायालय द्वारा प्रवर्तनीय नहीं होंगे। इस अनुच्छेद के पद-विश्लेषण से निम्न तीन बातें स्पष्ट होती हैं—

(1) ''ये उपबन्ध न्यायालय द्वारा प्रवर्तनीय नहीं होंगे।'' मिनर्वा मिल्स बनाम प्रभारत संघ के मुख्य न्यायाधिपति वाई. वी. चन्द्रचूड़ ने मूल अधिकारों और नीति-निदेशक तत्त्वों के सन्तुलन को संविधान की मूल संरचना का अंग माना है। इन न्यायमूर्ति का सम्प्रेक्षण यह है कि—

''जो कोई बात इन दो भागों के मध्य सन्तुलन को भंग करती हो, वह इसी तथ्य के आधार पर संविधान की मूल संरचना के एक आवश्यक तत्त्व को भंग करती है।'' इसी निर्णय गें न्यायाधीश (पश्चात् मुख्य न्यायाधीश) पी. एन. भगवती ने भ्जी यह सम्प्रेक्षित किया कि—

''नीति-निदेशक तत्त्वों में संकल्पित सामाजिक और आर्थिक संरचना में ही मूल अधिकारों का क्रियाशील होना आशयित है और तभी ये अधिकार अर्थवान और महत्त्वशील बनते हैं।''

तमिलनाडु राज्य बनाम अबु बावूर बाई में न्यायाधिपति फज्लअती ने यह सम्प्रेक्षित किया कि—

"नीति-निदेशक तत्त्वों और मूल अधिकारों के विधिक और ऐतिहासिक पक्षों पर सतर्क विचार के पश्चात् इस सम्बन्ध में उच्चतम न्यायालय के विभिन्न निर्णयों में पूर्ण मतैक्य प्रतीत होता है कि यद्यपि नीति-निदेशक तत्त्व प्रवर्तनीय नहीं है तथापि नीति-निदेशक तत्त्वों और मूल अधिकारों में सन्तुलन के प्रति न्यायालय को वास्तविक प्रयास करना होगा और इनमें टकराव की स्थिति को जहाँ तक सम्भव हो टालना होगा......."

"संविधान निर्माताओं ने इन तत्त्वों को प्रवर्तनीय नहीं बनाया उसका प्रधान कारण सम्भवतया यह था कि इन्हें समय-समय पर सामर्थ्य स्थिति और परिस्थिति के अनुसार लागू करने में यथेष्ट सुविधा प्रदान की जाये।"

इन सम्प्रेक्षणों में यही मत प्रतिध्वनित है कि प्रत्यक्ष न सही, अप्रत्यक्ष रूप से न्यायालय, नीति-निदेशक तत्त्वों की सहायता से मूल अधिकारों का प्रवर्तन करेगा और इन दोनों के मध्य सन्तुलन की रक्षा के दायित्व से ये तत्त्व मूल अधिकारों के साथ प्रवर्तनयी बने रहेंगे। संजीव कोक मैन्यूफैक्चरिंग कम्पनी बनाम भारत कोकिंग कोल लिमिटेड के निर्णय के आधार पर संविधान के भाग चार के किसी या सभी तत्त्वों को लागू करने वाली विधि इस आधार पर शून्य नहीं मानी जायेगी कि वह अनुच्छेद 14 या 19 द्वारा प्रदत्त मूल अधिकारों में से किसी से असंगत है या उसे छीनती है या न्यून करती है। स्पष्ट है कि यदि कोई विधि वास्तव में संविधान के भाग चार के किसी या किन्हीं उपबन्धों को प्रभावी कर रही है तो उस विधि के प्रवर्तन से उस विधि द्वारा प्रभावी किये जाने वाले तत्त्व ही प्रवर्तनीय होंगे और ऐसे प्रवर्तन में अनुच्छेद 14 तथा अनुच्छेद 19 के उपबन्ध भी बाधक न होंगे, किन्तु केशवानन्द भारती बनाम केरल राज्य के निर्णयानुसार न्यायालय को ही यह परीक्षण करने का अधिकार है कि वास्तव में प्रश्नगत विधि किसी नीति-निदेशक तत्त्व को प्रभावी कर रही है या नहीं। यदि नहीं कर रही तो ऐसी विधि अनुच्छेद 14 अथवा अनुच्छेद 19 का उल्लंघन करने के आधार पर शून्य घोषित हो जायेगी। स्पष्अ है कि ऐसी विधि की शून्यता का आधार केवल यह होगा कि व नीति-निदेशक तत्त्वों को प्रभावी नहीं कर रही। नीति-निदेशक तत्त्वों को न प्रभावी करने वाली विधि तभी संवैधानिक मानी जा सकती है, जबकि यह अनुच्छेद 14 अथवा अनुच्छेद 19 से असंगत न हो। इस प्रकार नीति-निदेशक तत्त्व को प्रभावी न करने वाली विधि की शून्यता में नीति-निदेशक तत्त्व की परोक्ष प्रवर्तनीय विद्यमान है।

(2) "भाग चार में अधिकथित तत्त्व देश के शासन में मूलभूत हैं।"

अनुच्छेद 73 तथा अनुच्छेद 162 के आधार पर कार्यपालिका शक्ति विधि बनाने की शक्ति से समविस्तीर्ण है। अत: नीति-निदेशक तत्त्वों को प्रभावित करने का जो कार्य विधि द्वारा किया जाना विहित है उसे बिना विधि, केवल शासनदेश के आधार पर भी लागू किया जा सकता है। उदाहरण के लिए, अनुच्छेद 42 में काम की न्यायोचित दशाओं का तथा प्रसूति सहायता का उपलबन्ध कराना राज्य का दायित्व है। इसी सन्दर्भ में कल्पना की जा सकती है कि किसी क्षेत्र विशेष में काम की दशाएँ अमानवीय हैं अथवा किसी क्षेत्र विशेष में प्रसूति सहायता की राज्य की ओर से कोई व्यवस्था नहीं है। अनुच्छेद 45 में बालकों के लिए नि: शुल्क और अनिवार्य शिक्षा की व्यवस्था राज्य करेगा। कल्पना की जा सकती है कि किसी क्षेत्र विशेष में प्राथमिक पाठशाला है ही नहीं और भी, अनुच्छेद 47 के अन्तर्गत स्वास्थ्य के लिए हानिकार औषधियों का प्रतिषेध करना राज्य का कर्त्तव्य है। मान लिया जाये कि किसी क्षेत्र विशेष में स्वास्थ्य के लिए हानिकारक औषधियों का प्रचार और विक्रय किया जा रहा है। उपर्युक्त इन सभी दशाओं में, कोई भी नागरिक अथवा नागरिकों का कोई भी वर्ग या कोई लोकहितैषी संस्था राज्य को उपर्युक्त व्यवस्था करने के लिए आवेदन या राज्य का उद्बोधन करती है तो ऐसी दशा में राज्य के पास ऐसे आवेदन को अस्वीकार करने का कोई आधार नहीं होगा। स्पष्ट है कि राज्य ऐसे आवेदन को स्वीकार कर वांछित व्यवस्था करने का आश्वासन देगा। मान लीजिए कि एक युक्ति-युक्त अवधि में राज्य ऐसे आश्वासन का क्रियान्वयन नहीं करता। ऐसी दशा में, नागरिक या नागरिकों के वर्ग या किसी लोकहितैषी संस्था के राज्य द्वारा वांछित व्यवस्था करने के निमित्त परमादेशका समावेदन न्यायालय में करने के लिए कोई बाधा नहीं है और ऐसे समावेदन पर न्यायालय भी अवश्य विचार करेगा और समुचित आदेश पारित करेगा और अनुच्छेद 37 का प्रतिषेध निरर्थक सिद्ध हो जायेगा, कारण कि उपर्युक्त सभी व्यवस्थाएँ जीवन के अधिकार के ही आनुषंगिक पक्ष हैं तथा जीवन के अधिकार की प्रवर्तनीयता से ही उपर्युक्त में से किसी भी व्यवस्था से सम्बन्धित नीति-निदेशक तत्त्व स्वत: प्रवर्तनीय हो जायेगा। संविधान को प्रवृत्त हुए पाँच दशक का यथेष्ट समय व्यतीत हो चुका है और इस अवधि में समान सिविल संहिता लाने के उपबन्ध के अतिरिक्त लगभग सभी नीति-निदेशक तत्त्वों को केन्द्रीय या राज्य की विधियों से आवृत्त कर लिया गया है और विधि के माध्यम से, इने-गिने तत्त्वों के अतिरिक्त लगभग सभी तत्त्व प्रवर्तनीय बनाये जा चुके हैं और अनुच्छेद 37 के अन्तर्गत इन तत्त्वों की प्रवर्तनीयता के प्रतिषेध का अर्थ नगण्य रह गया है।

(3) ''विधि बनाने में इन तत्त्वों को लागू करना राज्य का कर्त्तव्य होगा।'' इस शब्दावली के अर्थ में, राज्य ने विधि बनाने में इन तत्त्वों को लागू करना अपना सांविधानिक दायित्व स्वीकार कर लिया है। रीज्य ने यदि इन तत्त्वों को विधियाँ बनाकर लागू कर दिया है, उसी सीमा तक तो सम्बन्धित विधि के प्रवर्तन के माध्यम से उन विधियों में समाहित नीति-निदेशक तत्त्व प्रत्यक्षत: प्रवत्तनीय हो ही जायेंगे और ऐसी दशा में भी प्रवर्तनीयता का प्रतिषेध करने वाला उपबन्ध निरर्थक हो जायेगा, किन्तु यदि किसी नीति-निदेशक तत्त्व को प्रभावी करने वाली विधि अद्यावधि लाई ही नहीं गई तो राज्य को न्यायालय के परमादेश से ऐसी विधि लाने के लिए बाध्य करने में भी कोई सांविधानिक बाधा नहीं है। राज्य के जिन दायित्वों की सृष्टि सामान्य विधियों से हुई है। उन्हीं के लिए जब परमादेश के समावेदन का द्वारा उन्मुक्त है तो शुद्ध सांविधानिक दायित्व के संवहन के लिए राज्य के विरुद्ध मरमादेश प्रस करने का कोई नकारात्मक पक्ष शेष नहीं रहता। ''इन तत्त्वों को विधि बनाने में लागू करना राज्य का कर्त्तव्य होगा।'' इस शब्दावली में ही देशकाल का कोई परिसीमन नहीं है और इस शब्दावली का अन्योन्याश्रित अर्थ यही होता है कि राज्य को ऐसी विधि जिसमें किसी नीति-निदेशक तत्त्व को लागू करना पमरावश्यक हो गया हो, बनाने के लिए न्यायालय के परमादेश से, सुगमता से, बाध्य किया जा सकता है। विधि बनाकर इन तत्त्वों को लागू करने के दायित्व से राज्य विमुख नहीं हो सकता है और राज्य को किसी नीति-निदेशक तत्त्वों को लागू करने वाली विधि बनाने के लिए बाध्य करना प्रकारानतर से सम्बन्धित नीति-निदेशक तत्त्व का ही प्रवर्तन है। इस आधार पर भी इन तत्त्वों की प्रवर्तनीयता का प्रतिषेध निरर्थक हो जाता है।

इस प्रकार, अनुच्छेद 37 की यह शब्दावली कि ''भाग चार में अन्तर्विष्ट उपबन्ध किसी न्यायालय द्वारा प्रवर्तनीय नहीं होंगे।'' सांविधानिक दर्शन की दृष्टि से और विशेषत: उद्‌देशिका में 'समाजवाद' शब्द के सन्निवेश के पश्चात् समयानुकूल नहीं रही है। आशा है कि इस शब्दाली का अनुच्छेद 37 के पाठ से लोप कर दिया जायेगा। विशेषत: इस आधार पर कि सामाजिक न्याय के नितनूतन आयाम प्रत्यक्ष हो रहे हैं और उच्चतम न्यायालय भी सामाजिक न्याया के नये शीर्षों की खोज में तत्पर है। उच्चतम न्यायालय के वितरक न्याय (डिस्ट्रीब्यूटिव जस्टिस) और प्रत्यास्थापक न्याय (रैस्टीट्यूटिव जस्टिस) जिसे कि प्रतिकर न्याय भी कहा जा सकता है के नाम से व्यक्ति की गरिमा के कुछ नये शीर्षों की स्थापना करके अपने अपेक्षित उत्साह को प्रकट किया है जिसका प्रभाव यह हुआ है कि अन्याय किसी भी रूप में किसी भी स्थल पर हो रहा हो। हाँ भी अन्याय है, न्यायालय की सशक्त भुजाओं की पहुँच वहाँ तक अवश्य है।

महाराष्ट्र राज्य ने 1975 में अनुसूचित जनजातियों का भूमि प्रत्यावर्जन अधिनियम नाम से एक विधि बनाई। इस विधि का उद्देश्य अनुसूचित जनजाति के किसी सदस्य द्वारा अनुसूचित जाति के सदस्य के पक्ष में किये गये भूमि के विक्रय को निष्प्रभावी करना तथा परिणामस्वरूप विक्रय की हुई, उस भूमि का अनुसूचित जनजाति के मूल विक्रेता के पक्ष में प्रत्यावर्तन करना था। इस विधि का लक्ष्य यह था कि जनजातियों के दुर्बल वर्ग का समाज के उच्चवर्गों द्वारा शोषण न किया जा सके। लिंगप्पा पोचम्मा अपीलवार बनाम महाराष्ट्र राज्य में न्यायाधिपति ए. पी. सैन ने इस अधिनियम को संवैधानिक करार देते समय वितरक न्याय के सिद्धान्त की स्थापना की। इस सिद्धानत की स्थापना में न्यायालय ने क्रानमैन के "संविदा विधि और वितरण न्याय" नामक ऐ लेख से प्रेरणा ली। इस लेख में यह प्रतिपादित किया गया था कि राज्य के लिए निजी संव्यवहारों पर, टैक्स लगाने की प्रक्रिया से पृथक्, अन्य विनियमित नियन्त्रण का अधिरोपण कर, समाज के एक वर्ग से धन का अर्जन कर उसे दूसरे वर्ग में पुनर्वितरण करने का भी औचित्य है। इस सिद्धान्त की व्याख्या उच्चतम न्यायालय ने निम्न शब्दों में की—

"विधि निर्माण के क्षेत्र में वितरक न्याय का अन्य बातों के साथ-साथ यह अर्थ भी है कि आर्थिक समता का निराकरण और समाज के असमान वर्गों के मध्य किये गये संव्यवहारों से उद्भूत अन्याय का समाहार किया जाये। प्रत्येक से 'सामर्थ्यानुसार कार्य लेकर, प्रत्येक को आवश्यकतानुसार प्रदान करने' के सिद्धान्त पर आधारित समाज के सदस्यों के मध्य, धन के सम्यक् वितरण के निमित्त, वितरक न्याय के साधन के रूप में विधि को ही प्रयुक्त किया जाना चाहिए। वितरक न्याय की परिधि में करों के विभेदकारी अधिरोपण के द्वारा असमताओं को न्यून करना, ऋण से त्राण प्राप्त कराना, सम्पत्ति पर एक व्यक्ति के स्वामित्व को समाप्त कर, उसका अनेकों अभावग्रस्त जनों में वितरण, कृषि और नगरीय भू-धृतियों की अधिकतम सीमा निर्धारित करना, कतिपय संव्यवहारों की वर्जना से संविदात्मक संव्यवहारों को प्रत्यक्ष विनियमित करना और सम्भवतया अन्य संव्यवहारों को आवश्यक बनाना ही नहीं, इससे भी कुछ अधिक ही समाहित है। इसका लक्ष्य यह भी है, लोकात्मा विरुद्ध संव्यवहारों के बल पर जो अपनी सम्पत्ति से वंचित हो गए हैं, उन्हें उनकी सम्पत्ति प्रत्यावर्तित की जाये। ऐसी समस्त विधियों का लक्ष्य समाज के सदस्यों के मध्य, भौतिक संसाधनों के सम्यक् वितरण के लक्ष्य के निमित्त धन के बलात् पुनविर्तरण के साधन बन जाना तो है ही साथ-साथ अऋजु करारों का विधायी नियन्त्रण उनका उद्देश्य है।"

इस सिद्धान्त की युक्ति-युक्ता इस बात में है कि यदि कोई पक्ष समुचित सलाह के अभाव में ऐसी संविदा करता है जिसके अनुबन्ध अतीव अऋजु है अथवा जबकि उस पक्ष की लाभार्जन और संव्यवहारा करने की शक्ति, उसकी स्वयं की आवश्यताओं अथवा परिस्थितियों से अथवा उसके स्वयं के अज्ञान अथवा दुर्बलता से, गम्भीर रूप से क्षीण हो गई हो अथवा अन्य लोगों द्वारा उनके निजी लाभ की दृष्टि से डाले गए असम्यक् प्रभाव या दबाव के कारण उसने अती अनपयुक्त प्रतिफल के बदले सम्पत्ति का अन्तरण कर दिया हो तो ऐसी संविदाओं को अवास्त कर दिया जाना ही न्यायसंगत है।

सैन्ट्रल इनलैण्ड वाटर ट्रान्सपोर्ट कॉर्पोरेशन लिमिटेड बनाम वृजोनाथा गांगुली में इसी सिद्धान्त का पुनआख्यान करते हुए यह सम्प्रेक्षित किया गया कि जिस संविदा के अनुबन्ध औचित्य और युक्ति-युक्ता से असंगत हों अथवा इतने अऋजु और असम्यक् हों कि उनके अनुशीलन से न्यायालय की अन्तरात्मा को आघात पहुँचता हो तो ऐसी संविदाओं को लोकात्मविरुद्ध सौदा माना जायेगा। संविधान के अनुच्छेद 38 और अनुच्छेद 39 का संविधान की उद्देशिक के साथ पठन करने से वितरण न्याय के सिद्धान्त को सांविधानिक समर्थन प्राप्त हो जाता है। इस सिद्धान्त की सांविधानिक मान्यता के बल पर धन अथवा सम्पत्ति के स्वामित्व में वितरण साम्य और न्याय के लक्ष्य को न केवल कराधान द्वारा वरन् निजी और संविदात्मक संव्यवहारों के विनियिमित नियन्त्रण द्वारा भी सिद्ध किया जा सकता है। भले ही इससे किसी की वैयक्तिक स्वतन्त्रता का बलिदान ही होता हो।

वितरक न्याय का सिद्धान्त नीति-निदेशक तत्त्वों से अनुस्यूत, सामाजिक और आर्थिक न्याय का मिश्रित स्वरूप है।

प्रत्यास्थापक न्याय (रैस्टीट्यूटिव जस्टिस) परम्परागत प्रतिकर न्याय का ही अवान्तरित रूप है। भेद केवल यह है कि प्रतिकर न्याय में किसी व्यक्ति के संविदात्मक अथवा अन्य विधिक अधिकार के क्षतिग्रस्त होने पर उसे समुचित क्षतिपूर्ति के उद्देश्य से एक निश्चित धनराशि के सन्दाय से, अनुतोष प्रदान किया जाता है, जबकि प्रत्यास्थापक न्याय में किसी व्यक्ति के मूल अधिकारों के अविधिपूवर्ण हनन की दशा में, उसकी अथवा उसके उत्तराधिकारियों की समुचित प्रतिकर से तुष्टि कराई जाती है। यह इन दोनों का एक मौलिक और प्रकृतिगत भेद है। दूसर प्रक्रियात्मक भेद यह है कि प्रतिकर न्याय में, वादी के लिए उसके द्वारा सहन की गई क्षति के उपलक्ष्य में साक्ष्य प्रस्तुत कर, नुकसानी की राशि को भी सिद्ध करना आवश्यक है किन्तु प्रत्यास्थापक न्याय में, मूल अधिकारों के क्षतिग्रसत होने पर परिणामी हानि स्वयं सिद्ध है तथा वादी

के लिए हानि की राशि को सिद्ध करना आवश्यक नहीं है। राशि का निर्धारण न्यायायल स्वयं अपने विवेक से करता है और किन परिस्थितियों में यह प्रत्यास्थापक अनुतोष प्रदान किया जाना है, यह भी न्यायाल के विवेक पर होने के कारण, वादी के लिए अपनी याचिका में ऐसे अनुतोष की माँग करना अनिवार्य नहीं है। वादी के बिना माँग किये भी न्यायालय जिन परिस्थितियों में उचित समझे यह अनुतोष प्रदान कर सकता है।

प्रत्यास्थापक न्याय का जहाँ तक इसके नामकरण का प्रश्न है। उल्लेख महाराष्ट्र उच्च न्यायाय के अन्न अप्पा सुतार बनाम महाराष्ट्र राज्य में दिये गये निर्णय में हुआ है। इस मामले में हत्या के अपराध में अपीलार्थी पर सत्र न्यायालय द्वारा दण्ड पातिर किया गया था। अपील के पश्चात् मामले के प्रतिपेषण के फलस्वरूप पुनर्विचार के क्रम में न केवल यह शंका हुई कि मृतक व्यक्ति की मृत्यु का कारण आत्महत्या भी हो सकता था, वरन् यह भी पाया गया कि अनुसंधान प्रारम्भ से अन्त तक दोषपूर्ण था तथा विचारण न्यायालय द्वारा भी पूर्व में कुछ भूलें हुई थीं और इन सबके कुपरिणामस्वरूप, अपीलार्थी को कुछ काल के लिएअवैध रूप से और अकररण एक बन्दी का जीवन बिताना पड़ा था। न्यायालय ने अपीलार्थी के मूल अधिकार के हनन के प्रतिकर के रूप में 5,000 रुपये की राशि प्रदान की।

रुदुल शाह बनाम बिहार राज्य में उच्चतम न्यायालय ने याची के संविधान के अनुच्छेद 21 के अन्तर्गत प्रदत्त जीवन और दैहिक स्वतन्त्रता के मूल अधिकार पर राज्य द्वारा किए गये अधिक्रमण के परिणाम में, याची को प्रत्यास्थापन न्याय के क्षेत्र में राज्य पर प्रतिकर की राशि के सन्दय की बाध्यता डालते हुए इस सिद्धानत के दो उद्देश्य प्रस्तुत किये। प्रथम उद्देश्य था याची को प्रतिकर सन्दत्त करना तथा दूसरा था राज्य के उन अधिकारतंत्रों को दण्डित करना जो लोकहित के नाम पर राज्य की शक्तियों के आवरण में अपनी सुरक्षा का तर्क प्रस्तुत करते हैं। मुख्य न्यायाधीश वाई. वी. चन्द्रचूड ने यह अवधारित किया कि, "इस बात को स्वीकार करने के लिए हमें शिक्षित हो जाना चाहिए कि व्यक्ति के अधिकारों के प्रति सम्मान लोकतंत्र का आधार है। अतः याची के अधिकारों को राज्याधिकारियों द्वारा पहुँचाई गई क्षति के उपलक्ष्य में राज्य द्वारा क्षतिपूर्ति किया जाना अनिवार्य है।"

प्रत्यास्थापक न्याय के सिद्धान्त के समर्थन में मुख्य न्यायाधीश ने यह सम्प्रेक्षित किया कि—

"प्रशासकीय निर्ममता से उद्भुत मूल अधिकारों के अतिलंघन के उपचार के निमित्त न्यायपालिका के पास अतिलंघन करने वालों को प्रतिकर के सन्दाय से दण्डित करने के अतिरिक्त अन्य कोई प्रक्रिया नहीं है।"

उपर्युक्त प्रकरण में हुआ यह कि एक अभियुक्त न्यायालय के आदेश दिनांक 3 जून, 1968 को दोषमुक्ति किया गया। तथापि उसे बन्दीगृह से दिनांक 16 अक्टूबर, 1982 को चौदह वर्ष पश्चात् मुक्ति प्राप्त हुई जो वास्तव में किसी भी सभ्य देश की न्याय प्रणाली पर एक कलंक का उदाहरण है। सैबिस्टयन एम. होन्ग्री बनाम भारत संघ में मामला एक बन्दी प्रत्यक्षीकरण की याचिका द्वारा उच्चतम न्यायालय में प्रस्तुत हुआ। उच्चतम न्यायालय ने राज्य को दो व्यक्तियों के न्यायाल में प्रत्यक्षीकरण का आदेश दिया किन्तु इस प्रत्यक्षीकरण के लिए अन्य अवसर देने पर भी राज्य ने उन व्यक्तियों को न्यायालय के समक्ष प्रस्तुत नहीं किया और अन्ततः राज्य ने अपनी असमर्थता प्रकट की। राज्य ने अपने स्पष्टीकरण में यह व्यक्त किया कि इन व्यक्तियों को मनीपुर स्थिति सेना के एक रैजीमेण्ट में अराजक तत्त्वों की गतिविधियों के सम्बन्ध में परिप्रश्न के निमित्त उपस्थित किया गया था किन्तु वहाँ से वे व्यक्ति परिप्रश्न की प्रक्रिया के उपरान्त जीवित लौटे थे। न्यायालय को यह स्पष्टीकरण असन्तोषप्रद प्रतीत हुआ उन्हें जीवित किसी ने नहीं देखा। उन दोनों व्यक्तियों की विधवाओं में से प्रत्येक को एक लाख रुपये के प्रतिकर के संदाय के लिए राज्य को आदेश दिया गया। भीमसिंह एम. एल. ए. बनाम जम्मू और कश्मीर राज्य में जम्मू कश्मीर की विधानसभा के एक सदस्य को, सदन में जाते समय बन्दी बनाकर, उसे सदन के सत्र में उपस्थिति रहने के अवसर से वंचित किया गया। इस बन्दीकरण के पीछे आरक्षी बल और सम्भवतया सम्बन्धित दण्डाधिकारी की भी दुरभि संधि थी। बन्दीकरण के पश्चात् प्रतिपोषण के आदेश की अवधि की समाप्ति के पश्चात् भी उसे दण्डाधिकारी के समक्ष प्रस्तुत नहीं किया गया। न्यायाधिपति चिन्नप्पा रैड्डी ने, इस मामले में उक्त विधानसभा के सदस्य को 50,000 रुपये की राशि प्रतिकर के रूप में राज्य द्वारा संदत्त कराये जाने का आदेश देना उचित माना।

मूल अधिकार राजनीतिक अधिकार हैं। मूल अधिकारों के राज्य द्वारा अतिलंघन के प्रकरण राजनीतिक अन्याय के प्रकरण हैं। ऐसे प्रकरणों में प्रत्यास्थापन न्याय वस्तुतः राजनीतिक न्याय का ही एक ढंग है। साथ ही यह प्रत्यास्थापन न्याय सम्बन्धित व्यक्ति द्वारा भोगी गई सामाजिक अप्रष्ठिा और मानसिक पीड़ा के शमन का भी एक अध्युपाय सिद्ध होता है। इसके अतिरिक्त मूल अधिकारों के अतिलंघन से पीड़ित व्यक्ति अथवा उसके सम्बन्धियों को स्वाभाविक आर्थिक क्षति भी होती है। जैसाकि उपर्युक्त रुदुलशाह तथा सैबेस्टियन वाले दो मामलों से स्पष्ट है। रुदुल शाह वाले मामले में दोषमुक्त व्यक्ति को अनावश्यक रूप से चौहद वर्ष बन्दी गृह की यातना सहन करने के अतिरिक्त उसे और उसके सम्बन्धियों को उस अवधि में उपार्जन के अध्युपायों से वंचित रहने के कारण आर्थिक क्षति भी हुई। सैबेस्टियन

वाले मामले में तो दो सधवानों को अकारण विधवा बन जाना पड़ा और अपने-अपने पति की उपार्जन क्षमता से प्राप्तव्य अर्थ से भी वंचित रहना पड़ा। उपर्युक्त प्रकरण राजनीतिक, आर्थिक और सामाजिक न्याय के अन्योन्याश्रित मिश्रण के उदाहरण हैं जिनसे यही धारणा होती है कि सामाजिक, आर्थिक और राजनीतिक न्याय के मध्य कोई स्पष्अ विभाजन रेखना सम्भव नहीं है। तथापि आर्थिक न्याय और राजनीतिक न्याय के कतिपय पृथक् पक्ष हैं। सामाजिक न्याय का आर्थिक पक्ष से निदान ही आर्थिक न्याय है।

आर्थिक न्याय

अपने प्रथम अर्थ में आर्थिक न्याय श्रम विधियों का कड़ा अनुपालन है। न्यायाधिपति (पश्चात् मुख्य न्यायाधिपति पी. एन. भगवती) ने यह सम्प्रेषित किया कि श्रम विधियों के अतिलंघन के उदाहरणों में अन्यमनस्कता कदापि उचित नहीं है और न ही ऐसे उदाहरणों को, तुच्छ अपराधमानकर न्यायिक कठोरता से मुक्त रखा जा सकता है। श्रम विधियों का उद्देश्य कर्मकारों की आर्थिक दशा में सुधार लाना है और नियोजकों को यह सुविधा नहीं दी जानी चाहिए कि, श्रम विधियों के अपालन से घटित अपराधों में वे एक नगण्य सी अर्थराशि दण्ड स्वरूप देकर अपनी निर्दोषिता को क्रय कर सकें। क्योंकि इन विधियों के अपालन से उन्हें जो आर्थिक लाभ होगा। उसके अनुपात में अर्थदण्ड की राशि अति तुच्छ है। यदि श्रम विधियों के अपालन से उद्भूत अपराधों के प्रति अर्थदण्ड के दृष्टिकोण को प्रश्रय दिया गया तो श्रमविधियों के अपालन के दण्ड का भय ही समाप्त हो जायेगा और श्रमविधियाँ अन्ततः 'कागजी शेर' बनकर रह जायेंगी और 'ट्रे नखरद केहरी' की उक्ति चरितार्थ हो जायेगी। अतः इन विधियों का कठोरता से पालन भी हो तथा इनका अतिलंघन करने वालों को दण्ड भी कठोर ही दिया जाये। आर्थिक न्याय सर्वप्रथम बेगार का प्रतिषेध करत है। संविधान के अनुच्छेद 23 का खण्ड (1) यह उपबन्ध करता है कि, "मानव का दुर्व्यवहार और बेगार तथा इसी प्रकार का अन्य जबर्दस्ती लिया जाने वाला श्रम प्रतिषिद्ध किया जाना है और इस उपबन्ध का कोई भी उल्लंघन अपराध होगा जो विधि के अनुसार दण्डनीय होगा।" बेगार के अर्थ में निमूर्ल्य श्रम ही नहीं श्रम के प्रतिफल में न्यून मूल्य का संदाय भी है। राज्य की ओर से न्यूनतम मजदूरी अधिनियम 1948 प्रवृत्त है और इस विधि के उपबन्धों में न्यूनतम मजदूरी के सन्दाय के उपबन्ध हैं। किसी भी श्रमिक को निर्धारित न्यूनतम से कम पारिश्रमिक का संदाय, उक्त विधि के अन्तर्गत अपराध है। यद्यपि आर्थिक परिस्थितियों या अन्य दुर्बलताओं और अनर्ह अभावों से त्रस्त होकर कोई भी श्रमिक, न्यूनतम मजदूरी से कम प्रतिफल ग्रहण करने के लिए विवश हो सकता है। तथापि भी नियोजक की यह बाध्यता है कि किसी

भी श्रमिक को निर्धारित न्यूनतम से कम मजदूरी न दे। उपर्युक्त पीपुल्स यूनियन वाले वाद में एशियाड 1982 के आयोजन से सम्बन्धित कार्यों में जिन श्रमिकों का उपयोग किया गया। उन्हें राज्य द्वारा नियोजित ठेकेदार द्वारा पारिश्रमिक की राशि निर्धारित न्यूनतम मजदूरी से कम संदाय की जा रही थी। इसी बाद में 'जबरदस्ती लिये जाने वाले श्रम' के निर्वचन का प्रश्न उपस्थित हुआ।

अनुच्छेद 23 में प्रयुक्त शब्द 'जबरदस्ती' के निर्वचन में कहा गया कि इस शब्द के अर्थ में न केवल दैहिक अथवा विधिक बल वरन् इसमें ऐसा बल भी सम्मिलित है जो आर्थिक परिस्थितियों की विवशता से उद्भूत हो और जो अभावग्रस्त व्यक्ति को किसी विकल्प का अवसर न देकर उसे न्यूनतम मजदूरी से भी न्यून पारिश्रमिक ग्रहण कर अपनी सेवा या अपना श्रम अर्पण करने के लिए विवश कर दें। आर्थिक न्याय के इस पक्ष को इतना प्रबल माना गया कि जहाँ अन्य मूल अधिकारों में से अधिकांश केवल राज्य के विरुद्ध प्रवर्तनीय हैं। अनुच्छेद 23 का उपबन्ध कि मानव का दुर्व्यवहार और बेगार तथा इसी प्रकार का अन्य जबरदस्ती लिया जाने वाला श्रम प्रतिषिद्ध किया जाता है, ऐसा सामान्य प्रतिषेध है जो अपने प्रभाव में पूर्ण और अपनी परिधि में सर्वव्यापक है जो न केवल राज्य के विरुद्ध वरन् ऐसे किसी दुर्व्यापार में रत किसी भी व्यक्ति के विरुद्ध प्रवर्तनीय है। इस प्रकार अनुच्छेद 23 के प्रतिषेध के विद्यमान रहते कोई व्यक्ति किसी विद्यमान ऋण के समापन के प्रतिफल के बल पर भी अपनी सेवा या अपना श्रम ऋणदाता को निःशुल्क प्रदान नहीं कर सकता। अभावग्रस्त दशा अथवा विवशता के बन्धन से आलिप्त किसी भी व्यक्ति के रक्त और स्वेद का लाभ उठाकर उसे किसी उपयोगी अथवा मूल्यवान कार्य का निमित्त नहीं बनाया जा सकता। संयुक्त राज्य अमेरिका के संविधान के अनुच्छेद 1 की धारा 10 का खण्ड। यह उपबन्ध करता है कि राज्य संविदाओं की बाध्यताओं का ह्रास करने वाली कोई विधि पारित नहीं करेगा। भारत में स्थिति इसके विपरीत है। अनुच्छेद 42 का उपबन्ध कि राज्य काम की मानवोचित दशाओं को सुनिश्चित करने के लिए उपबन्ध करेगा तथा अनुच्छेद 43 के उपबन्ध कि राज्य कृषि के उद्योग के या अन्य प्रकार के कर्मकारों को काम, निर्वाह, मजदूरी, शिष्ट जीवन स्तर और अवकाश का सम्पूर्ण उपभोग सुनिश्चित करने वाली काम की दशाएँ प्रात कराने का प्रयास करेगा, राज्य को ऐसी विधि बनाने में प्रवृत्त करता है जिससे सेवा या श्रम की किसी संविदा में उपबन्ध अमानवीय या मनमाने न हो सकें। आर्थिक न्याय के विकास में अनुच्छेद 43 का लक्ष्य न्यूनतम मजदूरी से ऋतु मजदूरी के स्तर पर पहुँचना तथा अन्ततः निर्वाह मजदूरी पर पहुँचना है। कठोर आर्थिक संघर्ष के क्रम में भारत अभी न्यूनतम वेतन के स्तर तक आ पाया है और वास्तविक शिष्ट

जीवन के लिए ऋतु वेतन, पश्चात् निर्वाह वेतन के स्तर तक पहुंचने के प्रयास में अभी और जूझना शेष है। 'गरीबी हटाओ' का अभियान पिछले तीन दशकों से लागू होकर भी भारत की जनसंख्या का तृतीय भाग अभी न्यूनतम मजदूरी के स्तर से नीचे है और परिणामतः विश्व के गरीबतम देशों में से एक है। आर्थिक न्याय के इस प्रयास को द्रुत करने की अनिवार्यता विद्यमान है।

आर्थिक न्याय के द्वितीय अर्थ में अनुच्छेद 39 के खण्ड (घ) का उपबन्ध यह है कि राज्य अपनी नीति का विशिष्टतः इस प्रका संचालन करेगा कि सुनिश्चित रूप में पुरुषों और स्त्रियों दोनों का समान कार्य के लिए समान वेतन हो। यह सिद्धानत नीति निदेशक तत्त्व होने के कारण यद्यपि मूल अधिकार नहीं है। तथापि अनुच्छेद 14 और 16 के बल पर यह मूल अधिकार के समकक्ष होकर समान कार्य के लिए समान वेतन के सिद्धानत को मुखर करता है।

संविधान में 'समाजवाद' शब्द के सन्निवेश के पश्चात् भी अभी तक 'सामर्थ्यानुसार कार्य और आवश्यकतानुसार धन' का सिद्धानत क्रियान्वित नहीं हो पाया है तथापि 1976 में समान पारिश्रमिक अधिनियम लाकर राज्य ने समान कार्य के लिए समान वेतन के सिद्धान्त को प्रवर्तनीय अधिकार बना दिया है। इस अधिनियम के बल पर भारत विश्व के अनेक देशों के समकक्ष हो गया है।

आर्थिक न्याय का तृतीय अर्थ विभिन्न वर्गों में आय की असमानता को समाप्त करना है। अनुच्छेद 38 के खण्ड (2) में राज्य पर यह दायित्व विशिष्टतः डाला गया है कि वह आय की असमानताओं को कम करने का प्रयास करेगा।

वस्तुतः यह उपबन्ध अपने पाठ और शैली में अपूर्णता का आभास कराता है। अपनी शैली में यह नकारात्मक है। आवश्यकता है सकारात्मक भाव से आय में समानता लाने की। आय में समानता लाने से असमानता तो स्वयमेव समाप्त हो जायेगी। अपूर्णता इस बात में है कि आय में असमानता का परिहार करने के लिए किसी सुदृढ़ आधार की स्थापना नहीं की गई है। साथ ही प्रतिज्ञा आय में असमानता को समाप्त करने की नहीं की गई है। वचन दिया गया है असमानता को कम करने का। 'कम' के भाव को अभिव्यक्त करने के लिए भी कोई मानदण्ड नहीं है। समाज के विभिन्न वर्गों की आय की सीमा निर्धारित किये बिना असमानता को कम करने का आदर्श भ्रामक है। इस आदर्श की सिद्धि के लिए सामर्थ्यानुसार कार्य और आवश्यकतानुसार आय का सिद्धान्त ही एकमेव अवलम्ब हो सकता है। सामर्थ्यानुसार कार्य के निमित्त श्रम के विभाजन की मर्यादा का एकमात्र आधार, सामर्थ्य है न कि योग्यता। वस्तुतः योगतया सामर्थ्य का ही एक अंग है। वर्तमान व्यवस्था में सामर्थ्य

और योग्यता को पृथक्-पृथक् लक्ष्य किया जा रहा है। परिणाम यह है कि कार्य का आधार योग्यता और आय का आधार पद हो गया है। योग्यता का मानदण्ड, योग्यता में समानता भी नहीं है। सार्वजनिक और सरकारी क्षेत्रों में योग्यता का आधार कार्य नहीं, आशार्थियों के साथ आयोजित एक औपचारिक साक्षात्कार होता है। साक्षात्कार का कोई निश्चित और अनासफल यांत्रिक मानदण्ड है ही नहीं। समान योग्यताओं के आधार पर आवेदन करने वाले आशीर्थी भी वस्तुतः अपनी सामर्थ्य और योग्यताओं के आधार पर आवेदन करने वाले आशार्थी भी वस्तुतः अपनी सामर्थ्यता और योग्यताओं में असमान होते हैं और साक्षात्कार के आधार पर समाकलन की पद्धति में साक्षात्कार प्रदान करने वाले अधिकार का स्वयं का दृष्टिकोण निर्णायक बन जाता है। समान मानदण्ड के बाह्य आवरण में आशार्थियों में से योग्यतर व्यक्तियों के असफल हो जाने की सम्भावना स्वयंमेव उत्पन्न हो जाती है। तात्कालिक साक्षात्कार किसी भी प्रकार किसी आशार्थी की स्थायी सामर्थ्य का निर्णायक नहीं हो सकता और यही साक्षात्कार के निर्णायकों के अन्य निहित स्वार्थ प्रभावित करने में सफल होकर अवसर की समानता को असमानता में परिणत कर देते हैं।आय का आधार कार्य के स्थान पर पद होने के कारण आशार्थी स्वयं अपनी सामर्थ्य से प्रेरित होने के स्थान पर पद की गरिमा से प्रभावित होते हैं और इस आपाधापी से निर्मित स्पर्धाओं का एक विषम जाल चयन प्रक्रिया में मनमानेपन प्रविष्ट कर देता है।सरकार और सार्वजनिक क्षेत्रों में हताश व्यक्ति निजी क्षेत्रों में जो प्राप्त हो सके वही कार्य करने को बाध्य हो जाता है। जहाँ योग्यता और सामर्थ्य दोनों ही गौण और अप्रभावी हो जाते हैं। निजी क्षेत्र के अतिरिक्त, अन्य निजी और खुले व्यवसायों में स्पर्धा और एकाधिकार की प्रवृत्ति पर न कोई नियन्त्रण है और न कार्य विभाजन का कोई निश्चित सिद्धान्त। परिणाम यह कि किसी एक व्यवसायी के पास कार्य का अनावश्यक एकत्रण और अन्य के पास कार्य का अनर्ह अभाव आय में असमानता को स्वाभाविक रूप से अग्रसर करता है। सामर्थ्य के अनुसार कार्य और आवश्यकता के अनुसार आय के सिद्धान्त को सर्वप्रथम सांविधानिक मान्यता दिया जाना और तन्निमित्त विधिक नीतियों का निर्धारण और तदनुसार शिक्षा पद्धति और चयन प्रक्रिया में आमूल-चूल परिवर्तन की देश शीघ्रतर अपेक्षा करता है।

चतुर्थ भाव में, आर्थिक न्याय का आशय अर्थपूर्ण और सर्वसुलभ न्याय है। आर्थिक न्याय के इस अर्थ में भारत की न्याय व्यवस्था अद्यावधि एक आलोच्य विषय बनी हुई है। स्वयं न्यायाधीशों ने ही इस पद्धति की कटु आलोचना की है। कोयम्बटूर में आयोजित के. टी. वैत्रीवेलु मुदालियर मैमोरियल एन्डाउमैण्ट लैक्चर में न्यायमूर्ति वी. आर. कृष्णअय्यर ने वर्तमान न्याय पद्धति की आलोचना करते हुए कहा

कि यह पद्धति अभी तक 'एग्लो सैक्सन विधिवाद' से ग्रस्त है और इसे इस मोहपाश से मुक्त कराने के लिए न्यायपालिका द्वारा की जाने वाली ऐसी क्रान्ति की आवश्यकता है जिसके फलस्वरूप वितरक न्याय, विधि और जीवन का केन्द्रीभूत नियमन कर सके। वर्तमान विधान मण्डलों में अमूल्य नागरिक के निमित्त कोई मूल्यवान तत्त्व नहीं है। चिपचिपाते कुष्ठ रोगी, आँचल के दूध और आँखों में पनी लिए माताओं, अनाथ बालकों, पटरियों पर रैनबसेरा किए सहस्त्रों अनिकेतजनों और अभावग्रस्त ग्रामीणों के लिए अभी तक कुछ भी सार्थक किया हुआ प्रतीत नहीं हो रहा। संसद का शून्यकाल से 'विधायकों के मध्य अविधि' का प्रतीक है। जहाँ दरिद्रनारायण की आवास योजनाओं से अधिक पाँच सितारा होटलों और वातानुकूलित छविगृहों को स्टील और सीमेण्ट के निमित्त अग्रता प्राप्त होती है। इन्हीं न्यायमूर्ति ने फर्टिलाइजर कॉर्पोरेशन कामगार यूनियन, सिन्दड़ी बनाम भारत संघ में यह सम्प्रेक्षण किया था कि प्रशासनिक दोषों के सम्बन्ध में नागरिक उपचार स्वयं नागरिक द्वारा की जाने वाली कार्यवाहीयों पर निर्भर हैं और ऐसी कार्यवाहीयों में नागरिक और राज्य के मध्य द्वन्द्व होता है जहाँ नागरिक का पक्ष स्वाभाविक रूप से दुर्बल रहता है जिसका परिणाम यह कि इस क्षेत्र में नागरिक को उतनी भी प्रक्रियात्मक सुविधा उपलब्ध है और अन्ततः असन्तुलन की स्थिति ही वर्तमान रहती है। कार्यवाहियों के निमित्त उपलब्ध है और अन्ततः असन्तुलन की स्थिति ही वर्तमान रहती है। नागरिक को स्वयं अपने अल्प साधनों के मूल्य पर राज्य की विशाल शक्ति के समक्ष अपने समस्त आर्थिक और बौद्धिक साधनों को जुटाकर किसी घोषणात्मक निर्णय या निषेधाज्ञा के लिए या प्रतिषेध अथवा परमादेश की याचिका के लिए भटकना पड़ता है। असंख्य अन्यान्य तकनीकी दोषों से युक्त यह प्रणाली विशाल आर्थिक अवरोधों से ग्रस्त है। कैपीलेटी और वी. गार्थ द्वारा सम्पादित 'एक्सैस टू जस्टिस, एवर्ल्ड रिव्यू' में किये गए सम्प्रेक्षणों को उद्धृत करते हुए इन्हीं न्यायमूर्ति ने म्युनिसिपल काउन्सिल, रतलाम बनाम वरधीचन्द में वर्तमन न्याय पद्धति का समाकलन इस प्रकार किया कि—

> "सराहनीय होते हुए भी यह एक साथ ही मन्दगति और महँगी है। सुदर्शनता को मूर्तिमन्त करते हुए भी यह समय, धन और कौशल के विशाल बलिदान का प्रतीक है, जिसके कारण यह सुदर्शन व्यवस्था अधिकांशतः एक ऐश्वर्य का साध्य है जिसमें उत्तम गुणवत्ता के न्याय की वही पक्ष आशा कर सकता है जो अधिकांश व्यक्तियों और अनेकों प्रकार के दांवों के मार्ग में समुत्थित प्रभूत अवरोधों को पार करने में समर्थ हो।"

यह व्यवस्था महँगी तो इस अर्थ में है कि न्यायालय जनसाधारण की वाणी को न मसझते हैं और न महत्त्व देते हैं और विवश होकर पक्षकारों को विधि व्यवाइयों की शरण लेनी पड़ती है और व्यवसाइयों में भी विद्यमान वर्गभेद के कारण लघुविधि व्यवसाइयों की धविन न्यायालयों को प्रभावित नहीं कर पाती और जो इस व्यवसाय में शीर्षस्थ हैं उनका एक दिन का शुल्क ही एक दीन जन की सामान्य वार्षिक आय के मूल्य का हो जाता है। पश्चात् न्यायशुल्क, न्यायालय के अन्यान्य आनुषंगिक व्यय, आवेदन और आवेदन की प्रतियों के टंकण का अपार व्यय और प्रत्येक चरण पर कहीं न कहीं कुछ न कुछ व्यय, प्रारम्भ से अन्त तक व्यय ही व्यय और वांछित अनुतोष में फिर भी सन्देह और अन्ततः विधि की भ्रामक अस्पष्ट और अटपटी, द्वयार्थक भाषा और तथ्यों और पदों की जलि और अवगुण्ठित परिभाषा जिसके शब्दजाल में कोई भी निरीह उलझ जाये और उलझा हुआ व्यक्ति बच निकले?

मात्र एक उदाहरण यहाँ यथेष्ट होगा जो जारकर्म के विषय में है। जारकर्म सिविल विधि में विवाह-विच्छेद का आधार है तो अपराधिक विधि में यह कर्म दण्डनीय है, किन्तु न इसकी कोई परिभाषा है और न कोई मानदण्ड। पी बनाम पी के एक न्याय-निर्णय में 'क' ने अपनी पत्नी 'ख' को एक होटल की एक कोठरी में, नग्न वक्ष और 'ग' के हाथो में 'ख' के स्तनों को स्वयं प्रतयक्ष देखा और इस आधार पर 'क' ने 'ख' से विवाह-विच्छेद की एक याचिका प्रस्तुत की तो न्याय-निर्णय में याचिका इस आधार पर निरस्त हो गई कि इस सीमा तक जारकर्म नहीं, जारकर्म का प्रयत्न मात्र था, जबकि आपराधिक विधि में इस दृश्य से उत्तेजित 'क', 'ख' और 'ग' दोनों की हत्या कर देने पर भी हत्या के आरोप से मुक्त होकर मात्र सापराध मानव वध के साधारण दण्ड का ही पात्र होता है। अपने इस छद्‌म परिवेश में विधि न्याय का नहीं न्याय के चंगुल से मुक्त होने का मार्ग पशस्त करती है। विशेषतः ऐसी व्यवस्था में जहाँ कत्रिम साक्ष्य की प्रस्तुति सामान्य अभ्यास है।

न्याय की मंदगति के सम्बन्ध में आर्थर एम. जानसन ने एक ऐसे व्यवसायी का उदाहरण प्रस्तुत किया है जिसके प्रति एक कम्पनी ऋणी होकर भी ऋण का संदा नहीं कर रही थी और अन्ततः उस व्यवसायी ने कम्पनी को यह लिखा कि, "महाशय, मैं आपके विरुद्ध न्यायालय में कदापि नहीं जाऊँगा। क्योंकि न्यायालय तो कुछए की चाल चलेगा किन्तु मैं अन्य प्रकार से ही आपका विनाश कर दूँगा।" यह उक्ति इस अर्थ में अधिक सटीक है कि न्यायालय में जाने पर वादी न कि प्रतिवादी का नाश होता है। सिविल न्याया के क्षेत्रों में तो यह जानी-मानी बात है कि वादी के द्वारा प्रारम्भ किये हुए वाद का, वादी के पौत्रों-प्रपोत्रों के समय तक भी निर्णय हो पाना एक वरदान है। आपराधिक न्याय के क्षेत्र में विलम्ब, अनुसंधान में विचारण

में और अन्त में दण्ड के पारण तक में स्वाभाविक है। विलम्ब के आधार पर कतिपय न्याय निर्णयों में अनुसंधान को ही निरसत करते पाया गया है। मृत्युदण्ड के पारण में विलम्ब की दशा में मृत्युदण्ड को आजीवन कारावास में परिणत करना पड़ता है। विधि दर्शन में विलम्बित न्याय की सदैव भर्त्सना की गई है। इंग्लैण्ड के विश्वप्रसिद्ध मैग्नाकार्टा (1215) में यह घोषणा की गई कि धिकार और न्याय के क्षेत्र में न क्रय-विक्रय को और न ही विलम्ब को प्रश्रय दिया जायेगा और न ही न्याय से हाथ खींचा जायेगा। इंग्लैण्ड के प्रधानमंत्री ग्लेडस्टोन (1809-1898) का यह कथन था कि विलम्बित न्याय, अन्याय के ही तुल्य है (जस्टिस डिलेड इज जस्टिड डिनाईड)। प्राचीन हिन्दू परम्परा में न्याय में विलम्ब न्यायाधीश के लिए अभिशाप बन सकता था। महाभारत में राजा नृग की कथा में यह बताया गया है कि न्याय के याची दो ब्राह्मणों को राजमहल के द्वार पर कुछ काल प्रतीक्ष करनी पड़ी। इसी पर कुपित होकर उन्होनें राजा को शाप दे दिया। जनप्रसिद्ध जनक के एक पूर्वज निमि से मुनि वशिष्ट जब किसी तात्कालिक विवशता से न्याय की याचना करने गए तो राजा उस समय निद्रित पाये गए और इसी अपराध में वशिष्ट के कोप का भोजन बने। मुगल काल में न्यायी सम्राट जहाँगीर ने महल से बाहर एक सांकल लटकाकर, नागरिकों को जिस समय भी आवश्यकता हो, सांकल खींचकर सांकल से बँधी घण्टी के द्वारा सम्राट को सूचित करने की अनुमति दे रखी थी और घंटी की ध्वनि होते ही सम्राट, याची की पुकार सुनने के लिए प्रस्तुत हो जाता था। ये सब कथाएँ हों, कपोल कल्पनाएँ हों, किन्तु इनके मूल में बसा आदर्श सत्य और स्तुत्य था।

वर्तमान में लोक कल्याणकारी और समाजवादी राज्य के लिए ये आदर्श अनुकरणीय होकर सत्वर न्याय दान की अपेक्षा करते हैं। संविधान के अनुच्छेद 39 (क) में, यह उपबन्ध है कि विधिक व्यवस्था इस प्रकार काम करे कि न्याय समान अवसर के आधार पर सुलभ हो और यह सुनिश्चित करने के लिए कि आर्थिक या किसी अन्य निर्योग्यता के कारण कोई नागरिक न्याय प्राप्त करने के अवसर से वंचित न रह जाये, राजय, उपयुक्त विधान या स्कीम द्वारा या किसी अन्य रीति से निःशुल्क विधिक सहायता की व्यवसथा करेगा। विभिन्न न्यायालयों में इस अनुच्छेद के अन्तर्गत विधि-सहायता समितियाँ निर्मित और सक्रिय भी हैं किन्तु ये भी न्यायदान में विशेष सहायक सिद्ध नहीं हुई हैं। अनुच्छेद 39 क में ही कुछ अन्तर्निहित दोष हैं। प्रथम, यह कि निःशुल्क न्याय को आर्थिक या किसी अन्य नियोग्यता पर आधारित किया गया है जो स्वयं में एक विभेदकारी व्यवस्था है। निःशुल्क न्याय की व्यवस्था, सर्वसुलभ होनी चाहिए और ऐसी व्यवस्था में याची की आर्थिक या अन्य किसी निर्योग्यता के अनुसंधान के लिए कोई स्थान नहीं है। इस निःशुल्क व्यवस्था में

विधिक सहायता के लिए जो अभिभाशक उपलब्ध होते हैं वे प्राय: नौसिखिए और अनुभवविहीन होते हैं। अनुभव अथवा प्रतिष्ठित अधिवक्ता सामान्यत: न समय प्रदान करने की स्थिति में होते हैं और न नि:शुल्क कार्य करने को तत्पर। हत्या अथवा अन्य गुरु आरोपों में अभियुक्त के लिए राज्य की ओर से अभिभाषक के नियोजन की व्यवस्था है किन्तु वहाँ भी अभियुक्त अपनी रुचि के विधिव्यवसायी के नियोजन की माँग राज्य से नहीं कर सकता। अपनी रुचि के विधि व्यवसायी से प्रतिरक्षा कराने का अनुच्छेद 22 का मूल अधिकार अभी अभियुक्तों को सुलभ नहीं है। संविधान की उद्देशिका में नागरिकों को न्याय प्राप्त कराने के संकल्प में सशुल्क न्याय की कोई विवक्षा नहीं है। न्याय के लिए शुल्क का अधिरोपण न्याय के विक्रय के तुल्य है। सिविल प्रक्रिया संहिता के अन्तर्गत अकिंचन द्वारा वाद संस्थित किये जाने की व्यवस्था है जिसमें अकिंचनता के अनुसंधान में ही वर्षों व्यतीत हो जाते हैं और फिर उस अनुसंधान के आधार पर दिये गए निर्णय की अपील, प्रतिअपील और पुनर्विलोकन की प्रक्रिया के समय-यापन में, अकिंचन न्याय का याची, बृह्मलीन होकर अनश्वर न्याय का अधिकारी हो जाता है। अनुच्छेद 39 (क) का द्वतीय दोष यह है कि यह मूलत: सामाजिक, आर्थिक और राजनीतिक न्याय के स्थान पर विधिक न्याय के प्रति निर्दिष्ट है। सामाजिक, आर्थिक और राजनीतिक न्याय, समता के मूल अधिकार का अन्तरंग होकर शुल्क, समय और प्रक्रिया के समस्त निर्बन्धनों से युक्त है। संविधान की मूल संरचना का भाग होकर यह मूल अधिकारों का भी मूल और नीति-निदेशक तत्त्वों का प्राणतत्त्व है। संविधान ने जनजीवन को उस त्रिविध न्याय से अनुप्राणित करने का संकल्प ग्रहण किया है और अनुच्छेद 32 का मूल अधिकार इसी न्याय को प्रत्याभूत करता है। अनुच्छेद 32 में इस त्रेत न्याय की उपलब्धि के लिए, न्यायशुल्क, अधिवक्ताओं की नियुक्ति और न्यायालयों के द्वार खटखटाने की कोई विवक्षा नहीं है। यह त्रेत न्याय, नागरिक और उसके जीवन का प्रत्याभूत सांविधानिक न्याय है जो न्यायालय के नहीं स्वयं पीड़ित नागरिक के द्वार पर उपलब्ध होने चाहिए। पीड़ित की मौखिक पुकार के प्रत्युत्तर में राज्य व्यवस्था पीड़ित के पास पहुँचकर उसे न्याय उपबध्ध कराये, न्याय के दार्शनिक आदर्श की यही अपेक्षा है।

अपने पाँचवे अर्थ में आर्थिक न्याय का अर्थ है। आय की क्रय-साध्यता। अर्थ की सार्थकता उसकी क्रयशक्ति में है। गृहस्थ के सन्तुलन के निमित्त, भारतीय मूल की एक लोकोक्ति यह रही है कि 'तेते पाँव पसारिये जेती लांबी सौर।' इसके विपरीत गृहस्थियों को जो कटु अनुभव पूर्व के पाँच दउशक से अद्यावधि होरहा है, वह यह कि प्रतिवर्ष विधान मण्डलों के बजट सत्र से पूर्व ही सौर सहास छोटी और पैर सानुपात लम्बे हो जाते हैं। मुद्रास्फीति के परिणामस्वरूप, मुद्रा का अवमूल्यन और

मुद्रा के अवमूल्यन से मूल्यों में वृद्धि, भारतीय गृहस्थ का दैनिक अनुभव है। बुद्धिजीवी, मासिजीवी और अन्यान्य स्ववृत्ति जीवियों की आय के अनुपात में तो किसी प्रकार वृद्धि के लिए कोई आधार होता ही नहीं है, किन्तु सार्वजनिक और सरकारी क्षेत्रों में मासिक आय पर जीवित रहने वाले लोगों की आय में वार्षिक वृद्धि और समय-समय पर वेतनमानों के पुनरावलोकन से आय के आँकड़े अवश्य स्थिर किये जाते हैं, तथापि सुरसा के मुख समान वर्धनीय मूल्यों के अनुपात में आय में वृद्धि का अनुपात नगण्य सिद्ध होता है। पश्चात् अभिवृद्ध मूल्यों पर भी शुद्ध वस्तुओं का प्रदाय, दुर्लभ ही नहीं असम्भव प्रतीत होता है। खाद्य-अपमिश्रण अधिनियम, 1954 तथा उपभोक्ता संरक्षण अधिनियम, 1986 भी इस अपमिश्रण की व्याधि के रामबाण उपचार सिद्ध न हो सके हैं और न इनसे ऐसा होने की आशा ही की जा सकती है। इस सम्बन्ध में क्या जनक्रान्ति और क्या राजनकीय व्यवस्थाएँ होंगी। यह सब अभी भविष्य के गर्भ में है और भविष्य ही जनता के मूल्य पर क्रीत अस्वास्थ्य का भी उपचार खोजेगा। आर्थिक न्याय के समान ही राजनीतिक न्याय भी अपरिभाषित है, तथापि राजनीतिक न्याय के कुछ जाने-माने अर्थ हैं।

राजनैतिक न्याय

रोम के एक सम्राट मार्क्स ओरेलियस (121-180 ई.) ने एक ग्रन्थ **'मैडीटेशन्स'** लिखकर राजनीतिक न्याय के दर्शन का सूत्रपात किया था। मार्क्स औरेलियस के इस दर्शन का आदर्श एक ऐसी लॉजयष्टि है जिसमें सबके लिए समानविधि हो, जिसमें शासन की ओर से सबके समान अधिकार और अभिव्यक्ति की समान स्वतन्त्रता और एक ऐसे शासन की प्रकल्पना है जिसमें सभी शासितजनों की सभी प्रकार की स्वतन्त्रताओं का समादर हो। राजनीतिक न्याय राज्य और व्यक्ति के मध्य सन्तुलन का साध्य है। एक ओर मानव के मूलभूत अधिकार हैं तो दूसरी ओर राज्य की अपार शक्ति। श्रेय यह है कि ये अधिकार न आरक्षित रहें और न अनियन्त्रित। रूसो ने अपने 'सोशल कॉन्ट्रेक्ट' की प्रस्तावना में ही इस दर्शन को आत्मसात किया कि मानव जन्म से स्वतन्त्र होकर भी सर्वत्र बन्धन में है। हेनरी बर्गसा ने भी यह कहकर कि, ''यह कैसा बचपना होता, यदि प्रत्येक को जो चाहे वही करने दिया जाता'' रूसो की ही उक्ति का समर्थन किया है। राजनीतिक न्याय स्वतन्त्रता और स्वतन्त्रता पर अधिरोपित निर्बन्धनों का मध्यमान है। इस मध्यमान का अर्थ है नागरिक की ओर अपने अधिकारों के क्षेत्र में अतिगमन न हो और राज्य की ओर से उन अधिकारों पर अतिक्रमण न हो अर्थात् अतिशय न नागरिक द्वारा अपने अधिकारों के उपयोग में हो और न राज्य द्वारा नागरिक के प्रति अपनी शक्ति के उपयोग में। संविधान ने भाग तीन के उपबन्धों में इसी दर्शन को आत्मसात किया

है। भाग तीन के उपबन्धों में, नागरिक के कतिपय अधिकारों की संगणना और उन्हें समुचित रीति से परिभाषाबद्ध करते हुए उन्हें वर्गीकृत कर दिया गया है। अनुच्छेद 12 से अनुच्छेद 35 तक के उपबन्धों में आबद्ध कर इन अधिकारों को समात, स्वातन्त्रय, शोषण के विरुद्ध, मर्ध की स्वतन्त्रता, संस्कृति और शिक्षा सम्बन्धी कुछ विधियों की व्यावृत्ति और सांविधानिक उपचारों के अधिकर के नामकरण से सात वर्गों में विभक्त किया गया है। ये अधिकार राज्य के विरुद्ध प्रवर्तनीय हैं। इस प्रवर्तनीयता के भी दो पक्ष हैं। प्रथम नितान्त वैयिक्तक अधिकार हैं जिन पर अधिक्रमण की सम्भावना केवल राज्य की ओर से है, द्वितीय वे अधिकार हैं जो वैयक्तिक होकर भी सामाजिकता से सम्पुटित हैं। समता का धर्म मूल्यवंश, जातिलिंग या जन्मस्थान के आधार पर विभेद के प्रतिषेध का, लोकनियोजन के विषय में अवसर की समता का, उपाधियों के अन्त का, वाक् स्वातन्त्रय आदि विषयों का, अपराधों के लिए दोषसिद्धि के सम्बन्ध में संरक्षण का, प्राण और दैहिक स्वतन्त्रता के संरक्षण का, कुछ दशाओं में गिरफ्तारी और निरोध से संरक्षण का, अन्तःकरण की और धर्म के अबाध रूप से मानने, आचरण और प्रचार करने की स्वतन्त्रता का, धार्मिक कार्यों के प्रबन्ध की स्वतन्त्रता का, अल्पसंख्यक वर्गों के हितों के संरक्षण का, शिक्षा संस्थाओं की स्थापना और प्रशासन करने के प्रति अल्पसंख्यक वर्गों का और इन सभी या इनमें से किसी भी अधिकार को प्रवर्तित कराने के उपचार का अधिकार, उस कोटि के अधिकार हैं जिन पर अधिक्रमण केवल राज्य की ओर से सम्भाव्य है। अस्पृश्यता के अन्त का, मानव के दुर्व्यव्हार और बलात् श्रम के प्रतिषेध का, कारखाने आदि में बालकों के नियोजन के प्रतिषेध का, किसी विशिष्ट धर्म की अभिवृद्धि के लिए करों के संदाय के बारे में स्वतन्त्रता का, कुछ शिक्षा संस्थाओं में धार्मिक शिक्षा या धार्मिक उपासना में उपस्थित होने के बारे में स्वतन्त्रता का, अधिकार, उस कोटि के अधिकारों में हैं जिनके प्रति समाज के एक वर्ग या व्यक्ति द्वारा समाज के अन्य वर्ग या व्यक्ति पर अतिक्रमण की सम्भावना है। अतः ये अधिकार न केवल राज्य के विरुद्ध वरन् राज्य की सहायता से किसी भी व्यक्ति, वर्ग या निकाय के विरुद्ध प्रवर्तनीय है।

इन अधिकारों के उपयोग और उपभोग में नागरिक द्वारा अतिशयता न हो और इनके प्रयोग से अन्य नागरिकों के द्वारा अपने तत्सम अधिकारों के उपयोग में व्याघात न हो तथा लोकव्यवस्था और राज्य की एकता और अखण्डता के प्रति किसी प्रकार भय न रहे, इस उद्देश्य से भारत की प्रभुता और अखण्डता, राज्य की सुरक्षा, विदेशी राज्यों के साथ मैत्रीपूर्ण सम्बन्धों, लोकव्यवसथा, शिष्टाचार या सदाचार या स्वास्थ्य के हित में अथवा न्यायायल अवमान, मानहानि या अपराध के उद्दीपन के

निराकरण या स्त्रियों, बालकों, पिछड़े वर्गों या अनुसूचित जातियों या जनजातियों के हितों के संरक्षण की दृष्टि से राज्य विधियों के द्वारा इन अधिकारों को परिसीमित और निर्बन्धित किये जाने की व्यवस्था से व्यक्ति के मध्य सन्तुलन को सुरक्षित किया गया है। इन अधिकारों का आदर्श यह है कि राज्यविधियों द्वारा उपर्युक्त दृष्टियों से इन अधिकारों पर अधिरोपणीय निर्बन्धन युक्ति-युक्त होंगे और इस युक्ति-युक्ता की सीमा और मर्यादा न्यायपालिका द्वारा सम्परीक्षणीय होगी। युक्ति-युक्ता समता के अधिकार की अन्तरात्मा है। अतः इन अधिकारों को निर्बन्धित या न्यून करने वाली विधि की प्रक्रिया भी युक्ति-युक्त और न्यायसंगत होगी। मूल अधिकारों पर निर्बन्धन अधिरोपित करने वाली विधि का परिवेश और उनकी प्रक्रिया, दोनों ही युक्ति-युक्ता को कसौटी पर सम्परीक्षणीय हैं। पुनः राजनीतिक न्याय का अर्थ शासक और शासित में अभेद के द्वारा शासन में सभी नागरिकों की साझेदारी है। शासन के कर्णधार जनता द्वारा निर्वाचित प्रतिनिधि होते हैं। शासन के इन कर्णधारों के निर्वासन में वयस्क मताधिकार के बल पर सभी नागरिकों को मत देकर अपनी भूमिका निभाने का समान अधिकार है और इस क्षेत्र में वयस्कता का आधार अठारह वर्ष की आयु है। इसी प्रकार निर्वाचन प्रक्रिया में भाग लेने वाला मताधिकारी, निश्चित आयु सीमा के अधीन तथा संविधान में तथा लोक प्रतिनिधित्व अधिनियम, 1950 और लोकप्रतिनिधित्व अधिनियम, 1951 में उपबन्धित कतिपय अर्हताओं से युक्त और अनर्हताओं से मुक्त, कोई भी व्यक्ति प्ररुपित शपथ लेकर निर्वाचन में स्वयं प्रत्याशी होकर शासन के कर्णधारों में सम्मिलित होने के लिए समक्ष है। मताधिकार के प्रयोग और प्रतयाशियों के निर्वाचन की प्रक्रिया के निमित्त एक निष्पक्ष चुनाव आयोग है। शुद्ध और निष्पक्ष चुनाव प्रक्रिया संविधान की मूल संरचना का अंग है। राजनीतिक न्याय के आयाम में राजयष्टि का सामान्यतम व्यक्ति भी मतों का समर्थन प्राप्त कर सांसद, विधायक, मंत्री, मुख्यमंत्री, प्रधानमंत्री आथवा राष्ट्रपति तक के पद को प्राप्त कर सकता है। सामाजिक, राजनीतिक और आर्थिक न्याय के इन सांविधानिक आयामों ने व्यकित की गरिमा को मानववाद में प्रतिष्ठित कर दिया है और राज्य द्वारा सुधारवादी विधायन का द्वार उन्मुक्त हुआ है जिससे व्यक्ति की गरिमा के नवीनतर कीर्तिमान स्थापित हो रहे हैं।

▣▣▣